JN234653

理工系
機器分析の基礎

保母敏行・小熊幸一

編著

長島珍男昭美雄夫英廣孝一三巳
山田正正一正伸豊利正智賢昌
内山原原内村出中岡本
菅上竹中平田平坂

著

朝倉書店

執 筆 者

小 熊 幸 一*	千葉大学工学部物質工学科教授
長 島 珍 男	工学院大学工学部応用化学科教授
山 田 正 昭	東京都立大学大学院工学研究科応用化学専攻教授
内 山 一 美	東京都立大学大学院工学研究科応用化学専攻助教授
菅 原 正 雄	日本大学文理学部化学科教授
保 母 敏 行*	東京都立大学大学院工学研究科応用化学専攻教授
上 原 伸 夫	宇都宮大学工学部応用化学科助教授
竹 内 豊 英	岐阜大学工学部応用精密化学科教授
中 村 利 廣	明治大学理工学部工業化学科教授
平 出 正 孝	名古屋大学大学院工学研究科物質制御工学専攻教授
田 中 智 一	名古屋大学大学院工学研究科物質制御工学専攻助手
平 岡 賢 三	山梨大学クリーンエネルギー研究センター教授
坂 本 昌 巳	千葉大学大学院自然科学研究科多様性科学専攻助教授

（＊は編集者．執筆順）

はしがき

　分析化学はどういう成分が（定性分析），どのくらいの量あるいは濃度（定量分析）存在し，それらがどういう状態にある（状態分析）かを明らかにするための科学である．重量分析，容量分析といった化学反応を使う方法は，依然として使われているが，最近では機器を使う方法，機器分析法が広く使われるようになってきた．

　ところで，一つの装置で，どんな試料でも分析できるのであれば，話はずっと簡単になるが，そんな万能な装置は存在しない．多種多様な試料と分析目的に応えるために多くの手法・装置が研究・開発されてきた．われわれの身辺を見回しても，大気，水，土壌といった環境試料，血液，尿，臓器の組織といった臨床検査用試料，什器，事務用品，食品，医薬といった工業製品等々があり，みなその状態，含んでいる成分が異なる．そこで，ある分析をしたいとき，多くの手法・装置のうちどれを選んで適用するかを決めなければならない．そのためには，それらの手法・装置の原理，適用範囲，与える情報などについて知っておくことが必要となる．

　今日，既存の機器を使って分析あるいは測定を行う場合，コンピュータがわれわれと機器との間に存在する場合が多い．そこで，ボタンを押すと，自動的に試料が分析されるようになってきた感がある．日常的な分析では，試料が分析計にかけられると，自動的に，何が，どのくらい入っていたかを表示できる装置が手に入るようになってきた．その結果，ますます，原理と操作の意味を知っていないと，得られた結果が妥当であるか否かも判断できなくなってしまうことになる．

　本書は，たくさんある機器分析法の中で，基本的に重要である手法について，その原理，操作法，データの解析法と得られる情報について解説したものである．対象は主として大学で分析化学の基礎を学んだ学生とした．各章は，その分析法について長年の経験をもつ先生方に執筆を担当していただいた．そこで，各章ともそれぞれの執筆者の個性がでており，多少筆致が異なることを読者の皆様にご理解いただきたい．なお，最近は分離を得意とする機器と検出を得意とする機器とを直結するというような例も増加している．そこで，こういった例に踏み込んだ章（第10章）もある．

　新しい世紀に入り，ますます科学技術の重要性は増すものと思われる．先端材料，機能性物質，バイオテクノロジー等々，先端科学を切り開いていくのに必要な学問・技術として，分析化学の重要性もさらに増すであろう．新しい方法論，新しい技術はそれらの評価が可能となる分析化学・技術の発展なしには実現しないからである．本書の先に素晴らしい分析化学・技術の進歩が期待されていることになる．

　最後に，本書を出版するにあたり，大変お世話をいただいた朝倉書店編集部の方々に厚く御礼申し上げる．

2001年2月

保母敏行，小熊幸一

目　　次

1. 機器分析概論 ……………………………………………………………(小熊幸一)…1
2. 紫外・可視吸光光度法 …………………………………………………(小熊幸一)…3
   2.1 吸光光度法の原理 …………………………………………………………3
      2.1.1 電磁波の分類 …………………………………………………………3
      2.1.2 光の波長，振動数，エネルギー ……………………………………3
      2.1.3 ランベルト-ベールの法則 …………………………………………4
      2.1.4 吸収スペクトル ………………………………………………………5
      2.1.5 発色反応の種類と発色試薬 …………………………………………6
   2.2 装　　置 ……………………………………………………………………6
      2.2.1 光　源　部 ……………………………………………………………7
      2.2.2 波長選択部 ……………………………………………………………7
      2.2.3 試　料　部 ……………………………………………………………7
      2.2.4 測　光　部 ……………………………………………………………7
   2.3 測　定　法 …………………………………………………………………8
      2.3.1 基本操作法 ……………………………………………………………8
      2.3.2 吸収スペクトル ………………………………………………………8
      2.3.3 波長の校正と選択 ……………………………………………………8
      2.3.4 溶　　媒 ………………………………………………………………8
   2.4 吸光光度法の特徴 …………………………………………………………8
   2.5 吸光光度分析の実際 ………………………………………………………9
      2.5.1 定量分析における関係線 ……………………………………………9
      2.5.2 多成分同時定量 ………………………………………………………9
3. 原子吸光分析法 …………………………………………………………(長島珍男)…11
   3.1 原　　理 ……………………………………………………………………11
   3.2 原子吸光分析装置 …………………………………………………………12
      3.2.1 光　源　部 ……………………………………………………………12
      3.2.2 原　子　化　部 ………………………………………………………13
   3.3 測　　定 ……………………………………………………………………17
      3.3.1 試料の調製 ……………………………………………………………17
      3.3.2 定　量　法 ……………………………………………………………17
   3.4 干渉現象とその除去 ………………………………………………………18
      3.4.1 分　光　干　渉 ………………………………………………………18
      3.4.2 イオン化干渉 …………………………………………………………18
      3.4.3 化　学　干　渉 ………………………………………………………18

3.4.4　物 理 干 渉 …………………………………………………………………………18

4. 蛍光・りん光および化学発光分析法 ……………………………………（山田正昭）…20
　4.1　原　　　理 ……………………………………………………………………………20
　　4.1.1　発光の原理 ……………………………………………………………………20
　　4.1.2　分析の原理 ……………………………………………………………………22
　4.2　装　　　置 ……………………………………………………………………………23
　　4.2.1　蛍 光 分 析 ……………………………………………………………………23
　　4.2.2　りん光分析 ……………………………………………………………………23
　　4.2.3　化学発光分析 …………………………………………………………………23
　4.3　測　定　法 ……………………………………………………………………………24
　　4.3.1　蛍光・りん光分析 ……………………………………………………………24
　　4.3.2　化学発光分析 …………………………………………………………………25
　4.4　定 量 分 析 ……………………………………………………………………………25
　　4.4.1　蛍 光 分 析 ……………………………………………………………………25
　　4.4.2　りん光分析 ……………………………………………………………………25
　　4.4.3　化学発光分析 …………………………………………………………………25
　4.5　応　用　例 ……………………………………………………………………………26
　　4.5.1　アルミニウムの蛍光定量 ……………………………………………………26
　　4.5.2　亜硝酸塩のりん光定量 ………………………………………………………26
　　4.5.3　窒素酸化物の化学発光定量 …………………………………………………26

5. 赤外吸収分析法およびラマン分光法 ……………………………………（内山一美）…28
　5.1　赤外吸収分析法 ………………………………………………………………………28
　　5.1.1　赤外分光法の原理 ……………………………………………………………28
　　5.1.2　装置・測定方法 ………………………………………………………………30
　　5.1.3　定 性 分 析 ……………………………………………………………………34
　　5.1.4　赤外吸収スペクトルによる定量分析 ………………………………………35
　5.2　ラマン分光法 …………………………………………………………………………35
　　5.2.1　原　　　理 ……………………………………………………………………35
　　5.2.2　測定装置 ………………………………………………………………………36

6. 電 気 分 析 法 ……………………………………………………………（菅原正雄）…38
　6.1　電 位 差 法 ……………………………………………………………………………38
　　6.1.1　電位差法の原理 ………………………………………………………………38
　　6.1.2　電 位 差 計 ……………………………………………………………………40
　　6.1.3　電位差の測定 …………………………………………………………………40
　6.2　ボルタンメトリー ……………………………………………………………………42
　　6.2.1　原　　　理 ……………………………………………………………………42
　　6.2.2　ボルタンメトリーの方法 ……………………………………………………43
　6.3　電解分析法 ……………………………………………………………………………45
　6.4　電気伝導度法 …………………………………………………………………………46

7. クロマトグラフィー ……………………………………………………………………48
7.1 総論 ………………………………………………………………（保母敏行）…48
7.1.1 分離はどうして起こるか …………………………………………………48
7.1.2 理論 …………………………………………………………………………50
7.1.3 定性分析 ……………………………………………………………………52
7.1.4 定量分析 ……………………………………………………………………52
7.2 ガスクロマトグラフィー ……………………………………（保母敏行）…54
7.2.1 ガスクロマトグラフ ………………………………………………………54
7.2.2 検出器 ………………………………………………………………………56
7.2.3 保持値 ………………………………………………………………………59
7.2.4 ガスクロマトグラフィーに特有な技術 …………………………………60
7.3 高速液体クロマトグラフィー ………………………………（上原伸夫）…61
7.3.1 分類 …………………………………………………………………………61
7.3.2 分離機構 ……………………………………………………………………61
7.3.3 装置 …………………………………………………………………………64
7.3.4 測定法 ………………………………………………………………………69
7.3.5 応用例 ………………………………………………………………………71

8. キャピラリー電気泳動およびキャピラリー電気クロマトグラフィー ………（竹内豊英）…73
8.1 原理 …………………………………………………………………………73
8.1.1 分類 …………………………………………………………………………73
8.1.2 電気浸透流 …………………………………………………………………73
8.1.3 キャピラリーゾーン電気泳動 ……………………………………………74
8.1.4 キャピラリーゲル電気泳動 ………………………………………………75
8.1.5 動電クロマトグラフィー …………………………………………………76
8.1.6 キャピラリー等速電気泳動 ………………………………………………76
8.1.7 キャピラリー等電点電気泳動 ……………………………………………77
8.1.8 キャピラリー電気クロマトグラフィー …………………………………77
8.2 装置 …………………………………………………………………………77
8.2.1 装置の構成 …………………………………………………………………77
8.2.2 試料の導入法と濃縮法 ……………………………………………………78
8.2.3 検出器 ………………………………………………………………………78
8.3 データの解析 ………………………………………………………………79
8.3.1 定性分析 ……………………………………………………………………79
8.3.2 定量分析 ……………………………………………………………………79
8.4 応用例 ………………………………………………………………………79
8.5 電場を利用したキャピラリー分離分析法の展望 ………………………80

9. X線分析法 ……………………………………………………………（中村利廣）…82
9.1 X線の発生 …………………………………………………………………82
9.2 X線と物質のかかわり ……………………………………………………83
9.2.1 X線の吸収 …………………………………………………………………83
9.2.2 X線の散乱と特性X線の発生 ……………………………………………84

9.2.3　結晶によるX線の回折 ……………………………………………………84
　9.3　蛍光X線分析法 ……………………………………………………………………85
　　　9.3.1　蛍光X線分析装置 ………………………………………………………85
　　　9.3.2　試料の調製 ………………………………………………………………86
　　　9.3.3　蛍光X線スペクトルの解析 ……………………………………………86
　　　9.3.4　定量分析 …………………………………………………………………87
　　　9.3.5　状態分析 …………………………………………………………………88
　9.4　X線回折法 …………………………………………………………………………89
　　　9.4.1　X線回折装置 ……………………………………………………………89
　　　9.4.2　試料の調製 ………………………………………………………………89
　　　9.4.3　回折図形の解析（定性分析）……………………………………………89
　　　9.4.4　定量分析 …………………………………………………………………90
　　　9.4.5　その他の方法 ……………………………………………………………90

10. 原子発光法 …………………………………………………（平出正孝，田中智一）… 91
　10.1　原　　　理 ………………………………………………………………………92
　10.2　装　　　置 ………………………………………………………………………93
　　　10.2.1　ICP ………………………………………………………………………93
　　　10.2.2　分　光　器 ………………………………………………………………94
　　　10.2.3　光　検　出　器 …………………………………………………………95
　　　10.2.4　データ演算・記録部/制御部 ……………………………………………96
　　　10.2.5　ICP-MS …………………………………………………………………96
　10.3　測　定　法 ………………………………………………………………………98
　10.4　応　用　例 ………………………………………………………………………99

11. 質量分析法 ……………………………………………………………（平岡賢三）… 101
　11.1　質量分析装置 ……………………………………………………………………101
　　　11.1.1　磁場型質量分析計 ………………………………………………………101
　　　11.1.2　四重極型質量分析計 ……………………………………………………102
　　　11.1.3　イオントラップ型質量分析計 …………………………………………103
　　　11.1.4　FTICR質量分析計 ………………………………………………………104
　　　11.1.5　飛行時間型質量分析計 …………………………………………………104
　11.2　種々のイオン化法とその原理 …………………………………………………105
　　　11.2.1　光および電子によるイオン化（しきい値則）…………………………105
　　　11.2.2　負イオンの生成 …………………………………………………………106
　　　11.2.3　化学イオン化 ……………………………………………………………106
　　　11.2.4　表面電離（熱イオン化）…………………………………………………107
　　　11.2.5　エネルギーサドン法 ……………………………………………………108
　　　11.2.6　エレクトロスプレーイオン化法 ………………………………………110

12. 核磁気共鳴分光法 ……………………………………………………（坂本昌巳）… 113
　12.1　NMRの原理 ………………………………………………………………………113
　12.2　装置および試料調製 ……………………………………………………………115

- 12.3 連続波法とパルス・フーリエ変換法 ……………………………………………115
- 12.4 ^{1}H NMRスペクトル解析 …………………………………………………………115
  - 12.4.1 遮蔽と化学シフト ………………………………………………………115
  - 12.4.2 電子密度と磁気遮蔽 ……………………………………………………116
  - 12.4.3 官能基による磁気異方性効果 …………………………………………116
  - 12.4.4 積分強度 …………………………………………………………………118
  - 12.4.5 NMRシグナルの数と化学的等価 ………………………………………118
  - 12.4.6 スピン-スピン結合（カップリング）…………………………………118
  - 12.4.7 スピン-スピン分裂パターン …………………………………………120
  - 12.4.8 J値の予測とJ値に影響する因子 ……………………………………120
  - 12.4.9 NOE（核オーバーハウザー効果）……………………………………121
  - 12.4.10 デカップリング（二重共鳴法）………………………………………121
  - 12.4.11 酸素・窒素に結合したプロトン ……………………………………122
  - 12.4.12 重水素置換 ……………………………………………………………122
  - 12.4.13 シフト試薬 ……………………………………………………………122
- 12.5 ^{13}C NMRスペクトル解析 ………………………………………………………122
  - 12.5.1 完全プロトン照射法（プロトンノイズデカップリング）…………123
  - 12.5.2 不完全プロトン照射法（オフレゾナンスデカップリング）………123
  - 12.5.3 DEPT法 …………………………………………………………………124

索　引 ……………………………………………………………………………………125

1 機器分析概論

化学分析と機器分析

物質の成分の種類,含有量または化学組成を決定し,さらにその構造などに関する情報を得るために行う操作を「化学分析 (chemical analysis)」という.これには,①主として化学反応を利用し,化学はかりやビュレット,ビーカー程度の簡単な装置や器具しか用いない狭い意味の「化学分析」(「湿式分析」ともいう)と,②主として物理的および物理化学的方法を用い,化学はかりよりも一般に高価で複雑な機器を用いる「機器分析 (instrumental analysis)」とがある.本書では,特に断らない限り「化学分析」を狭い意味に用いることにする.

学問としての化学の始まりのころは,分析を行うのにまず試料に含まれる分析成分を沈殿,抽出,あるいは蒸留によって分離することが多かった.続いてその成分が何であるかを知るために行う「定性分析 (qualitative analysis)」では,分離した成分と適当な試薬とを反応させて得た生成物について,色,沸点または融点,一連の溶媒に対する溶解性,におい,光学活性,あるいは屈折率などから判別した.一方,成分の含有量を知るために行う「定量分析 (quantitative analysis)」では,分析成分の量を重量分析あるいは滴定によって求めた.重量分析の場合には分析成分そのもの,あるいはその成分から生成した化合物の質量を測定し,滴定の場合には分析成分と完全に反応するのに要した標準試薬の体積あるいは重量を測定した.

1930年代半ばになると,分析成分の電気伝導度,電極電位,光の吸収または放射,質量と電荷の比といった物理的特性の測定を利用して,種々の無機,有機,および生化学的成分の定量分析が行われ始めた.さらに,複雑な混合物の成分を分離するために蒸留,抽出および沈殿がそれまで使われていたが,高性能クロマトグラフ分離技術がこれらに取って代わり始めた.化学種を分離および定量するこれらの新しい方法は,総称して機器分析法として知られているものである.

機器分析法の種類

機器分析法を考察するには,分析の手がかり(分析信号)となる物性に注目すると都合がよい.表1.1に機器分析に最近用いられている分析信号をまとめて示す.最初の六つは電磁波に関連するものである.その第一は,分析成分から発せられる光(X線を含む)が分析信号となる.残りの五つは,光が試料中を通過する際に生じる光の変化が分析信号として用いられる.次の4種は電気的信号が利用されるものであり,最後に質量対電荷比,反応速度,熱的特性および放射能が信号として用いられる.表の右側にはそれぞれの分析信号を利用する機器分析法の名前があげてある.

先にも述べたように,表1.1に示す多数の方法に加えて,性質のよく似た化合物を分離するのに利用される一連の機器的方法があり,その大半はクロマトグラ

表1.1 機器分析法に利用される信号

信　号	機器分析法
光の放射	発光分析法 (X線, 紫外, 可視, 電子, オージェ), 蛍光, りん光, ルミネセンス (X線, 紫外, 可視)
光の吸収	分光光度法および光度法 (X線, 紫外, 可視, 赤外), 光音響分光法, 核磁気共鳴および電子スピン共鳴分光法
光の散乱	濁度法, 比濁法, ラマン分光法
光の屈折	屈折計分析法, 干渉計分析法
光の回折	X線および電子線回折法
光の回転	サッカリメトリー (分極法)
電位	電位差測定法, クロノポテンシオメトリー
電荷	クーロメトリー
電流	ポーラログラフィー, アンペロメトリー
電気抵抗	伝導度測定法
質量対電荷比	質量分析法
反応速度	反応速度法
熱的特性	熱伝導度およびエンタルピー法
放射能	放射化分析法および同位体希釈分析法

フィーの手法である．表1.1に示す信号のうち，熱伝導度，紫外可視吸収，屈折率，電気伝導度などは，クロマトグラフィーで分離した成分の定性分析および定量分析に用いられている．

機器分析の長所と短所

機器分析法は化学分析法と比較して次のような長所と短所がある．

　長　所

① 選択性が比較的よく，必要とする前処理が比較的簡単である．② 分析結果が迅速に得られる．③ 操作の習熟が容易で，個人差が少ない．④ 分析感度が高く，試料量が少なくてよい場合が多い．⑤ 分析の自動化または連続化が容易であり，非破壊分析の可能なものがある．

　短　所

① 大半の機器分析では標準物質が必要である．② 分析値の有効桁数が少なく，一般に2～3桁である．③ 装置が高価で保守が面倒なことが多い．

2
紫外・可視吸光光度法

　光が溶液中を通過するとき，その溶液に含まれている分子あるいはイオンによって特有な波長の光が吸収される．この吸収される光の度合と溶液中の分子あるいはイオンの濃度との関係を利用して，分子あるいはイオンの濃度を測定する方法を吸光光度法（absorption spectrophotometry）という．

　吸光光度法の取り扱う波長範囲は，紫外（200～400 nm），可視（400～800 nm）および赤外領域であるが，赤外領域は赤外分光法として別に取り扱われることが多い．これは，用いられる装置が別であることと，さらにのちに詳しく説明するように，分子の電子状態の変化に基づくスペクトルは紫外・可視領域に現れるのに対し，分子を構成する原子の振動・回転状態の変化に基づくスペクトルは赤外領域に現れることによる．また，原子吸光法は，基底状態にある原子（の電子）による光の吸収を利用する方法である．

　吸光光度法は一般に溶液を取り扱うので，湿式化学分析法である．他方，光の吸収の程度を測るには測光器（光度計）を必要とするので，吸光光度法は機器分析法に属する．すなわち，吸光光度法は，化学分析法と機器分析法の両方の性格をもっている．

2.1　吸光光度法の原理

2.1.1　電磁波の分類

　電磁波は図2.1に示すように分類されるが，それら電磁波を利用する分析法には電磁波のエネルギーに応じて種々の方法がある（表2.1参照）．ここで扱う吸光光度法は，紫外線（200～400 nm）または可視光線（400～800 nm）の吸収を測定することに基づいている．

2.1.2　光の波長，振動数，エネルギー

　光と物質との相互作用を理解するには，光を光子と呼ばれるエネルギーの束として扱うことが必要である．光子のエネルギー E は光の振動数 ν に依存し，次の式で表される．

$$E = h\nu \tag{2.1}$$

ここで h はプランク定数（6.63×10^{-34} J·s）である．さらにエネルギーを波長 λ または波数 $\bar{\nu}$ を用いて表すと

$$E = \frac{hc}{\lambda} = hc\bar{\nu} \tag{2.2}$$

ここで c は真空中の光速度（3.00×10^8 m·s^{-1}）である．このように，振動数 ν と波数 $\bar{\nu}$ はエネルギーに比例する．

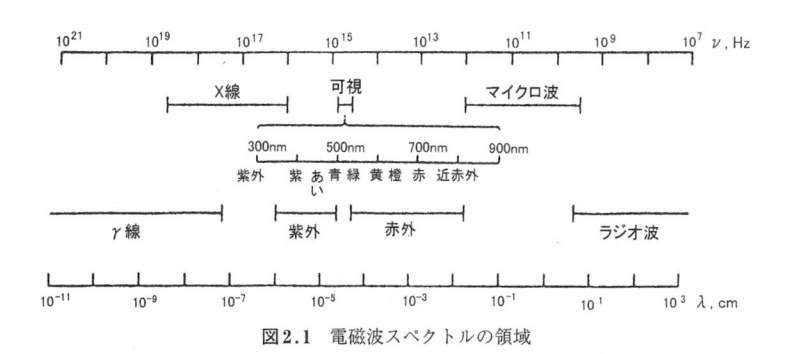

図2.1　電磁波スペクトルの領域

2. 紫外・可視吸光光度法

表2.1 電磁波を利用する分析法

電磁波	波長 (cm)	エネルギー (eV)	相互作用する対象	吸収現象を利用する分析法	発光現象を利用する分析法	その他の相互作用による分析法
γ 線	$10^{-9}\sim 10^{-13}$	$10^5\sim 10^9$	原子核	γ 線吸収分析 メスバウアー分光	放射化分析	電子線分析
X 線	$10^{-6}\sim 10^{-9}$	$10^2\sim 10^5$	内殻電子	X線吸収分析	蛍光X線分析, 発光X線分析	X線回析分析, X線電子分光
紫外線 可視光線	$10^{-4}\sim 10^{-6}$	$1\sim 10^2$	外殻電子 分子軌道電子(外殻電子)	原子吸光分析 紫外・可視吸光光度分析	原子蛍光分析, フレーム分析, 発光分光分析 蛍光分析, ラマン分析	旋光分散, 光音響分析
赤外線	$10^{-1}\sim 10^{-4}$	$10^{-3}\sim 1$	分子	赤外吸収分析	—	—
マイクロ波	$10^2\sim 10^{-1}$	$10^{-6}\sim 10^{-3}$	磁場中の不対電子(電子スピン)	常磁性共鳴吸収分析 (ESR)	—	—
ラジオ波	10^2 以上	10^{-6} 以下	磁場中の原子核(核スピン)	核磁気共鳴吸収分析 (NMR)	—	—

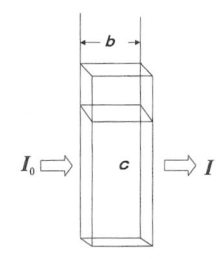

図2.2 吸光測定の原理
I_0：入射光の強度, I：透過光の強度, b：溶液層の厚み（光路長）, c：溶液の濃度.

2.1.3 ランベルト−ベールの法則

単色光が，その光を吸収する物質を含む溶液層を通過するとする．いま，単色光が溶液層の厚さ db の薄層を直角に通過するとき，光が吸収される割合 (dI/I) は db に比例し次のような関係にある（図2.2参照）．

$$\frac{dI}{I} = -k_1 db \quad (2.3)$$

ここで k_1 は比例定数（>0）．両辺をそれぞれ I_0 から I，0 から b まで積分すると，

$$\int_{I_0}^{I} \frac{dI}{I} = -k_1 \int_0^b db \quad (2.4)$$

したがって，

$$\ln\frac{I}{I_0} = 2.303 \log\frac{I}{I_0} = -k_1 b \quad (2.5)$$

$$\log\frac{I}{I_0} = -\frac{k_1}{2.303} b \quad (2.6)$$

このように，透過光の強度 I は溶液層の厚み b の増加とともに，指数関数的に減少する．これを，ランベルト (Lambert) の法則という（ブーゲ (Bouguer) の法則ともいう）．他方，溶液層が均一であれば，単色光が通過する単位断面積内の溶質分子の数 n は溶液層の厚み b に比例する．また，b が一定であれば n は溶液の濃度 c に比例すると考えることができる．したがって，k_2 および k_2' を比例定数（>0）とすれば，

$$\log\frac{I}{I_0} = -k_2' n = -k_2 c \quad (2.7)$$

すなわち，透過光の強度 I は溶液濃度 c の増加とともに指数関数的に減少する．これをベール (Beer) の法則という．ランベルトとベールの法則は，$-\log(I/I_0)$ がそれぞれ溶液層の厚み b および溶液濃度 c に比例することを示すものであるので，$-\log(I/I_0)$ はその積 bc にも比例し，次のように表すことができる．これをランベルト−ベールの法則という．

$$\log\frac{I}{I_0} = -abc \quad (2.8)$$

式 (2.8) の a は比例定数で吸光係数 (absorptivity) という．特に c を mol・dm^{-3} 単位で表し，b が 1 cm であるときの吸光係数をモル吸光係数 (molar absorptivity)，あるいは分子吸光係数と呼び，ε（単位 dm^3・mol^{-1}・cm^{-1}）で表すことが多い．通常，吸収極大波長での ε 値が用いられ，呈色化学種の検出感度の指標とされる．

I/I_0 は透過度 (transmittance) と呼び，T で表す．また，透過度を百分率で表したものを透過率 (% transmittance) と呼び，%T で表す．さらに，透過度の逆数の常用対数 $\log(I_0/I)$ は A で表し，吸光度 (absorbance) と呼ぶ．A と ε を用いて式 (2.8) を書き直すと次式のようになる．

$$A = \varepsilon bc \tag{2.9}$$

式 (2.9) は，吸光光度法の原理を示す重要な式である．

2.1.4 吸収スペクトル

紫外部の 200 nm の光は 600 kJ·mol^{-1}，可視部の 600 nm の光は 200 kJ·mol^{-1} のエネルギーをもっている．これらの光が物質に吸収されるのは，光のエネルギーが物質中の分子，イオンあるいは原子に与えられ，物質のエネルギー状態が高い準位に励起されるからである．光の波長を変えて吸光度を測定し，波長に対して吸光度をプロットした曲線を，吸収スペクトル (absorption spectrum) という．

物質中の分子の内部エネルギー E_{int} は，分子あるいはこれを構成する原子の回転エネルギー E_{rot}，振動エネルギー E_{vib} および分子軌道に存在する電子のエネルギーに関する電子エネルギー E_{elec} からなる．内部エネルギーはこれらの和として次式で与えられる．

$$E_{int} = E_{rot} + E_{vib} + E_{elec} \tag{2.10}$$

分子は光エネルギーを吸収すると，そのエネルギーの大きさに応じたエネルギー状態に遷移する．図 2.3 に示すエネルギー準位図からわかるように，電子エネルギー準位間の差が約 400 kJ·mol^{-1} で最も大きく，振動エネルギー準位間が約 20 kJ·mol^{-1}，回転エネルギー準位間が約 0.04 kJ·mol^{-1} で非常に小さい．一般に紫外・可視光線を吸収した分子は，主として電子エネルギーが励起される．他の遷移も同時に生じて吸収スペクトルに微細構造が現れるが，通常は小さな分子の気相スペクトルに観察される程度である．液相，特に極性溶媒中の溶質分子や会合している分子では，先の微細構造は消えて幅広いバンド状のスペクトルとなる．

a. 有機化合物の吸収スペクトル

有機化合物の分子軌道には，結合性軌道としての σ 軌道と π 軌道，反結合性軌道としての σ* 軌道と π* 軌道および非結合性軌道としての n 軌道がある．これら軌道の相対的エネルギー準位関係は図 2.4 に示すとおりである．

有機分子の場合，一般に σ 軌道，π 軌道および n 軌道に電子が満たされていて，σ* 軌道と π* 軌道には電子が満たされていない．その結果，分子中の電子は光を吸収すると図 2.4 に矢印で示したように，低エネルギー準位の軌道から空の高エネルギー準位の軌道へ遷移する．すなわち σ→σ*，π→π* の各遷移に基づく吸収バンドが観測され，この遷移は N–V 遷移と呼ばれる．一方，σ→π*，π→σ* の遷移は禁制遷移 (forbidden transition) のため起こらない．また，非結合性軌道からエネルギーの高い反結合性軌道への遷移，n→π*，n→σ* があり，これらは N–Q 遷移と呼ばれる．金属イオンの発色剤として用いられる有機化合物は，一般に不飽和基をもち，紫外・可視領域で n→π*，π→π* の遷移に基づく吸収バンドが観測され，定性・定量分析に利用される．

b. 金属錯体の吸収スペクトル

金属イオンは，無機あるいは有機配位子との錯体として吸光光度分析されることが多い．金属錯体の電子遷移による吸収バンドは，次の3種に分類できる．

1) d–d 吸収バンド　銅 (II) イオン水溶液の青色，ニッケル (II) イオン水溶液の緑色，コバルト (II) イオン水溶液のピンク色は，各金属イオン内の d 軌道間の電子遷移による光の吸収によるもので，観察される溶液の色の補色に相当する光が吸収されている．この吸収バンドは，配位子 (H$_2$O) の配位によっ

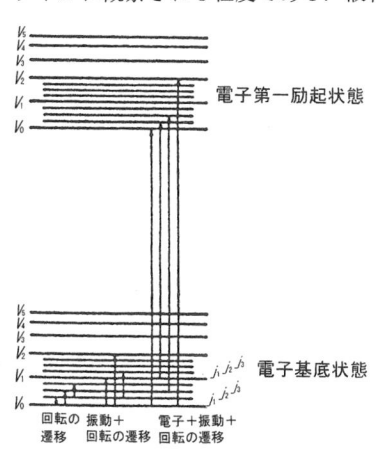

図 2.3 分子の電子・振動・回転エネルギー準位
$V_0, V_1, V_2, \cdots$：振動エネルギー準位，$j_1, j_2, j_3, \cdots$：回転エネルギー準位．

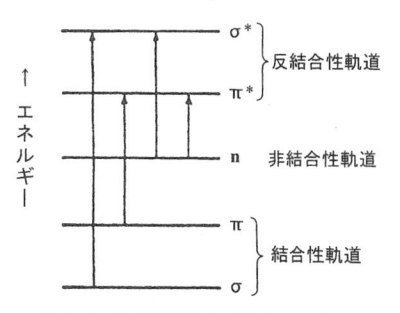

図 2.4 分子軌道と電子遷移のタイプ

表2.2 吸光光度法に用いられる発色反応例

反応の種類	試薬の例	発色するイオン	発色条件	極大吸収波長（nm）	ε
キレート生成	ジメチルグリオキシム	Ni^{2+}	クエン酸塩共存下, pH 8～12からクロロホルムに抽出	375	1.4×10^4
	1,10-フェナントロリン	Fe^{2+}	クエン酸塩, ハイドロキノン共存下, pH 3.5	508	1.1×10^4
	ニトロソR塩	Co^{2+}	酢酸塩共存下, pH 5.5	420	3.1×10^4
	8-キノリノール	Al^{3+}	pH 5～9でクロロホルムに抽出	395	6.7×10^3
	アセチルアセトン	Be^{2+}	pH 4～5でクロロホルムに抽出	295	3.2×10^4
	ジチゾン	Hg^{2+}	0.5 M H_2SO_4から四塩化炭素に抽出	490	4.6×10^4
		Pb^{2+}	アンモニア, シアン化物, 亜硫酸塩共存下 pH 11から四塩化炭素に抽出	520	6.7×10^4
	ジエチルジチオカルバミン酸塩	Cu^{2+}	クエン酸塩共存下 pH 9から四塩化炭素に抽出	435	1.3×10^4
	$\alpha,\beta,\gamma,\delta$-テトラフェニルポルフィントリスルホン酸	Cu^{2+}	pH 4	434	4.76×10^5
イオン対生成	ローダミンB	$AuCl_4^-$	塩酸, 塩化アンモニウム共存下ベンゼンに抽出	565	4.1×10^4
ヘテロポリ酸生成	モリブデン酸アンモニウムと$SnCl_2$などの還元剤	PO_4^{3-}	1 M 強酸性	830	3.7×10^4

てできた配位子場のため，金属イオン内のd軌道が分裂して軌道間にエネルギー差が生じ，そのエネルギー準位間で電子が遷移することに基づいている．そのため，この吸収バンドは配位子場吸収バンドとも呼ばれる．d-d遷移は選択律により禁制遷移であるため吸収強度は弱く，モル吸光係数は0.1～100程度であり，金属イオンの定量に利用されることは少ない．

2) **配位子吸収バンド** 有機配位子の金属錯体が金属イオンの吸光光度法に比較的多く利用されるが，それは配位子自身の電子遷移に基づく吸収バンドが現れる場合である．これを配位子吸収バンドと呼ぶ．この種の吸収スペクトルは，金属-配位子間の結合がイオン結合的であるか共有結合的であるかによって，$n \rightarrow \pi^*$，$\pi \rightarrow \pi^*$の遷移による吸収バンドの位置の移動と強度が異なる．一般に，共有結合性の強い錯体の吸収バンドの方がイオン結合性の錯体のそれよりも短波長側に移動する．配位子が二重結合を多く含むπ電子系の発達した有機化合物では，10^4オーダーのモル吸光係数を示すものが多い．

3) **電荷移動吸収バンド** 一部の金属錯体では，光の吸収によって配位子のσ軌道やπ軌道にある電子が金属イオンの空の反結合性軌道に遷移したり，逆に金属イオンのσ軌道などの電子が配位子の空の軌道へ遷移することがある．この種の錯体は電荷移動錯体と呼ばれ，その電子遷移による吸収バンドは電荷移動吸収バンドと呼ばれる．電荷移動による電子遷移は選択律により許容され，前述のd-d遷移よりも強い吸収を示す．電荷移動吸収バンドは特定の金属イオンと配位子との組合せで現れ，モル吸光係数は10^4のオーダーである．

2.1.5 発色反応の種類と発色試薬

有機化合物やd-d遷移を利用できる金属錯体は，そのまま吸光光度分析を行える場合も多い．しかし，紫外・可視部に吸収を示さない分子やイオンを分析対象とするときは，これらを適切な発色試薬と反応させて紫外・可視部に吸収を示す化合物に変える必要がある．従来，吸光光度法に用いられている発色反応は，表2.2に示すように，キレート生成，イオン会合，酸化，ヘテロポリ酸生成とその還元などに分類できる．なお，これらの発色反応に利用される試薬例の構造式を図2.5に示す．

2.2 装置

吸光光度分析装置は，光源部，波長選択（分光）部，試料部，測光部などから構成される．波長選択部が光

学フィルターであるものを光電光度計，モノクロメーター（回折格子やプリズム）であるものを分光光度計と呼ぶ．一般的な分光光度計の測定波長範囲は190～800 nmである．最近ではデータ処理のためにコンピュータを導入した型のものもある．光電光度計は構造が簡単で，現場分析に適する．分光光度計には単光束型（図2.6）と複光束型（図2.7）があり，微分測光，二波長測光あるいは示差測光のできるものも市販されている．

2.2.1 光源部

紫外領域（200～400 nm）用には水素または重水素放電管が用いられる．可視・近赤外領域（320 nm以上）用にはタングステンランプやヨウ化タングステンランプが利用される．

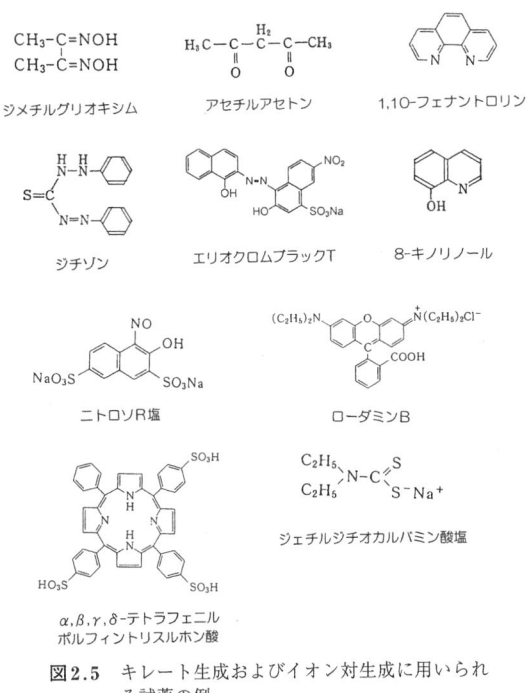

2.2.2 波長選択部

測定に用いる光の波長を選択するには，モノクロメーターまたは光学フィルターを用いるのが一般的である．モノクロメーターは，光源からの光をスリットから取り込み，回折格子あるいはプリズムによって分光し，再びスリットを通して波長幅の狭い光（単色光）を取り出す装置である．光学フィルターには干渉フィルターや色ガラスフィルターが主として用いられる．

2.2.3 試料部

溶液の吸光度測定には吸収セルを用いるが，これらのセルを保持するセルホルダが試料室に取り付けてある．吸収セルは図2.8に示すように様々な形のものがあり，必要に応じて使い分けられる．通常は，光路長1 cmの角形セルが用いられる．小体積試料のための0.1 mlあるいはそれ以下のミクロセル，溶液を流しながら測定できるフローセル，揮発性溶液のための栓付セルなどがある．ガラス製セルは可視・近赤外領域用，石英製セルは紫外・可視・近赤外の全領域用，プラスチック製セルは近赤外領域用として使用する．

2.2.4 測光部

光を電気量に変えて検知する方法を光電測光と呼ぶ．これにはフォトダイオード，光電子増倍管，光電導セルなどが利用される．これらのうち，フォトダイ

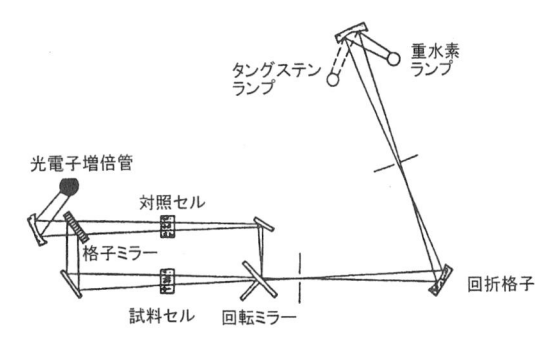

図2.5 キレート生成およびイオン対生成に用いられる試薬の例

図2.7 複光束型分光光度計（日立100-60型）

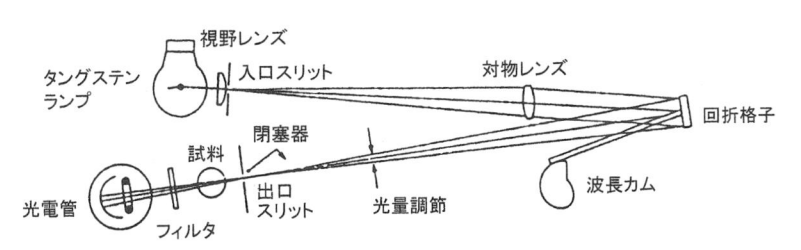

図2.6 単光束型分光光度計（Milton Roy Co.）

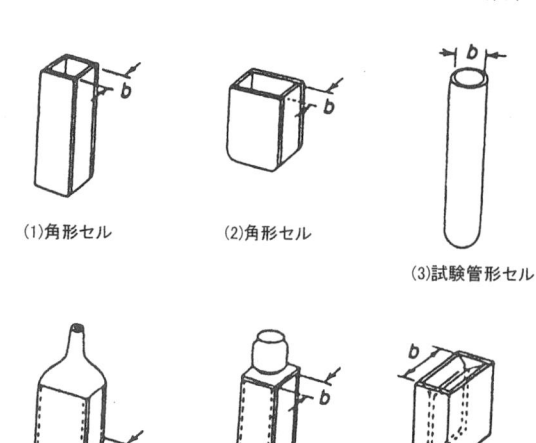

図2.8 吸収セルの種類 (b：光路長)

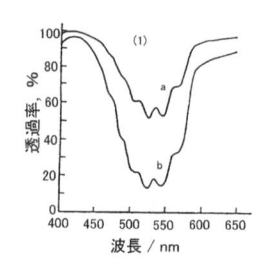

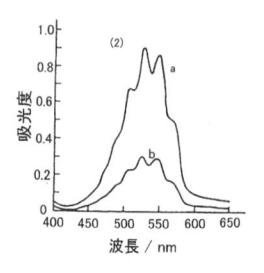

(1)角形セル (2)角形セル (3)試験管形セル (4)フローセル (5)栓付セル (6)ミクロセル

図2.9 吸収スペクトルの例（過マンガン酸カリウム水溶液）（濃度：a＞b）

表2.3 波長校正に用いる輝線

光源	波長 (nm)			
低圧水銀ランプ	253.65	365.02	435.84	546.07
重水素放電管	486.00	656.10		

オードと光電子増倍管は紫外・可視領域（200～800 nm）に，光電セル（PbS, CdS）は近赤外領域（1～3 μm）に適している．また，増幅器や対数変換器を取り付けることもある．電気量の読取りには，メーター，デジタルメーター，記録計などを用い，透過率，吸光度，濃度として表示あるいは記録する．

2.3 測定法

2.3.1 基本操作法

分光光度計の基本的な測定手順は次のとおりである．まず，対照セルと試料セルに溶媒または分析成分のみを含まない溶液（試薬ブランクと呼ぶ）を入れて100合せ（%T＝100%），次いで試料セルの光束を遮断してゼロ合せ（%T＝0%）を行う．次に試料セルに試料溶液を入れて透過度あるいは吸光度を測定する．入射光の波長を変えて吸光度を測定することを繰り返し，波長を横軸に吸光度を縦軸にプロットすると吸収スペクトルが得られる．自動式分光光度計では，波長の変化と吸光度測定が連動し，吸収スペクトルが自動的に記録できる．

2.3.2 吸収スペクトル

吸収スペクトルの例を図2.9に示す．(1)は透過率と波長との関係，(2)は吸光度と波長との関係を表している．通常は，(2)に示すように吸収スペクトルは吸光度を波長の関数として示す場合が多い．

2.3.3 波長の校正と選択

測定しようとする化学種の正確な吸収波長を知るには，測定器の波長校正を行っておく必要がある．低圧水銀ランプあるいは重水素放電管の線スペクトル（表2.3），ホルミウムガラスの吸収スペクトルなどが波長校正用標準として利用できる．

吸光光度法で定量する場合，通常，極大吸収波長における吸光度を測定する．その理由は，その波長において最も感度よく定量できること，ベールの法則がよく成立すること，波長設定が若干厳密さに欠けても吸光度の変動が比較的小さいこと，などである．

2.3.4 溶媒

吸光光度法では，試料を溶液として測定するのが一般的である．したがって，試料の測定波長に溶媒自身の吸収がないことを確認する必要がある（表2.4）．さらに，溶媒は試料の溶解性，試料との相互作用，揮発性，毒性なども考慮して使用する．水は最もよい溶媒で広く用いられている．

2.4 吸光光度法の特徴

吸光光度法の感度，正確さ，再現性，選択性は，他の方法のそれらに比べてそれほど劣るものではない．しかし，無機成分分析の感度に限定すれば，誘導結合プラズマ（ICP）-質量分析法（MS）と放射化分析法が優れている場合が多い．また，感度，正確さ，再現性では，適用可能な場合に限られるが，同位体希釈質

表2.4 溶媒の吸収端波長*

溶媒	波長 (nm)
水	190
メタノール	210
シクロヘキサン	210
ヘキサン	210
ジエチルエーテル	220
p-ジオキサン	220
エタノール	220
クロロホルム	250
酢酸ブチル	255
酢酸エチル	260
四塩化炭素	265
N,N-ジメチルホルムアミド	270
ベンゼン	280
トルエン	285
ピリジン	305
アセトン	330

* この波長より短波長側では光を吸収するので使用できない.

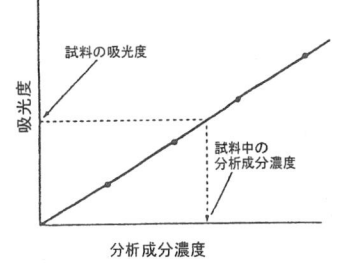

図2.10 絶対検量線法

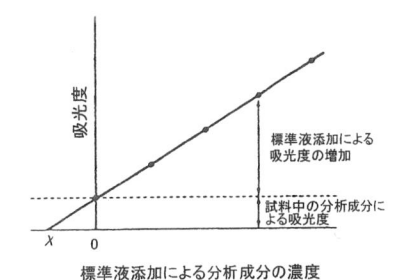

図2.11 標準添加法

量分析法が最も優れている.

吸光光度法においてマスキングできない妨害物質は,溶媒抽出法やイオン交換法などの分離法によって除かれる.また,本法は,分析所用時間が比較的短く,熟練をあまり必要とせず,用いる試薬や装置の点から費用は比較的安いが,のちに述べるように,吸光光度法は多元素同時分析には適さない.

2.5 吸光光度分析の実際

定量分析を行うには,まず測定したい成分について濃度のわかった一連の標準溶液を用意し,試薬を加えるなど適当な処理をして発色させ,極大波長における吸光度を測定し,濃度と吸光度との関係線(これを検量線という)を作成する.試料溶液について同様に処理して吸光度を測定し,先の検量線から目的成分の濃度を求める.発色のためのpH,温度,時間,試薬添加量などの条件を検討し,最適条件を利用する.共存成分が妨害する場合,マスキング剤を加えてその共存成分を発色試薬と反応しない形態に変える(マスキング)と,発色反応の選択性を高めることができる.

2.5.1 定量分析における関係線

定量分析には,検量線法と標準添加法とがあり,それぞれの関係線が利用される.

検量線法では,発色した分析成分の濃度を横軸に,特定波長における吸光度を縦軸にプロットし,原点を通る関係線を得る(図2.10).発色化学種のモル吸光係数 ε が大きいほど,関係線の傾き(勾配)が大きく定量感度は高くなる.分析成分の濃度が高くなると検量線が直線からずれることがあるが,それは分析成分の濃度に比例して発色化学種が増加しないためである.したがって定量には検量線の直線部分を利用するのがよい.試料溶液について測定した吸光度をこの検量線に適用し,分析成分の濃度を求める.

標準添加法では,試料溶液を4個以上の容器に分取し,分析成分濃度が既知の溶液をそれぞれ濃度が異なるように添加したのち発色させる.図2.11に示すように,それらの溶液の吸光度と分析成分濃度との関係線を作成し,関係線と横軸との交点(X)から試料中の分析成分濃度を求める.

2.5.2 多成分同時定量

同一溶液中に2種以上の発色化合物が含まれている場合,それぞれの吸収スペクトルにかなりの差があり,しかも相互作用がないときには,それらを分離することなく2カ所以上の波長で吸光度を測定し,連立方程式を解くことにより同時定量することができる.

いま,図2.12に示すようなスペクトルを与える x, y の2成分を考える.両成分の吸収極大波長を λ_1, λ_2

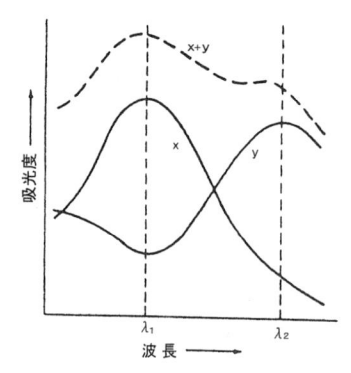

図2.12 2成分混合の吸収スペクトル

とし，両波長における試料溶液 $(x+y)$ の吸光度を A_1, A_2，x 成分の吸光係数を a_{x1}, a_{x2}，y 成分の吸光係数を a_{y1}, a_{y2}，また両成分の濃度を c_x, c_y とすれば，吸光度に加成性が成立するので，ランベルト-ベールの法則から次式が得られる．

$$A_1 = a_{x1}bc_x + a_{y1}bc_y \quad (2.11)$$
$$A_2 = a_{x2}bc_x + a_{y2}bc_y \quad (2.12)$$

いま $b=1$ (cm) とすれば

$$c_x = \frac{A_1 a_{y2} - A_2 a_{y1}}{a_{x1}a_{y2} - a_{x2}a_{y1}} \quad (2.13)$$

$$c_y = \frac{A_1 a_{x2} - A_2 a_{x1}}{a_{x2}a_{y1} - a_{x1}a_{y2}} \quad (2.14)$$

が得られる．一般に n 成分を同時定量するためには，n カ所の波長（目的成分の吸光度の差が大きいところ，通常は吸収極大波長）で吸光度を測定すればよいが，スペクトルの重なりが大きいほど誤差が大きくなる．また，可視領域での4成分以上の同時定量は実用性がない．定量例としては，ジエチルジチオカルバミン酸による銅（436 nm），コバルト（367 nm），ニッケル（328 nm）やチオシアン酸によるコバルト（625 nm），鉄（480 nm），銅（380 nm）の定量がある．

参 考 文 献

1) G. D. Christian 著（土屋正彦，戸田昭三，原口紘炁訳）：クリスチャン分析化学，Ⅱ機器分析，丸善，1989．
2) 庄野利之，脇田久伸編著：入門機器分析化学，三共出版，1993．
3) 下村　滋ほか：機器分析—基礎と応用—，廣川書店，1993．
4) 日本分析化学会九州支部編：機器分析入門改訂3版，南江堂，1996．
5) 古谷圭一監訳：実用に役立つテキスト分析化学Ⅱ，丸善，1998．

3
原子吸光分析法

　中性原子の蒸気に光を照射したとき，もしその光がその原子固有のスペクトル線であれば吸収が起こる．この現象を原子吸光という．このことは，1814年に，太陽スペクトル中のフラウンホーファー線の成因に関する研究から明らかにされていたのであるが，実際に原子吸光の現象が化学分析にはじめて利用されたのは1955年である．WalshやAlkemadeらによって原子吸光分析法（atomic absorption spectrometry）と名付けられ，その理論的基礎や特徴などが明らかにされた．日本でも1960年代の中ごろから原子吸光分析装置が市販され，本法はそれ以来めざましい進歩をとげてきた．原子吸光分析法は，直接定量法としてH, C, N, O, S, P, X（ハロゲン）などを除き70余種の元素について適用可能であり，周期表の2族（Be, Mg），12族（Zn, Cd, Hg）は特に高感度であり，1族（Li, Na, K, Rb, Cs）と11族（Cu, Ag, Au）がこれに次いでいる．

　原子吸光分析法は，本法が開発される以前に汎用されていた可視吸光光度法よりも高感度，高選択性かつ簡便な方法であるため，実用分析法として確立され，公定分析法としても広く採用されている．

　一方，1970年代後半ごろ本法よりも選択性が高く，検量線の直線範囲が広く，大部分の元素についてより高感度な分析方法である高周波誘導結合プラズマ発光分析法（inductively coupled plasma emission spectrometry：ICP-ES）が開発され，装置が市販された．しかし，ICP発光分析法は原子吸光分析法よりも装置の価格が約5倍であり，分析費用も高いなどの欠点がある．したがって，現在では両方法は目的に応じて使い分けられ，共存している状態である．

3.1　原　　理

　いま，厚さLで中性原子濃度Cの原子蒸気層に，波長λの光が入射して原子吸光が起こる場合を考えると，入射光の強さをI_0とし，透過光の強さをI_1とすれば，次の関係式（ランベルト-ベールの法則）が成り立つ．

$$-\log_{10}\frac{I_1}{I_0} = K_\lambda CL$$

　K_λは吸光係数と呼ばれ，波長（λ）と元素の種類によって変わるが，両者が決まれば一定となる．吸光係数は各元素の分析に用いるスペクトル線（これを分析線という）の感度の大きさを示す指標にもなる．ここで$-\log_{10}(I_1/I_0) = A$とおけば，

$$A = K_\lambda CL$$

となる．Aは吸光度と呼ばれる．Lは2 cmから10 cmの間で一定に保つとすれば，吸光度Aは中性原子濃度Cに比例する．ここで原子蒸気層中の中性原子濃度は均一でなくとも，光路中の中性原子の数が同じであれば吸光度Aは同じ値となる．

　原子の吸光スペクトルは電子軌道準位間の遷移に基づくものであって，分子の吸収スペクトルに比べはるかに幅の狭いものである．ここに原子吸光分析法の選択性の高い理由がある．しかし，実際にはその吸収線のスペクトル幅は理論値（0.01 pm）ほど狭くない．その理由は，同位体の存在による同位体幅，原子の熱運動によるドップラー広がり，原子間衝突による圧力広がりなどである．原子密度や元素の種類，温度などによっても吸光線の幅に差があるが，原子吸光分析法における使用条件では，その幅は5 pm程度である．ここでいう幅とは，通常半値幅と呼ばれるものであり，その波長における吸光度の最大値の半分の高さの波長範囲をいう．

　一方，試料原子に吸収される入射光の波長幅は，試料原子の吸光スペクトルの半値幅より狭くなければならず，かつ十分に光量のある光源を用いなければならない．一般には中空陰極ランプ（hollow cathode lamp）

が用いられる．このランプの陰極は，分析元素と同一元素またはその合金でできている．中空陰極ランプから放射される光は，波長の異なる多数のスペクトル線を含むので，吸光線と一致する波長のうち最も吸収条件のよい光を分析線として用いることになる．なお，中空陰極ランプのスペクトル線の半値幅は約1 pmと狭く，十分吸光線の幅（5 pm）の中に収まる．

基底状態の原子（中性原子）を得るために，外部からエネルギーを加え，種々の形態の化合物を原子状に分解する過程（試料の原子化）が必要である．原子の一部は励起状態となるが，このものは分析線の原子吸光は行わないので，基底状態の原子を多く生成させた方が分析には有利である．3000 Kにおいて，励起状態にある原子の数の割合は励起しやすいセシウムでさえも0.7％程度であり，励起しにくい亜鉛の場合には約5×10^{-8}％とごくわずかで，大部分の原子は基底状態にある．基底状態と最も低い励起状態間の遷移に基づくスペクトル線は特に共鳴線と呼ばれ，原子吸光分析法の測定で最も多く使われる．

原子化の際に発生する光は，分析精度および正確さの妨害となる．さらに光源からの光は，数多くの輝線スペクトルからなるので，そのうち最も吸収条件のよい共鳴線（分析線）をモノクロメーターで取り出し，光電子増倍管で吸収光量を測定する．

3.2 原子吸光分析装置

原子吸光分析装置は一般に，光源部，試料原子化部，測光部（分光部を含む）の三つに大別される．現在市販されている装置の中で，よく採用されている単光束型についての概略を図3.1に示す．他の分光光度計と比べると，原子吸光分析装置は光源部と原子蒸気をつくる試料原子化部に最も特色がある．このうち原子化部には，炎を利用する方式のもの（フレーム原子吸光分析法）と，炎を使用しないで還元気化法とか高温炉法などによる方式のもの（フレームレス原子吸光法）との二つの方式に分類でき，原子吸光分析法全体もこの二つに大別することができる．

3.2.1 光源部

目的元素の共鳴線を放射する光源としては，その発光線の線幅が試料原子の吸光線のそれよりも狭くて十分な輝線強度が得られ，しかも発光強度が安定であって十分な寿命を有することが望ましい．このような要件を備えた光源が中空陰極ランプである．その構造は，図3.2に示すように，陰極がコップ状の中空形をしているのが特徴である．底のない空筒でもよい．このコップ（内径2 mm～5 mm）は現在主としてアルミニウムなどでつくられ，その内側に分析目的の元素や，その合金などが適当な方法で内貼りされている．そのため，分析元素ごとにランプを交換しなければならない．一方，陽極はタングステンのような高融点難揮発性の棒もしくは円環などが用いられる．光の出口に相当する窓は紫外部光を透過させるために，石英ガラスなどの平面板が使用されている．ランプ内には500 Paから1300 Pa（4 mmHg～10 mmHg）の希ガス（Ne, Ar, Heなど）が封入されている．ランプの耐用時間は，10 mA常用で500時間以上を保証している．両電極間に直流電圧をかけると放電が起こって希ガスの陽イオンが生じ，これが陰極に向かって加速されて陰極をたたくので，陰極構成物質から遊離原子が飛び出す（こ

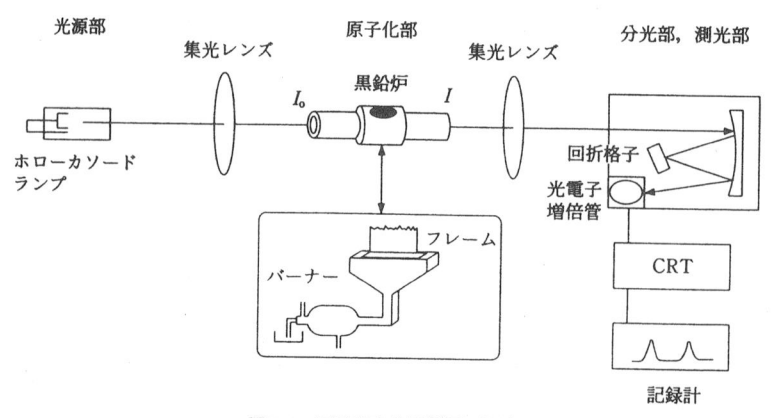

図3.1 原子吸光分析装置の概略

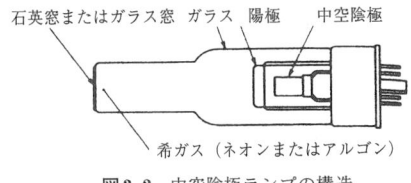

図3.2 中空陰極ランプの構造

れを陰極のスパッタリングという）．この原子が大きなエネルギーをもった希ガスの原子やイオンと衝突を繰り返し，励起されて陰極材料に含まれる元素に固有なスペクトル線を放射する．ランプ電流を必要以上に大きくすると発光線の線幅が広がるばかりでなく，自己吸収も起こり，検量線の直線範囲が狭くなる原因となる．また，高電流での使用はランプの寿命を短くするなどの欠点があるので，最適な電流値を使用しなければならない．

原子吸光法では，目的元素に吸収された光量と原子化の際に発生した光量を分離することが必要であるが，これは光源の点灯を変調（パルス点灯）し，それと同期した信号のみを増幅することにより可能である．

3.2.2 原子化部

原子化部はフレーム式とフレームレス式の2方式に分類できる．

a. フレーム式

フレーム式原子化は，ガスの燃焼によって得られた化学炎（フレーム）を用いて試料を原子化して原子蒸気をつくる方法で，広く用いられている．

化学炎はバーナーを用いてつくられるが，よく使われているスロットバーナー（図3.3参照）はガスの出口が細長い溝になっている．これは，別に噴霧器（nebulizer）を備えた噴霧室に取り付けて用いられる．噴霧器に助燃ガス（空気または一酸化二窒素）を流すと生ずる負圧によって，試料溶液が毛管に吸い上げられて（毎分0.5～2 ml）霧状になる．このうち細かい霧粒子のみが，一定の割合（5～10％）で，別の入口から導入される燃料ガスと噴霧室の中でよく混合される．そののちバーナー中に送り込まれ，化学炎中で炎の熱エネルギーによって原子化される．このバーナーの利点は，得られる炎が細長いので，光路長が長く（約10 cm），大きな吸光度値が得られることである．

炎中に入った微粒液体はその熱によって脱水され，乾固して固体の微粒子状となるが，さらに熱によって気化され，分子気体を経て分解し，基底状態の原子となる．しかし，基底状態の原子のごく一部は各種の粒子との衝突によって励起され，さらにすすんでイオン化される．また基底状態の原子の一部分は炎中に存在する酸素原子，水酸基などと結合して分子化合物を形

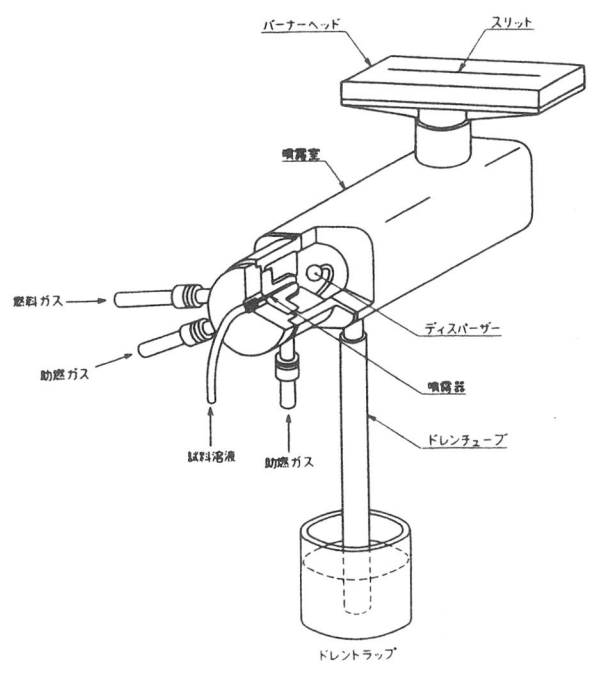

図3.3 スロットバーナーの構造

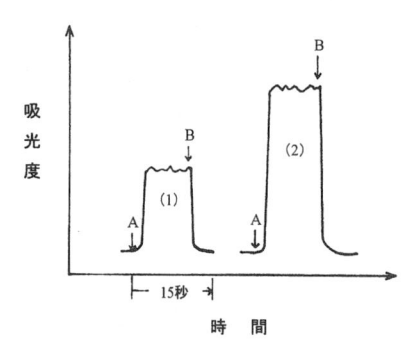

図 3.4 フレーム式原子化法の記録例
(1) Cd：0.20 mg·Cd·l^{-1}，(2) Cd：0.40 mg·Cd·l^{-1}，アセチレン流量：1.8 l·min^{-1}，空気流量：8 l·min^{-1}，試料液，水の吸引流量：0.3 ml·min^{-1}，A：試料液を吸引，B：水を吸引，波長：228.8 nm．

成する．原子吸光分析では基底状態の原子が特定の波長の光を吸収し，吸収量が原子数の関数であることから定量分析を行うのである．したがって，感度を高める一つの手段は，いかにして原子化効率を高めるかにかかっている．炎の温度，ガスの混合比，噴霧したときの試料の粒子の大きさなどが，原子化効率と大きな関係をもっている．また，炎の中で中性原子の最も密度の高い層に測定光路を合わせた方が感度および精度ともによい結果が得られる．炎の状態によって最適光路の位置は異なるが，下から6割くらいの高さが多いようである．典型的な記録例を図3.4に示す．

次に最もよく使われている3種の化学炎の特徴を述

表3.1 フレーム式原子化法および電気加熱炉法による感度（中原武利, 化学の領域, **35**, 827, 1981）

元素	波長 (nm)	フレーム式原子化		グラファイト炉原子化	元素	波長 (nm)	フレーム式原子化		グラファイト炉原子化
		炎の種類*	1%吸収感度** (μg·ml^{-1})	1%吸収感度 (pg)			炎の種類*	1%吸収感度** (μg·ml^{-1})	1%吸収感度 (pg)
Ag	328.1	A	0.05	0.1	Na	589.0	A	0.02	—
Al	309.3	N	1.0	1	Nb	334.9	N	25	—
As	193.7	H, A	1.0	8	Nd	463.4	N	10	—
Au	242.8	A	0.3	1	Ni	232.0	A	0.1	9
B	249.8	N	50	200	Os	290.9	N	1	—
Ba	553.6	N	0.4	6	Pb	217.0	A	0.4	2
Be	234.9	N	0.02	0.03	Pd	247.6	A	0.2	4
Bi	223.1	A	0.4	4	Pr	495.1	N	15	—
Ca	422.7	A, N	0.08	0.4	Pt	265.9	A	5	10
Cd	228.8	A	0.02	0.08	Rb	780.0	A	0.04	1
Co	240.7	A	0.1	2	Re	346.1	N	10	—
Cr	357.9	A	0.15	2	Rh	343.5	A	0.3	8
Cs	852.1	A	0.15	0.4	Ru	349.9	A	0.9	—
Cu	324.7	A	0.07	0.6	Sb	217.6	A	1	5
Dy	421.2	N	0.7	—	Sc	391.2	N	0.6	60
Er	400.8	N	0.9	—	Se	196.0	H, A	0.5	9
Eu	459.4	N	0.8	5	Si	251.6	N	2.5	0.05
Fe	248.3	A	0.1	10	Sm	429.7	N	9	—
Ga	287.4	A	2	1	Sn	224.6	H	0.5	2
Gd	407.9	N	15	—	Sr	460.7	A	0.15	1
Ge	265.2	N	1.5	3	Ta	271.5	N	10	—
Hf	307.3	N	15	—	Tb	432.7	N	8	—
Hg	253.7	A	5	20	Te	214.3	A	0.3	1
Ho	410.4	N	1.5	—	Ti	364.3	N	3.5	40
In	303.9	A	0.4	0.4	Tl	276.8	A	0.5	1
Ir	208.9	A	3	—	Tm	371.8	N	0.5	—
K	766.5	A	0.03	40	V	318.4	N	1.5	3
La	550.1	N	40	—	W	255.1	N	5	—
Li	670.8	A	0.02	3	Y	410.2	N	1.5	—
Lu	336.0	N	10	—	Yb	398.8	N	0.2	0.7
Mg	285.2	A	0.008	0.04	Zn	213.9	A	0.02	0.03
Mn	279.5	A	0.06	0.2	Zr	360.1	N	15	—
Mo	313.3	A, N	0.4	3					

* A：アセチレン-空気炎，H：水素-空気炎，N：アセチレン-一酸化窒素炎．** 入射光の1%が吸収される濃度または量．

べる．

(1) アセチレン-空気炎（最高温度2300℃）： 最も一般的に用いられている炎で，耐火性化合物を形成する元素を除いて，多くの面で満足な結果が得られ，約35元素に対して有効である．

(2) アセチレン－一酸化二窒素炎（最高温度3000℃）： この炎は高温が得られるのでAl, Ti, V, Siなど難解離な化合物（主に酸化物）を形成する元素などを含む約35元素に対して有効である．ここで，一酸化二窒素の代わりに酸素を用いてはいけない．その理由は，CH, OH, CNおよびC_2分子による強いバックグラウンド発光があり，また燃焼速度が非常に早いためバーナー内での燃焼の危険があるためである．さらに還元雰囲気の不足などにより原子化率が低下する，などがあげられる．

水素−(空気)アルゴン炎（最高温度1600℃）： この炎は温度が低いので適用元素は少ないが，バックグラウンド発光が非常に小さく，S/Nが大きくとれる特徴をもつ．200 nm付近に共鳴線のある元素（As, Se, Snなど）の測定に適している．

フレーム式原子化法による各元素の感度を表3.1に示す．

b. フレームレス式原子化

化学炎を用いて試料の原子化を行うのがフレーム式原子化であり，化学炎を用いないで，化学反応またはジュール熱を用いて原子化するのがフレームレス式原子化である．化学炎のような複雑な化学種による諸種の干渉に基づくトラブルを避けられる長所がある．

フレームレス式原子化法の中で最もよく使われている還元気化法，水素化物発生法および電気加熱炉法の三つについて説明する．

1) 還元気化法　常温で還元されて容易に金属原子蒸気となる水銀にのみ適用されている．本法による水銀の測定感度は，フレーム式原子化と比べて，約1000倍高感度である．本法は，溶液中の水銀イオンに塩化スズ(Ⅱ)などの還元剤を加えると，次の反応が数分以内で完了し水銀イオンが100%原子状水銀となることを利用している．

$$Hg^{2+} + Sn^{2+} \rightarrow Hg^0 + Sn^{4+}$$

反応の終了した液に空気ポンプで空気をバブリングすると，溶液中の原子状水銀は水銀蒸気となって空気の流れで光吸収セルに導かれ，原子状水銀の吸光度が測定される．水銀還元気化装置のフロー系および記録例を図3.5に示す．検出下限は，$0.02 \text{ ng} \cdot \text{ml}^{-1}$である．さらに感度を高める目的で，いったん蒸気となって発生した水銀を，金などをコーティングした粒子にアマルガムとして捕集し，再びそのアマルガムを加熱して原子化させる方法がある．この方法は，1回に大量の試料を扱えることから大気中の水銀などの低濃度試料にも適用できる．

また，加熱追出しおよび捕集を利用して，固体試料中の水銀の分析にも用いられている．

2) 水素化物発生法　ヒ素の吸光光度法として水素化物発生反応を利用したアルシン発生法が古くから知られている．この反応を他の元素にも適用して，発生した水素化物を炎またはジュール熱を利用して原子化する方法である．水素化物生成は主に水素化ホウ素ナトリウム（テトラヒドロホウ酸ナトリウム）を還

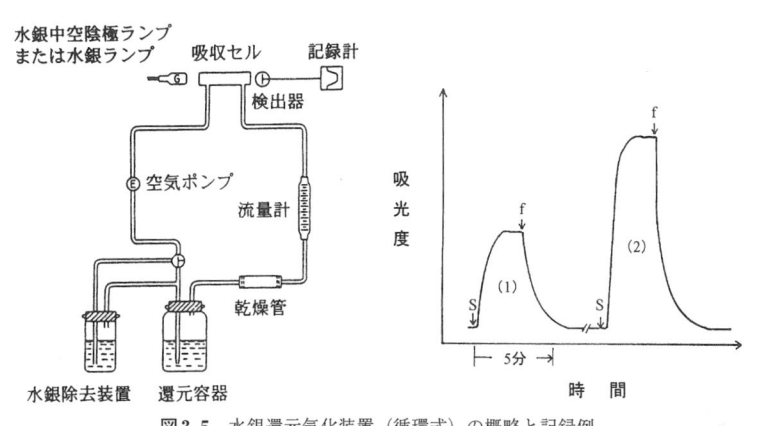

図3.5 水銀還元気化装置（循環式）の概略と記録例
(1) Hg : $4.0\ \mu g \cdot Hg \cdot l^{-1}$，(2) Hg : $8.0\ \mu g \cdot Hg \cdot l^{-1}$，s：反応液添加，通気開始，f：排気開始，通気流量：$700\ ml \cdot min^{-1}$，試料液：25 ml，反応液：25 ml，光吸収セル：2.5 cmϕ, 15 cm長，波長：253.7 nm．

表3.2 水素化物発生法による検出限界

元素	波長 (nm)	検出限界 (ng)
As	193.7	0.8
Bi	223.1	0.2
Ge	265.2	500
Pb	217.0	100
Sb	217.6	0.5
Se	196.0	1.8
Sn	224.6	0.5
Te	214.3	1.5

元剤として用い，次の反応により行う．

$$NaBH_4 + 3H_2O + HCl$$
$$\rightarrow H_3BO_3 + NaCl + 8H\cdot$$
$$nH\cdot + M \rightarrow MH_n$$

ここでMは，分析目的元素を表している．適用されている元素の各水素化物は，AsH_3（Arsine），BiH_3（Bisumuthine），GeH_4（Germane），PbH_4（Plumbane），SbH_3（Stibine），SnH_4（Stannane），H_2Se，H_2Teの8種類で，いずれも常温では気体である．生成した水素化物はアルゴンキャリヤーガスによって原子化部に導入され，吸光度が測定される．原子化は，水素－（空気）アルゴン炎や電気加熱された石英製光吸収セルまたは電気加熱炉アトマイザー中に，生成した水素化物を導入して，熱分解により行われる．水素化物発生原子化法における干渉は，水溶液中での還元反応に関与するものがほとんどであって，水素化物の生成効率を低下するように働く銅，コバルト，ニッケル，白金族元素などや硝酸による干渉がみられ，さらに水素化物生成元素が互いに干渉することがしばしばある．このような干渉を防止するためにマスキング剤を加えたり，還元剤を増量するなどの試みがある．

表3.2に水素化物発生反応を利用した原子吸光分析の検出下限を示す．ごく一部の例外を除いて，フレーム式原子吸光法の感度と比較して本法の感度は2から3桁高い．

3） 電気加熱炉法 電気加熱炉法はグラファイトもしくは高融点の金属（モリブデン，タングステンなど）からつくられた炉に，電流を流したときに発生するジュール熱により試料の原子化を行う方法である．

電気加熱炉の断面図を図3.6に示す．本法での試料溶液の注入から原子の生成までの過程の概略を以下に示す．

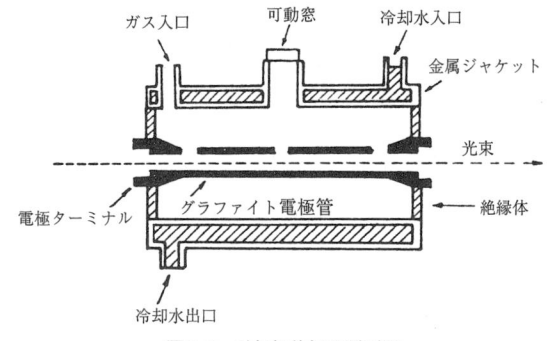

図3.6 電気加熱炉の断面図

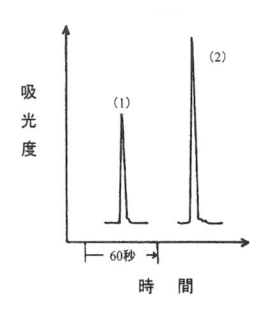

図3.7 電気加熱炉法による記録例
(1) Fe：0.020 mg·Fe·l^{-1}，(2) Fe：0.040 mg·Fe·l^{-1}，試料注入量：20 μl，原子化時間4 s，原子化温度：2300℃，Ar流量：0，0.5 $l\cdot min^{-1}$，波長：248.3 nm．

(1) 水冷しながら炉内をアルゴンで満たしたあと，空焼きでパージを行う．窒素は分析対象原子または炉材と反応して窒化物を生ずるので，アルゴンの代わりに窒素を用いてはならない．

(2) 上部の穴からマイクロピペットで1 μl〜100 μl（通常は10 μl）の一定量の試料溶液を発熱体（電極管）の中に注入する．

(3) 95℃程度の温度で数秒〜数十秒間溶液中の溶媒（水）の蒸発を行う（乾燥という）．

(4) 数百℃の温度で一定時間（数秒〜数十秒，まれに数分間）試料中の有機物または分子種を熱分解する（灰化という）．

(5) 大電流（約500 A）を数秒間流し，発熱体の温度を急激に1000〜3000℃に上げて気化と原子化を行う．この原子化の過程では，アルゴンガスは流さないでおく．このとき，最高に達した瞬間的な原子吸光シグナルが記録される．検量線はピーク高さ法にしたがって作成し，実試料には，標準添加法を併用する．本法によって得た原子吸光シグナル（吸光度－時間曲線）は，元素ならびに装置により異なるが，一例をあげると，カドミウムは1秒以内（発熱体の温度が約

1000℃でもよいことを意味する）に最高ピークが現れるが，モリブデンでは約2.5秒（約3000℃となる）に最高ピークがみられる．電気加熱炉法を用いた原子吸光のシグナルを図3.7に示す．各元素の本法による感度を表3.1に示す．なお，電気加熱炉原子吸光分析法は，高感度，迅速，簡便で試料が少量でよいなどの特徴はあるが，フレーム式原子吸光法と同様に化学干渉，イオン化干渉および分光学的干渉などの問題があり，軽視できない．これらの干渉の除去方法については3.4節で述べる．

3.3 測　　　定

3.3.1 試料の調製

原子吸光分析法の試料は，特別な場合を除き，すべて溶液に調製するのが普通である．試料が溶液の場合，分析成分の容器壁面への吸着と沈殿物の生成を防止するために，まずはじめに塩酸を加えてpHが1程度になるようにする．ただし，水銀の場合には，塩酸の代わりに硝酸を用いる．

試料に含まれる有機物や懸濁物質の量，その存在状態および適用しようとする原子吸光法の方式などを十分考慮して，次に示す六つの方法のうち最適なものを用いて前処理する．

（1）塩酸または硝酸酸性で煮沸：　有機物や懸濁物質がきわめて少ない試料に適する．

（2）塩酸または硝酸による分解：　有機物が少なく懸濁物質として水酸化物，酸化物，硫化物，リン酸塩などを含む試料に適する．

（3）硝酸と過塩素酸とによる分解：　酸化されにくい有機物を含む試料に適する．

（4）硝酸と硫酸とによる分解：　多種類の試料に適用できる．

（5）フッ酸処理および炭酸ナトリウムによる溶融法：　分析目的物質が難溶性の場合に用いる．

（6）乾式灰化による分解：　450～500℃で揮散しない金属元素に適している．水銀，ヒ素，セレンなどには適さない．また，試料中に塩化アンモニウム，塩化マグネシウム，塩化カルシウムなどが含まれているときは，鉛，スズ，アンチモン，鉄，亜鉛などは揮散損失しやすい．

いずれの前処理方法を適用するかは，試料に一定量の目的成分を添加して回収試験を行い，その結果に基づいて判断する．

上記の前処理をしたあと，そのまま原子吸光分析する場合もあるが，多くは，共存物質の除去ならびに感度増加を目的として，錯体生成－溶媒抽出法が汎用されている．この方法は，錯化剤としてジエチルジチオカルバミン酸，ピロリジンジチオカルバミン酸アンモニウムおよびジチゾンなどがよく使われている．生成した錯化合物を，酢酸 n-ブチルおよびメチルイソブチルケトンなどの有機溶媒で抽出する方法である．原子吸光分析では抽出後の有機相をそのまま測定する場合もあるが，一般には酸水溶液を用いて逆抽出を行い，その水相を測定する．有機相をそのまま原子吸光測定する場合には，窒素，ハロゲン，硫黄などを含む有機溶媒の使用は，装置を腐食するので，極力さけるべきである．

3.3.2 定量法

原子吸光分析における分析値の求め方には，検量線法と標準添加法がある．いずれの方法も標準溶液の濃度と指示値（吸光度）との関係線の作成は，試料溶液の測定と並行して行わなければならない．

a. 検量線法

濃度の異なる三つ以上の検量線用溶液を用い，濃度と吸光度との関係線を作成して検量線とする．この方法では試料溶液の組成と検量線用溶液の組成とが類似していることが望ましい．

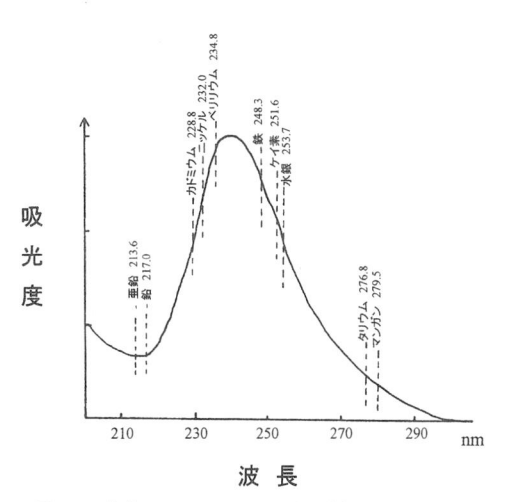

図3.8　塩化ナトリウムによる分子吸収スペクトルおよび金属元素の分析

b. 標準添加法

一定量の試料溶液を4個以上用意し，それぞれに異なる量の分析元素を添加して吸光度を測定する．添加された分析元素の濃度範囲の検量線が十分低濃度まで直線性を示すことを仮定して吸光度0まで外挿し，分析試料溶液中の目的元素の濃度を求める方法である．これにより試料溶液中の共存物質の影響を補正することができ，正確さを高めることができる．

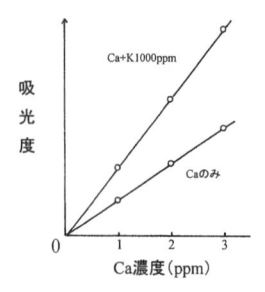

図3.9 アセチレン—一酸化二窒素炎によるカルシウムの検量線
イオン化エネルギー：K 4.3 eV, Ca 6.1 eV.

3.4 干渉現象とその除去

3.4.1 分光干渉

分子吸収によるバックグラウンド吸収は影響の大きな分光干渉の一つである．これは分析元素以外の元素が炎中（原子化過程）で比較的安定な分子種を生成し，その分子の吸収スペクトルが分析元素の吸光線に重なる場合に起こる．この場合，原子吸光シグナルは見かけ上大きくなり，正の誤差を生ずる．炎中で分子吸収の大きな分子は塩化ナトリウム，塩化カリウムなどであり，その吸収スペクトルは220 nmから300 nm付近までの全波長域にわたっている（図3.8）．この除去方法として次の3方法が行われている．第一の方法は，分析線と数nm程度離れた近接線の波長を用いて吸光度を測り，分析線での吸光度から近接線での吸光度を差し引いて，バックグラウンド補正を行う．数nm程度の違いによる分子吸収の吸光度の大きさは，ほぼ等しいとした方法である．第二の方法（最も一般的に行われている）は，連続スペクトル光源を用いる方法である．光源は重水素放電ランプ（D_2ランプ）が最もよく用いられている．この光源の場合，測定時のスペクトル幅はモノクロメーターのスペクトルバンド幅（約0.5～5 nm）に等しいので，原子の吸光線の線幅（約5 pm）より桁違いに広いことになるので，同一波長で測定しても原子による吸収は無視できるほど小さく，その結果バックグラウンド吸収のみ測定できることになる．第三の方法は，磁場によるゼーマン効果によりスペクトル線を分岐した方法で，一部の市販装置に取り入れられている．

3.4.2 イオン化干渉

アセチレン—一酸化二窒素炎のような高温の炎中では，イオン化しやすいアルカリ土類金属を測定する際，それよりさらにイオン化しやすいアルカリ金属などが共存すると，アルカリ土類金属のイオン化は抑制され，中性原子が増加し，感度が増加する．この種の現象をイオン化干渉という．たとえばバリウムを測定する際，カリウムが$3×10^{-3}$M共存していると，バリウムの応答は約60％増加する．カルシウムの場合も同様な傾向がみられ，その影響についての例を図3.9に示す．これらイオン化干渉の除去方法として一般的なものは，アルカリ金属イオンの分離および標準添加法の採用である．

3.4.3 化学干渉

化学干渉の例は多くみられる．たとえば，カルシウムの測定の際，リン酸が共存すると，それと反応して難解離性のリン酸カルシウムが生成し負の干渉となる．この干渉を除去するためには，より安定なリン酸塩を形成するランタンやストロンチウムを共存させるとリン酸の影響をなくすことができる．もう一つの例として，マグネシウムやカルシウムを測定する際にアルミニウムやケイ素が共存すれば，炎中で難解離性のアルミン酸塩やケイ酸塩が形成され，吸光度は大きく減少する．この塩の干渉に対しては多量のストロンチウムを添加することによって除去することができる．これらに対する一般的な除去方法としては，アセチレン—一酸化二窒素炎のような高温炎を用いたり，あるいは，試料中の干渉物質を溶媒抽出，共沈，イオン交換などの分離法により，あらかじめ除去する方法が用いられる．

3.4.4 物理干渉

フレーム原子吸光分析法では，試料溶液はキャピラリーにより吸い上げられるので，溶液の粘度，密度，表面張力などの物理的特性によって試料の吸引流量お

よび噴霧効率が影響を受ける．これを物理干渉という．
これらの干渉に対しては，標準添加法が有効である．

参考文献

1) 鈴木正巳，武内次夫，田村正平，不破敬一郎，武者宗一郎編集：原子吸光分析の実際（化学の領域増刊100号），南江堂，1973.
2) 日本規格協会編：原子吸光分析通則（K-0121, 1993）（JISハンドブック10環境測定），179 pp., 日本規格協会，1998.
3) 日本作業環境測定協会編：作業環境測定のための分析概論，236 pp., 日本作業環境測定協会，1994.
4) 保母敏行監修：分析技術（高純度化技術大系1巻）464 pp., フジ・テクノシステム，1996.
5) 日本分析化学会北海道支部編：環境の化学分析，244 pp., 三共出版，1999.
6) 中嶋暉躬監訳：分析化学アトラス，82 pp., 文光堂，1994.

4

蛍光・りん光および化学発光分析法

ある種の物質はいろいろなエネルギーを吸収して熱を伴うことなく光を発する．このような発光は身の回りに数多くみられる．たとえば，蛍光灯の下で青白く光ってみえる衣服（蛍光漂白剤からの蛍光），暗くなってもみえる夜光時計（塗布されているりん光体からのりん光），イベント用のケミカルライト（化学反応で生じる化学発光），ホタル（生体内化学反応で生じる化学発光＝生物発光）などの，発光がある．通常，蛍光（fluorescence）・りん光（phosphorescence）現象には光エネルギーが，化学発光（chemiluminescence）現象には化学反応エネルギーが利用されるのでそれぞれ「光ルミネセンス（photo luminescence）」，および「化学ルミネセンス」と呼ばれることがある．これらの発光現象を機器分析へ応用したのが蛍光・りん光および化学発光分析である．

一般に，分析対象成分はそれ自身発光性であることが必要である．しかし，それ自身にそのような特性がなくても適当な試薬と反応させて発光性の物質に変化させれば分析は行える．また，何らかの原因で発光に強い影響を与える物質も分析対象成分となりうる．実際の分析では，試料中の分析対象成分は種々の化学物質と混在しているためクロマトグラフィーのような何らかの分離方法を併用して分析対象成分をあらかじめ分離してから分析されることが多い．

蛍光・りん光分析[1,2,3]

蛍光性およびりん光性分子の励起スペクトル（吸収スペクトル）と発光（蛍光，りん光）スペクトルは分子の構造，エネルギー状態を反映しているのでその物理化学的性質を理解するのに有用である．分析化学的には励起スペクトルから励起波長を選択し，選んだ励起波長で測定した発光強度を利用して定量分析は行われることが多い．検出感度は測定成分によって異なるが，10^{-15} mol 程度まで検出可能である．分子が異なると得られるスペクトルも異なるのでその分子構造に関する情報は得られるが，スペクトルだけからその分子が何であるか知ることは難しい．なお，従来，りん光（low temperature phosphorescence）は極低温下で測定されてきたが，近年，励起分子を安定化して室温でりん光（room temperature phosphorescence）の測定をする室温りん光分析が注目されている．

化学発光分析[3,4,5]

化学発光反応を利用する化学発光分析法では，蛍光分析法で問題となる光源のゆらぎ，迷光，散乱光などの影響が無視でき，低バックグラウンド（したがって，低ノイズ）状態で測定が行える．その結果，一般に蛍光分析法より高感度であるとされている．検出感度は測定成分や，測定方法にも依存するが，$10^{-18} \sim 10^{-15}$ mol 程度まで検出可能である．定量分析では通常，波長の選択は不要で，したがって発光スペクトルを測定する必要はなく，発光強度あるいは発光量が測定される．なお，発光スペクトルは主として化学発光反応機構に関する情報を得たいときに測定される．

4.1 原 理

4.1.1 発光の原理

a. 蛍光・りん光

$A(S_0) + h\nu \rightarrow A^*(S_1)$ （光励起）

$A^*(S_1) \rightarrow A(S_0) + h\nu'$ （Aの蛍光放出）

$A^*(S_1) \rightarrow A^*(T_1)$ （系間交差）

$A^*(T_1) \rightarrow A(S_0) + h\nu''$ （Aのりん光放出）

蛍光およびりん光の励起，発光過程を図4.1に示す．通常，エネルギーの低い安定な状態にある分子Aは基底一重項状態（ground singlet state，S_0と記す）にある．その状態の分子がある大きさの光エネルギー（$h\nu$）を吸収すると，分子中の電子は基底一重項状態

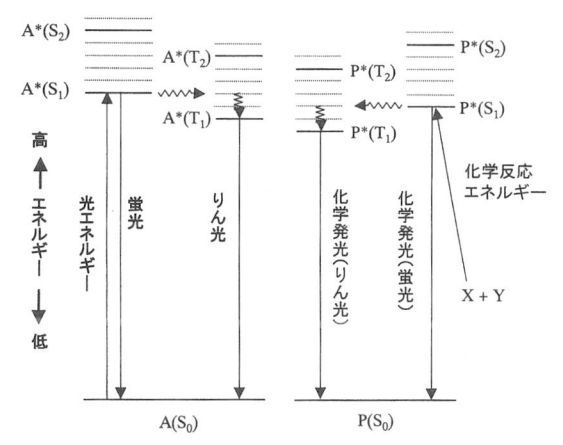

図4.1 蛍光, りん光, 化学発光の励起・発光過程

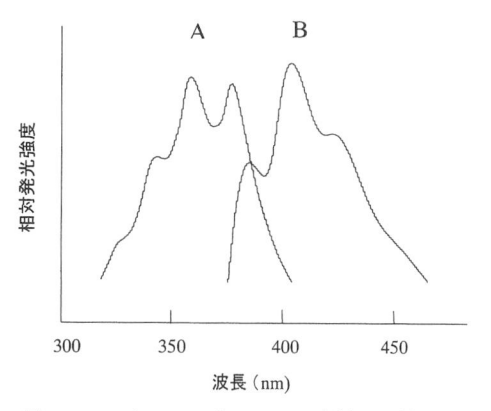

図4.2 アントラセン（エタノール溶液）の励起（A）および蛍光スペクトル（B）
$\lambda_{EX} = 360$ nm, $\lambda_F = 410$ nm.

フェノールフタレイン（無蛍光性）　　フルオレセイン（蛍光性）

図4.3 分子構造と蛍光性

から高いエネルギー状態へ遷移する．その結果，分子Aは電子励起状態(electoronic excited state, A^*と記す)になる．この電子励起状態にある分子は不安定で，多くはもっている電子エネルギーの大部分を熱として放出し（無放射遷移と呼ぶ），一部を光として放出して安定なもとの基底状態に戻る（光放射遷移と呼ぶ）．観測される発光が蛍光であるかりん光であるかは光放射遷移が起こる電子励起状態の違いに基づいている．すなわち，励起一重項状態（excited singlet state, S_nと記す）からの発光（$h\nu'$）は蛍光，いったん励起一重項状態から励起三重項状態（excited triplet state, T_nと記す）へ無放射遷移（系間交差と呼ぶ）したあとの励起三重項状態からの発光（$h\nu''$）はりん光と呼ばれる（$h\nu > h\nu' > h\nu''$）．通常，$n=1$の最もエネルギーの低い励起状態（S_1, T_1）からの発光が観測される．S_1およびT_1にある多くの分子の寿命はそれぞれ$10^{-9} \sim 10^{-8}$および$10^{-3} \sim 10$秒くらいで，蛍光放出の過程に比べてりん光のそれははるかに遅い．励起，蛍光およびりん光スペクトルにおける極大発光波長λ_{EX}, λ_Fおよびλ_Pは，原理からわかるように$\lambda_{EX} < \lambda_F < \lambda_P$の関係にあり，一般に，励起スペクトルと発光スペクトルは鏡像関係にあることが知られている．図4.2にアントラセンの励起および蛍光スペクトルを示す．

蛍光とりん光のどちらが観測されるかは分子の構造に依存して様々である．芳香族化合物は蛍光性，りん光性を示すことが多い．一般に，蛍光性とりん光性は相補的関係にあることは図4.1から容易に理解できよう．芳香族化合物の蛍光性は$-NH_2$, $-NHR$, $-NR_2$, $-OH$, $-OR$（R：アルキル）などの電子供与性置換基により増加するが，$-NO_2$, $-NO$, $-CHO$, $-CN$, $-COOH$, $-SH$, $-X$（ハロゲン）のような電子吸引性置換基により消失あるいは減少する．$-R$や$-SO_3H$のような置換基はあまり蛍光性に影響を及ぼさない．また，分子の構造上の自由度が高いと蛍光性は弱くなる．分子の平面性も蛍光の発現に影響を与え，平面性が高いと蛍光性も強くなる．たとえば，フェノールフタレインは蛍光性ではないが，二つのベンゼン環を酸素原子で架橋したフルオレセインは強い蛍光性を示す（図4.3）．フェノールフタレインは基底状態では平面構造をとるが，励起状態では平面性を失い，二つのベンゼン環は直角にねじれた配置をとる．一方，励起三重項状態にある分子はその寿命が長いために溶媒中では溶媒分子や溶存酸素との衝突によりその電子エネルギーが失われやすく，通常，りん光は観測されない．しかし，分子中，あるいは溶媒中にハロゲンや金属などの重原子が存在すると系間交差（$S_1 \to T_1$遷移）の確率が増加し，りん光が観測されやすくなる．

b. 化 学 発 光

化学発光はその励起過程が異なることで蛍光・りん光と区別できる（図4.1）．すなわち，蛍光・りん光で

は分子を励起するのに光エネルギーが利用される（光励起）のに対し，化学発光では化学反応で生成するエネルギーが用いられる（化学励起）．したがって，化学発光は酸化反応から生じることが多く，反応生成物（P）の一部が励起状態（P*）になって，そこからの発光（多くは蛍光）が観測される．励起状態になってから辿る過程は蛍光・りん光の場合と同様に考えられる．

$$X + Y \rightarrow P^* + \cdots \quad \text{（化学励起）}$$
$$P^* \rightarrow P + h\nu \quad \text{（化学発光）}$$

血痕の鑑識で知られているルミノール（$L(NH)_2$）は定量分析に最もよく利用されている化学発光物質である．

$$L(NH)_2 + 2H_2O_2 + 2OH^- \rightarrow [LO_2^{2-}]^* + N_2 + 4H_2O$$
$$[LO_2^{2-}]^* \rightarrow [LO_2^{2-}] + h\nu \quad (\lambda_{max} = 427 \text{ nm})$$

4.1.2 分析の原理

a. 蛍光・りん光分析

蛍光分析は次の関係式に基づき，蛍光強度 F を測定して行われる．

$$F \propto \Phi_F I_0 \varepsilon l C$$

上式は希薄溶液（$\varepsilon lC \ll 1$）の場合に成立する．Φ_F は蛍光量子収率，I_0 は励起光強度，ε はモル吸光係数，l は励起光が通過する溶液層の厚さ，C は蛍光物質の濃度である．Φ_F は物質が吸収した光量子数のうちの蛍光放出に使われた割合を表し，一定の条件下（温度，溶媒，励起波長など）では物質に固有の値（≤ 1）を示す（表4.1）．有名な蛍光色素であるフルオレセインの Φ_F は $0.8 \sim 0.9$ と大きいが，一般には 0.5 を超える物質は少ない．$I_0 \varepsilon l$ は蛍光物質，測定条件が決まれば一定と考えられるので F は C に比例し，定量分析が可能となる．りん光分析は蛍光分析の場合と同様で，上式で F をりん光強度 P，Φ_F をりん光量子収率 Φ_P に置

表4.1 蛍光物質の蛍光量子収率 Φ_F

蛍光物質	溶媒	発光波長 (nm)	Φ_F
フルオレセイン	エタノール	520	0.97
	0.1M NaOH	520	0.90
ペリレン	エタノール	438	0.87
硫酸キニーネ	0.1M H_2SO_4	460	0.55
インドール	水	350	0.35
アントラセン	エタノール	400	0.27
フェノール	水	300	0.17
フェニルアラニン	水	282	0.04

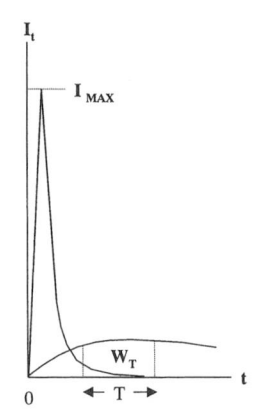

図4.4 化学発光応答
発光強度は図形の高さ（$I_{MAX} = \Phi_{CL}kC$），発光量（W_T）は図形の面積に相当．

表4.2 化学発光物質の化学発光量子収率 Φ_{CL}

化学発光物質	発光反応系	発光波長(nm)	Φ_{CL}
ホタルルシフェリン	ルシフェラーゼ/ATP/Mg/O_2	565	0.88
シュウ酸ジエステル	H_2O_2/蛍光物質F	Fの蛍光波長	$0.05 \sim 0.5$
ルミノール	H_2O_2/Fe(CN)$_6^-$/OH$^-$	424	0.01
ルシゲニン	H_2O_2/OH$^-$	445	0.01
テトラキス(ジメチルアミノ)エチレン	O_2	500	$10^{-4} \sim 10^{-3}$

き換えた式に基づいて行われる．

b. 化学発光分析

定量に利用する応答（反応時間 t での発光強度 I_t，または全発光量 W）は，発光反応が測定対象成分に対して一次と考えられるときには次式で表せる．

$$I_t = \Phi_{CL} kCe^{-kt}$$
$$W = \Phi_{CL} C$$

C は測定成分の初期濃度，k は反応の速度定数である．Φ_{CL} は化学発光量子収率で定数と考える．これより反応後，一定時間経過したときの I_t および W は C に比例し，特に W は反応の速度に依存しないことがわかる．実際の定量分析では通常，極大発光強度 I_{MAX} を応答として測定するが，発光が弱い場合には一定時間 T の間の発光量 W_T を測定する場合もある（図4.4）．なお，Φ_{CL} は反応した物質のうちの発光した物質の割合を表し，二，三の化学発光物質では $0.3 \sim 0.01$ と比較的大きい（表4.2）が，大部分はこれよりはるかに小さい．

4.2 装　　置

4.2.1 蛍光分析

励起および蛍光スペクトルを測定するための分光蛍光光度計の基本構成を図4.5に示す．光源から出た光はスリットを通過後，励起側分光器で分光され，再びスリットを通り試料セル中の試料に照射される．試料からの蛍光は励起光と直角の方向から観測され，スリット，蛍光側分光器，スリットを経て検出部で検出される．実際の装置ではコンピュータ制御により安定した状態で測定が行えるようになっている．

光　源　　安定した比較的強い連続スペクトルが得られる高圧キセノンランプが一般に用いられる．寿命は1000時間程度である．

分光器　　二つの回折格子が用いられ，その角度を入射光に対して変化させることにより励起光，蛍光は分光される．分光された波長と蛍光強度の関係がそれぞれ励起，蛍光スペクトルである．

試料セル　　溶液試料を測定するときは石英ガラス製の角形セル（断面が1 cm×1 cm）が用いられる．励起光が直接検出部に到達しないように蛍光は励起入射光と直角の側面測光になっている．クロマトグラフィーのようなフロー（flow）分析法の検出手段として蛍光を利用するときには小容量（10～200 μl）のフローセルを用いる．

検出部　　蛍光の検出には高感度な光センサーである光電子増倍管（photomultiplier tube：PMT）が用いられる．感度特性（波長によって感度が異なる）の違う多くのPMTがあるので検出される蛍光波長に合ったものを選ぶ必要がある．

4.2.2 りん光分析

りん光放射過程は10^{-4}～10^{-3}秒以上と長いのでりん光分析では寿命の短い蛍光や励起光，およびその散乱光をカットし，りん光のみを分離して検出するホスホロスコープという装置を使用する．その他は分光蛍光光度計の基本構成と同じである．

a.　低温りん光

ホスホロスコープでは，チョッパーにより励起光は断続光にされ，励起光が試料に照射されているときはりん光が観測されないように，りん光が観測されているときは励起光は試料に照射されないように工夫されている．試料セルの部分は，石英ガラス製の試料管（内径4 mm×長さ20 cm）と試料管を冷却する液体窒素を入れる石英ガラス製のデュワー容器からなっている．

b.　室温りん光

試料の支持体（ろ紙など）を用いる室温りん光分析では上記の試料管とデュワー容器の代わりに，支持体を固定する試料ホルダを用いる．一方，分子集合体（ミセルなど）を利用する室温りん光分析ではデュワー容器は不要で，試料溶液を試料管に入れて測定する．

4.2.3 化学発光分析

装置の基本構成は試薬・試料導入部，反応部（反応セル），検出部（光センサー），および信号計測部からなっている（図4.6）．このように構成は単純なので既存の安価な蛍光光度計が利用でき，また自作も可能である．発光反応を行わせる方法により，バッチ式とフロー式装置に区別される．前者は液相化学発光，後者は気相および液相化学発光の測定に用いられる．フロー分析法の検出手段として化学発光を利用するときにはフローセルを用いる．発光は通常，微弱であるため検出部は反応部のすぐ近くに置かれ，分光することなく検出される．光センサーとしては，高感度なPMTが一般的であるが，発光が強いときには安価なフォトダイオードが使用できる．

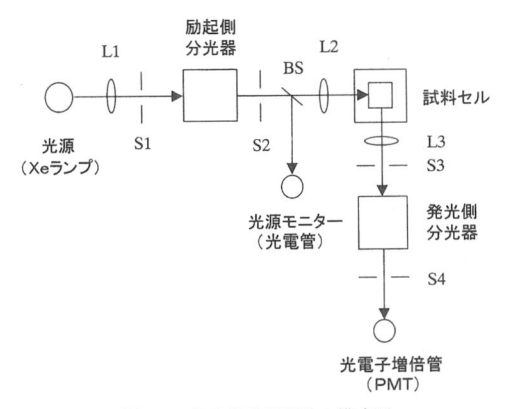

図4.5　分光蛍光光度計の模式図
L：レンズ，S：スリット，BS：ビームスプリッタ．

(a) バッチ式

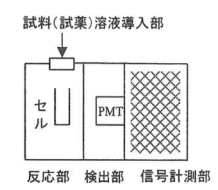

試料(試薬)溶液導入部

セル　PMT

反応部　検出部　信号計測部

(b) フロー式（注入法）

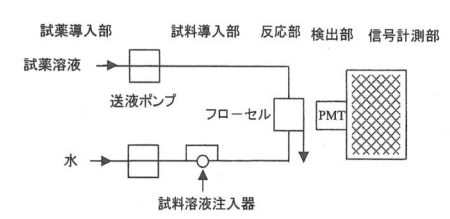

試薬導入部　試料導入部　反応部　検出部　信号計測部

試薬溶液
送液ポンプ
フローセル　PMT
水
試料溶液注入器

図4.6　化学発光分析装置の基本構成図

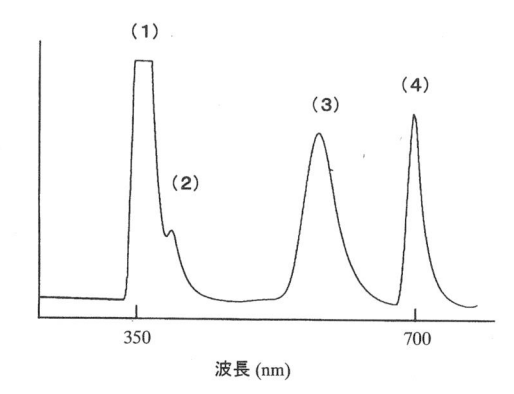

図4.7　ローダミンBの希薄水溶液の蛍光スペクトル
(1) レイリー散乱光（350 nm），(2) ラマン散乱光（400 nm），(3) 試料の蛍光（585 nm），(4) 励起光の二次光（700 nm）．

表4.3　種々の溶媒からのラマン散乱光

溶媒	ラマン散乱光の波長 (nm)				
	励起波長 (nm)				
	248	313	365	405	436
四塩化炭素		320	375	418	450
シクロヘキサン	267	344	408	458	499
エタノール	267	344	405	459	500
クロロホルム		346	410	461	502
水	271	350	416	469	511

4.3　測定法

通常，測定はバッチ法によって行われる．しかし，蛍光，化学発光分析では試料セルにフローセルを用いることにより，フロー検出，特にクロマトグラフィーの検出手段（ポストカラム検出）に利用されることも多い．

4.3.1　蛍光・りん光分析

定量分析は発光強度を測定して行うことはすでに述べたが，そのためには最適な励起光と発光の波長を決める必要がある．励起スペクトルから最適励起波長が，その最適励起波長で励起して得られた発光スペクトルから最適発光波長を求める．通常は発光の強度が最大となるような波長が選ばれる．なお，励起スペクトルは，観測する波長を任意（最適発光波長に近いほうが好ましい）に固定し，励起光の波長を変化させることにより得られる．実際に測定を行うと蛍光と異なる光が観測されることがある（図4.7）．それらは用いた溶媒からの散乱（励起波長と波長が同じレイリー散乱光とそれよりやや波長が長いラマン散乱光），および励起光の二次光（その波長は励起波長の2倍）に基づくものである．特に，ラマン散乱光（表4.3）あるいは励起光の二次光を蛍光と見誤ったり，蛍光と重なって観測されることがあるので注意を要する．なお，フローで蛍光検出を行うときは励起および蛍光波長を固定し，時間に対する蛍光強度の変化を測定する．

蛍光は蛍光性分子相互の衝突，他物質との作用，pHなどにより著しく弱められることがある．これを消光（quenching）という．実際に蛍光分析で遭遇する主な消光現象には試料溶液の濃度が高いことによる濃度消光，常磁性イオンとの相互作用による消光，芳香族炭化水素などの酸素による消光などがある．

りん光は，分子の運動，衝突による無放射遷移を抑制するために液体窒素温度（77 K）の極低温で溶媒を固化し，ガラス状の剛性溶媒中で測定される．極低温でりん光を測定する場合には使用する溶媒の選択が重要となる．すなわち，かなりの溶解度を有し，溶媒自体が発光しない，透明で亀裂の発生しにくいことが要求される．ジエチルエーテル，イソペンタン，エタノールを体積比で5：5：2で混合した溶媒（EPAと呼ばれる）がよく用いられる．低温でのりん光測定は装置や操作がやや煩雑であり，使用される溶媒も限られるなどの難点がある．近年，ろ紙，シリカゲル，アルミナなどの支持体やミセル，シクロデキストリンなどの分子集合体表面に吸着，あるいは内包させることにより励起分子を安定化し，室温でりん光を測定す

る室温りん光分析が研究されている．用いる媒体によりりん光強度が著しく異なることがあるので支持体や分子集合体の選択は重要である．

4.3.2 化学発光分析

発光反応に必要な試薬および試料を反応セル中でバッチあるいはフロー法で混合すれば発光が得られる．ただし，発光強度と反応時間の関係（発光プロフィル）は試薬および試料の混合順序に依存することがあるので注意を要する．なお，化学発光スペクトルは分光蛍光（または蛍光分光）光度計を用い，励起光源をオフにした状態で測定できるが，試薬および試料濃度を高くして十分に発光を強くし，フローで行う必要がある．

4.4 定量分析

4.4.1 蛍光分析

測定対象成分は，ⓐ 物質自体の蛍光性，ⓑ 物質自体には蛍光性はない（弱い）が他の蛍光物質（蛍光試薬）あるいは非蛍光物質と反応して付与される蛍光性，ⓒ ある蛍光物質に対してその蛍光を強めたり，弱めたりする（消光作用を示す）性質を利用して定量される．

石油系燃料，コールタール製品，大気および河川底質汚染物質中に含まれている多環芳香族炭化水素やその誘導体などの定量にはⓐの性質が利用される．廃水，上水に共存し，環境衛生上問題となる中性洗剤，漂白剤，顔料，香料などもⓐに属する．生化学および臨床化学上重要な測定にはⓐおよびⓑの性質が利用されている．一方，無機イオンはⓑの性質を利用して定量されることが多いが，ⓐやⓒの性質によることもある．分析例を表4.4に示す．

4.4.2 りん光分析

測定対象成分は上記のⓐ～ⓒに相当する性質を利用して定量される．蛍光分析法と比較すると測定対象成分はそれほど多くはないが，コールタールや農薬，医薬品の分析に適用され，有用な知見を提供している．特に，室温りん光分析法はペーパークロマトグラフィーや薄層クロマトグラフィーで分離後，常温で簡単，迅速に超微量成分が定量できるので天然物，医薬品，

表4.4 蛍光分析の応用例

定量物質	実試料	定量物質の性質	励起波長(nm)	発光波長(nm)
ベンゾ[a]ピレン	コールタール	ⓐ	366	403
アルキルベンゼンスルホン酸ナトリウム（ABS）	クレンザー	ⓐ	230	290
ビタミンA	魚肝油	ⓐ	330	480
セリウム（Ce）	海水	ⓐ	255	350
アミノ酸	血液	ⓑ	340	540
糖	尿	ⓑ	331	383
アルミニウム（Al）	酸，自然水	ⓑ	365	490
ホウ素（B）	鉄鋼	ⓑ	355	468
セレン（Se）	土壌	ⓑ	375	520
亜硫酸イオン（SO_3^{2-}）	ワイン	ⓑ	365	455
硫化水素（H_2S）	大気	ⓒ	490	520

表4.5 リン光分析の応用例

定量物質	実試料	定量物質の性質，方法	励起波長(nm)	発光波長(nm)
アスピリン	血液	ⓐ, 低温	非分光	410
ナフタレンほか	石油	ⓐ, 低温	290	500
ヌクレオシド類	デオキシリボ核酸（DNA）	ⓐ, 低温	260	400〜450
ベンゾキノリン異性体	コールタール	ⓐ, 室温	309〜361	500〜638
ポリクロロビフェニル（PCB）	PCB製品	ⓐ, 室温	255〜275	520
白金錯体（抗がん剤）	尿	ⓒ, 室温	415	520
亜硝酸塩（NO_2^-）	プロセス食品	ⓒ, 室温	420	515

表4.6 化学発光分析の応用例

定量物質	実試料	定量物質の性質	発光反応系
窒素酸化物（NO，NO_2）	大気	①	O_3
オゾン（O_3）	大気	①	エチレン（$CH_2=CH_2$）
過酸化水素（H_2O_2）	海水	①	ルミノール/Co^{2+}/OH^-
	雨水	①	シュウ酸ジエステル/蛍光物質
タンパク質	血液	②	イソルミノール誘導体/H_2O_2/触媒
コバルト（Co）	海水	③	ルミノール/H_2O_2/OH^-
		③	没食子酸/H_2O_2/OH^-
多環芳香族炭化水素	油	③	シュウ酸ジエステル/H_2O_2
ポリアミン類	食品	③	シュウ酸ジエステル/H_2O_2/蛍光物質

環境試料の定量法として注目されている．分析例を表4.5に示す．

4.4.3 化学発光分析

① 発光反応を構成する基本的な物質である発光物質（化学発光試薬）や酸化剤，② 化学発光試薬など他の物質と反応して生成する発光性の物質，③ 発光反応を促進する物質や逆に抑制する物質などが測定対象成分である．環境化学，生化学および臨床化学関連

試料中の無機ガス，無機イオン，有機化合物などが定量されている．分析例を表4.6に示す．

4.5 応 用 例

実際の分析例を表4.4〜4.6からそれぞれ一例づつ選んで簡単に紹介する．

4.5.1 アルミニウムの蛍光定量[6]

水溶性で，それ自身ほとんど蛍光性がない8-ヒドロキシ-5-スルホン酸（HQS）は種々の金属イオンと反応して蛍光性の強い錯体を生成する．この蛍光錯体生成反応を利用すると各種高純度酸試薬および自然水中の極微量アルミニウムイオン（Al^{3+}）の定量が行える．

$$Al^{3+} + HQS^- （無蛍光性） \rightarrow [Al-HQS]^{2+} （蛍光性）$$

【操作】 2 ml以下の酸試料をテフロン製容器にとり1 mM硫酸0.1 mlを加え，120〜140℃程度に加熱して大部分の液体を蒸発させる．残留物を0.6 M 塩酸1 mlで溶かし，ポリスチレン製反応容器（容積10〜20 ml）に移す．1 mM硫酸1 ml，pH調節用の1 M 酢酸アンモニウム溶液1 mlを順次加え，水で液量4 ml（pH 4.5）にする．HQS 1 mlを加えてアルミニウムの蛍光錯体（$\Phi_F = 0.01$）を生成させる．励起波長365 nm，発光波長490 nmで蛍光強度を測定する．この方法によると試料中1 ppbまでのアルミニウムが定量できる（表4.7）．

4.5.2 亜硝酸塩のりん光定量[7]

溶存酸素を大部分除去した有機溶媒に溶解したジアセチル（DA, $CH_3COCOCH_3$）は室温で励起すると容易にりん光を発する．このときジアセチル溶液に還元性の強い物質が共存するとりん光が著しく弱められる（消光）．このりん光の消光現象を利用すると加工肉に添加されている亜硝酸塩（NO_2^-）のポストカラム定量が行える．

$$DA + h\nu \rightarrow DA^*(T_1)$$
$$DA^*(T_1) \rightarrow DA + h\nu' （りん光）$$
$$DA^*(T_1) + NO_2^- \rightarrow DA^- + NO_2 （消光）$$

【操作】 加工肉10 gを細かくすりつぶし，30 mlの水とよく混ぜる．この混合物を4000 Gで30分間遠心分離したあと，上澄み液をデカンテーションにより分離する．この上澄み液中に共存している有機化合物をジクロロメタンで抽出して取り除いたあと，水で50倍に希釈した溶液をイオン交換カラムに20 μl注入する．ジアセチルは溶離液中に含まれており，励起波長420 nm，発光波長515 nmでりん光強度を測定する．ソーセージ中の97 ± 7 mg·kg^{-1}の濃度の亜硝酸塩が定量されている．

4.5.3 窒素酸化物の化学発光定量[3]

一酸化窒素（NO）は気相中でオゾン（O_3）と反応して励起状態の二酸化窒素（NO_2^*）を生成し，600〜3000 nm（$\lambda_{max} = 1200$ nm）の化学発光を生じる．

$$NO + O_3 \rightarrow NO_2^* + O_2$$
$$NO_2^* \rightarrow NO_2 + h\nu$$

この発光反応を利用して窒素酸化物（NO, NO_2）が測定できる．なお，NO_2はNOに還元してから測定される．図4.8に測定に用いるフローシステムの模式図

表4.7 高純度酸試薬，自然水中のアルミニウムの蛍光定量

実 試 料	アルミニウム濃度（ppb）
硝酸	46 ± 2
塩酸	12 ± 0.9
過酸化水素	329 ± 7
過酸化水素（半導体工業用）	1.5 ± 0.3
水道水	195 ± 2
雨水	34 ± 2
雪水	12 ± 0.5

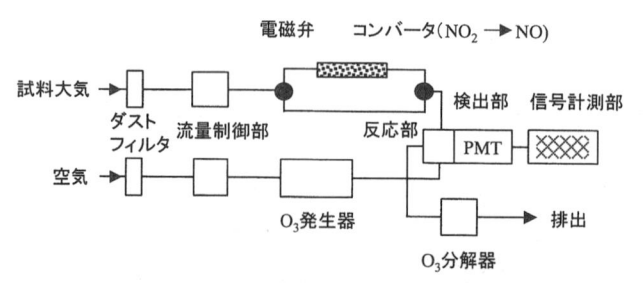

図4.8 窒素酸化物の化学発光測定システムの模式図

を示す.試料ガスは0.5～1.0 $l\cdot\mathrm{min}^{-1}$ の流量で送られ,電磁弁により二分される.直接反応部に送られるとNOが,還元触媒を詰めたコンバーターに送られると$NO+NO_2$の合量が測定される.両者からNOとNO_2濃度が求まる.この方法は実際に大気中の,あるいは発生源でのppb～数千ppmレベルの窒素酸化物のモニタリングに使用されている.

参 考 文 献

1) 西川泰治,平木敬三:蛍光・りん光分析法,共立出版,1984.
2) 大倉洋甫:蛍光・りん光法,ぶんせき,154-160,1987.
3) 保母敏行監修:分析技術(高純度化技術体系第1巻),pp.419-434, pp.435-452, pp.444-445,フジ・テクノシステム,1996.
4) 山田正昭,鈴木繁喬:化学・生物発光法,ぶんせき,218-224, 1987.
5) 今井一洋編:生物発光と化学発光,廣川書店,1989.
6) 川久保進,山本修司,岩附正明,深沢 力:8-ヒドロキシキノリノール-5-スルホン酸蛍光法による酸及び水中のアルミニウムの定量,分析化学, **41**, T65-T71, 1992.
7) C. Gooijer, P. R. Markies, J. J. Donkerbroek, N. E. Verthorst and R. W. Frei : Quenched phosphorescence as a detection method in ion chromatography : The determination of nitrite and sulphite, *J. Chromatogr.*, **289**, 347-354, 1984.

5

赤外吸収分析法およびラマン分光法

物質が電磁波を吸収すると，電磁波の波長（エネルギー $E = h\nu$）によって種々の相互作用が生じる．すなわち電子状態の遷移，振動状態の変化，回転状態の変化あるいはそれらの組合せである．X線から可視光線の領域の光を吸収した場合，試料の電子状態の遷移が観測され，これに伴い分子の振動状態，回転状態も同時に変化する．赤外光の場合，電子状態の遷移を起こすだけの十分なエネルギーをもたないため，分子の振動状態，回転状態を変化させる．また，これより波長の長い遠赤外線，マイクロ波は回転状態の変化を起こすことしかできない．さらに波長の長いラジオ波ではエネルギーが小さすぎるため電子の遷移や振動，回転エネルギーの遷移を引き起こすことはないが，核の強磁場中での核磁気共鳴が観測される．

本章で述べる赤外分光法は上に示したような分子の振動エネルギーの変化を観測するもので，非常に多くの分子の構成に関する情報，すなわちスペクトル情報を与える．また，ラマン分光法は赤外分光法と同様振動エネルギーに関する情報を与えるが，赤外分光法では観測されないエネルギー変化もラマン分光法では観測されたり，またはその逆の場合があるなどお互いに相補的な関係がある．

5.1 赤外吸収分析法

5.1.1 赤外分光法の原理

赤外吸収分析に利用される赤外領域の光は，主として波数4000〜400 cm^{-1}（波長2.5〜25 μm）の領域のものである．ある物質に赤外吸収があるか否か，すなわち赤外活性か否かは選択律によって決まる．すなわち分子の振動が赤外吸収スペクトルを示すためには，分子の電気双極子モーメントが原子の振動の間に変化しなければならない．これは分子の双極子が振動とともに変化することにより，電磁場と共鳴し吸収されるということである．したがって，分子は永久双極子をもつ必要はなく，双極子モーメントが振動に伴って変化すればよい．たとえば異核二原子分子（たとえばHCl）の分子間距離の変化に基づく振動（伸縮振動という）は双極子モーメントを変化させるため赤外活性であるが，等核二原子分子の伸縮振動は双極子モーメント変化が0であるので赤外不活性である．また，二酸化炭素（O=C=O）が対称的に伸縮する振動では双極子モーメントの変化はなく同様に赤外に不活性である．

以下に分子の振動を調和振動子に近似させた場合の取扱いを示す．

a. 分子の振動

図5.1は二原子分子の原子間距離とポテンシャルエネルギーの関係を表す曲線である．平衡の結合長 R_e においてポテンシャルエネルギーは最小となり，この付近で曲線は放物線（図中点線）に近似できる．このときのエネルギーは力の定数 k を用いて式（5.1）のように表される．

$$V = \frac{1}{2}k(R - R_e)^2 \qquad (5.1)$$

ここで k は結合を伸ばしたときに原子が受ける復元

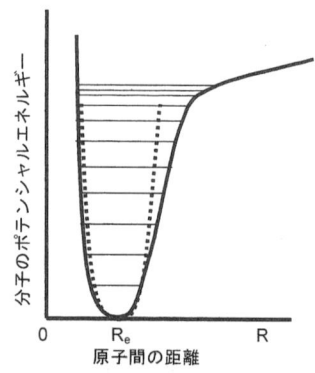

図5.1 分子のポテンシャルエネルギー曲線

力（$=-k(R-R_e)$）に由来する．したがって，ポテンシャル曲線の勾配が急激であるほどkは大きいということになる．エネルギーが大きいときには放物線からずれるためこの近似は成り立たないが，以下エネルギーの小さな場合のみを考える．

振動する分子に許されるエネルギーは，式（5.1）のポテンシャルエネルギーのもとで質量がm_1とm_2の2原子のシュレディンガー方程式を解いて得られ，その結果は次式のようになる．

$$E_\nu = \hbar\omega\left(n+\frac{1}{2}\right) \quad n=0,1,2\cdots \quad (5.2)$$

ここで，

$$\omega = \sqrt{\frac{k}{\mu}} \quad \mu = \frac{m_1 m_2}{m_1 + m_2} \quad (5.3)$$

μは換算質量と呼ばれる．振動エネルギー準位は間隔が$\Delta E_\nu = \hbar\omega$の梯子状のものとなり，振動数は換算質量に依存する．もしも，一方の原子が他方に比べて非常に重い場合（$m_1 \gg m_2$），換算質量はほぼm_2となる．たとえばHIを考えると，I原子はほとんど動かず，H原子が静止したI原子に対して振動すると考えられ，換算質量はほぼm_Hである．また，量子数の変化によって許容遷移を表現する個別選択律があり，振動スペクトルにおいては$\Delta n = \pm 1$である．室温ではほとんどすべての分子は基底状態にあると考えられ$n=0$である．したがって，赤外線の吸収は基底状態$n=0$から$n=1$への遷移のみが可能ということになる．完全な調和振動子ではこのようになるが，実際の分子では分子の振動が厳密な調和振動子でないこと（図5.1参照）から，弱い倍音成分が現れ（$n=2$）選択率にしたがわない．基底状態においてもエネルギー$(1/2)\hbar\omega$をもつことから，分子振動は完全にとめられない零点エネルギーをもつことがわかる（これは絶対零度においても成り立つ）．振動の遷移を$\Delta n = 1$とおき，式（5.2）についてみるとその変化は

$$\Delta E = \left(n+1+\frac{1}{2}\right)\hbar\omega - \left(n+\frac{1}{2}\right)\hbar\omega = \hbar\omega \quad (5.4)$$

となる．たとえばHCl分子では力の定数$k=5.16$ dyn·cm^{-1}から，この分子の振動数ωは

$$\omega = \sqrt{\frac{k}{\mu}} = \sqrt{\frac{5.16\times10^5}{1.615\times10^{-24}}} = 5.65\times10^{14}\,\text{s}^{-1}$$

となる．この振動数を周波数に直すと

$$\nu = \frac{\omega}{2\pi} = 8.96\times10^{13}\,\text{Hz}$$

表5.1 各種の原子対に対する力の定数と共鳴周波数

原子対	力の定数 ×10^5dyn·cm^{-1}	換算質量μ ×10^{-24}g	共鳴周波数 ×10^{13}Hz	波数 cm^{-1}
C–C	4.5	10.040	3.37	1123
C=C	9.6	10.040	4.92	1640
C≡C	15.6	10.040	6.24	2079
C–O	5.0	11.463	3.32	1108
C=O	12.1	11.463	5.17	1724
C–H	5.1	1.545	9.144	3048
O–H	7.7	1.575	11.13	3700
C–N	5.8	12.50	3.43	1143
N–H	6.4	1.561	10.19	3396
C≡N	17.7	10.81	6.44	2147

となり，この周波数の光に共鳴し吸収が現れる．すなわち対応する光は赤外領域にある．一般に赤外吸収スペクトルは波数（cm^{-1}：カイザー）で表し，以下のように計算される．

$$\bar{\nu} = \frac{\nu}{c} = \frac{8.96\times10^{13}}{3\times10^{10}}\,\text{cm}^{-1} \cong 2990\,\text{cm}^{-1}$$

また，波数をμm単位の波長に換算するには以下のような関係式を用いればよく

$$\lambda(\mu\text{m}) = \frac{10^4}{\bar{\nu}(\text{cm}^{-1})}$$

すなわち3.35 μmである．各種の原子対に対する力の定数と共鳴周波数を表5.1に示す．すなわちアルコールの赤外吸収スペクトルには，およそ3700 cm^{-1}付近にO–Hの伸縮振動に基づく吸収が現れるであろう．また，一重結合の炭素–炭素結合は1100 cm^{-1}に吸収をもつが，二重結合となると換算質量は同じでも力の定数が約2倍となるため波数は1640 cm^{-1}にシフトする．さらに三重結合となると力の定数はさらに大きくなり，吸収バンドは2100 cm^{-1}付近に現れることがわかる．

b. 多原子分子の振動スペクトル

二原子分子の振動モードは，結合が周期的に伸び縮みするものしかない．この際等核二原子分子の伸縮振動では双極子モーメントの変化がないので赤外吸収は現れない．また，多数の原子からなる分子では，一つ一つの結合が伸び縮みし，また相互の角度も変化するので多くの振動モードがある．分子を構成するn個の原子はそれぞれx, y, z座標を決めれば相対的な位置が決定できるので$3N$個の振動の自由度が考えられる．しかし，そのうち三つは分子全体が並進運動するものであり，さらにそれぞれの軸のまわりに回転する自由度が三つあるので合計$3N-6$個の振動モードがある．

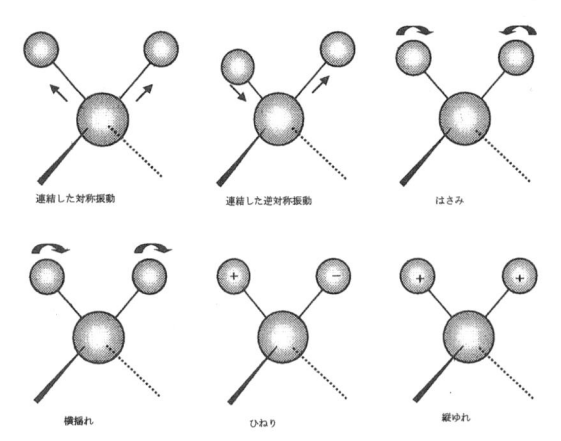

図5.2 多原子分子の振動モード

また直線状の分子では，原子の結合方向を軸とする回転は分子の回転とは見なされないのでモードの数は $3N-5$ 個となる．以下に分子の振動のし方を分類する．図5.2に理解を助けるための図を示した．

1) **伸縮振動** 伸縮振動 (stretching vibration) では2個の結合した原子が結合軸または，結合角度を変化させることなくお互いの距離を伸縮して振動する．伸縮振動には水酸基のような孤立した二原子間の振動と，連結したグループ振動，たとえばメチレン基のいずれかでそれぞれのモードは互いに独立である．図5.2に示す対称伸縮振動 (v_s) では二つの水素原子は炭素原子から同時に遠ざかる．一方逆対称伸縮振動 (v_a) では，互い違いに近づき，遠ざかる．一般に伸縮振動は以下に示す変角振動よりも大きなエネルギーを要する．本振動モードはたとえば $v(C=O) = 1600\,\mathrm{cm}^{-1}$ のように表される．すなわちギリシャ文字 v と括弧内にその吸収を示す原子団，吸収位置である．

2) **変角振動** 原子の結合角の変化に基づく振動である．たとえばベンゼン環の平面内での C–H 基の変角振動 (deformation) は $\delta(C-H)$ で表され，ベンゼン環の平面外での変角振動は $\gamma(C-H)$ で表される．これは他の炭化水素にも適用される．

非直線状分子を構成する三つの原子の結合について，縦揺れ振動 (ω)，横揺れ振動 (ρ)，ひねり振動 (τ)，はさみ振動 (s) などが観測される．（図5.2参照）

以上述べた基準振動のほかに，倍音および結合音の振動も観測される．倍音は基準振動の振動数の約2倍の振動数をもっているが，図5.1のエネルギー図からわかるようにエネルギーが高くなるほどその間隔は小さくなるので，2倍よりも少し小さな振動数のところに倍音が観測される．また，結合音は二つまたはそれ以上の基準振動，倍音の和 ($v+\delta$) または差 ($v-\delta$) の位置に弱い吸収が観測される．

赤外吸収スペクトルは，上記のような基準振動やグループ振動が現れる領域（$4000\sim1400\,\mathrm{cm}^{-1}$）と，指紋領域（$1400\sim400\,\mathrm{cm}^{-1}$）に分けられる．前者ではこの領域の吸収バンドは2個の原子の振動単位に帰属され，その波数は原子の質量と力の定数に特有である．たとえば水酸基の基準伸縮振動 $v(O-H)$ は $3600\,\mathrm{cm}^{-1}$ に現れるのですべてのアルコールはこの波数に吸収をもつ．

指紋領域で見いだされる吸収バンドは分子全体としての振動によるもので，それぞれの原子の相対的な位置，結合の様式に依存する．このため非常に複雑な吸収スペクトルを呈し，分子に固有である．したがって，既知の分子のスペクトルと比較することにより分子の同定に利用できる．しかし，これには例外があり，炭素数の異なる脂肪酸，脂肪族アルコールなどはほとんど同じスペクトルになる．

c. 特性吸収波数

分子の振動の波数を測定して化合物の構造を推定する場合，表に示された種々の官能基の波数値やそれに関連する特性グループ振動の領域を参照して行う．グループ振動はそのグループに特有の振動数を与えるが，周囲の影響によりその波数はシフトする．この原因は，① 隣接原子あるいはグループの電気陰性度や共役効果，② 立体障害，③ 他の振動とのカップリングなどがあげられる．グループ振動数および隣接グループの影響などが多くのグループによりまとめられている．主な官能基の詳細な取扱いと，吸収バンドの位置に影響を与える要素を表5.2に示した．

5.1.2 装置・測定方法

現在市販されている赤外分光光度計ではフーリエ変換赤外分光光度計と分散型赤外分光光度計の2種類がある．前者は回折格子などの分光器の代わりにマイケルソン型干渉装置を組み込んだもので，光源光は分光することなく全放射光が試料に照射される．スペクトルはマイケルソン型干渉系で与えられた光路差と光の強度のフーリエ変換から得られる．検出光はコンピュータに取り込まれ，フーリエ変換される．したがって

表5.2 赤外特性吸収バンドの特徴（文献1より一部引用）

波数·cm	振動の種類	官能基と環境	吸収バンドcm⁻¹	強度	波数·cm	振動の種類	官能基と環境	吸収バンドcm⁻¹	強度
3333〜3704	O-H伸縮	アルコール, フェノール	3200〜3650	v, sh, s, b	1667〜1818	C=O伸縮	2) α, β-不飽和脂肪族	1690〜1715	s
							3) アリール	1680〜1700	s
	N-H伸縮	アミン/アミド					アミド		
		1) 第一遊離	〜3400	m			1) 第一, 希薄溶液	〜1690	s
		（二つのバンド）	〜3500	m			2) 第二, 希薄溶液	1670〜1700	s
		2) 第二遊離	3310〜3500	m		C=N伸縮	イミン, オキシム		
		イミン（=N-H）	3300〜3400	m			アルキル化合物	1640〜1690	
		アミド			1538〜1667	C=O伸縮	β-ジケトン	1540〜1640	
		1) 第一結合（バンド二つ）	〜3180	m			エステル		
			〜3350	m			1) β-ケトエステル(エノール型)	〜1650	s
2857〜3333	N-H伸縮	アミド					2) カルボン酸陰イオン	1550〜1610	
		1) 第二結合（バンド一つ）	3140〜3320	m				1300〜1400	
	C-H伸縮	アルキン	〜3300	s			アミド		
		アルケン					1) 第一, 固体および濃溶液	〜1650	
		1) 一置換（ビニル）	3075〜3095	m			2) 第二, 固体および濃溶液	1630〜1680	
		（バンド二つ）	3010〜3040	m			3) 第三, 固体およびすべての溶液	1630〜1670	
		2) 二置換	3075〜3095	m		C=C伸縮	アルケン		
		芳香族	〜3030	v			1) 非共役	1620〜1680	v
		アルカン（-CH₃, -CH₂-）	2853〜2962	m〜s			2) 一〜四置換	1645〜1675	m
	N-H伸縮	アミン塩	3030〜3130	m		N-H変角	アミン		
	O-H伸縮	アルコールおよびフェノール：分子内水素結合したキレート化合物	2500〜3200	w, b			1) 第一	1590〜1650	s〜m
							2) 第二	1550〜1650	w
							3) アミン塩	〜1500	s
2500〜2857	C-H伸縮	アルデヒド（特徴的）	2700〜2775	w				1575〜1600	s
		バンド二つ	2820〜2900	w			アミド（第一, 希薄溶液）	1590〜1620	s
	O-H伸縮	カルボン酸	2500〜2700	w	1538〜1667	C=C伸縮	芳香族(骨格振動に基づく四つの特性バンド)	〜1450	m
		結合, 多数のバンド						〜1500	m
	S-H伸縮	イオウ化合物	2550〜2600	w				〜1580	v
2222〜2500	C≡C伸縮	アルキン-2置換	2190〜2260	v, w				〜1600	v
	C≡N伸縮	イソシアネート, ニトリル	2215〜2275	m		-N=N-伸縮	アゾ化合物	1575〜1630	v
2000〜2222	C≡N伸縮	イソシアナイド	2070〜2220	m		C-NO₂伸縮	ニトロ化合物(芳香族の方が脂肪族より低波数側)	1300〜1380	s
	-N=C=N-伸縮	ジイミド	2130〜2155	s				1500〜1570	s
	-N₃伸縮	アジド	1180〜1340	w		O-NO₂伸縮	硝酸塩	1250〜1300	
			2120〜2160	s				1600〜1650	
						C-NO伸縮	ニトロソ化合物	1500〜1600	
1818〜2000	C=O伸縮	無水物（五員環, 非環）	1720〜1830	s		O-NO伸縮	亜硝酸塩	1610〜1625	s
			1780〜1870	s				1650〜1680	s
1667〜1818	C=O伸縮	アシルハロゲン化物	1780〜1850	s	1333〜1538	N-H変角	アミド		
		エステル					第二アミド（希薄溶液）	1510〜1550	
		1) 飽和環	1735〜1820	s		C-H変角	アルカン		
		2) 飽和非環	1735〜1750	s			1) -CH₂-はさみ	1445〜1485	m
		3) 不飽和	1717〜1800	s			2) C-CH₃	1430〜1470	m
		4) 炭酸塩	1740〜1780	s				1380〜1510	s
		アルデヒド	1680〜1740	s			3) gem-ジメチル（イソプロピル）	1365〜1370	s
		アルデヒドはいずれも特徴あるC-H伸縮振動あり（バンド二つ）	2700〜2775	w				1380〜1385	s
			2820〜2900	w			4) 第三ブチル	〜1365	s
		ケトン	1660〜1725	s				1385〜1395	m
		カルボン酸					5) C-H	〜1340	w
		1) 飽和脂肪族	1700〜1725	s					

表5.2 (つづき)

波数/cm^{-1}	振動の種類	官能基と環境	吸収バンドcm^{-1}	強度	波数/cm^{-1}	振動の種類	官能基と環境	吸収バンドcm^{-1}	強度
1053～1333	O-H変角およびC-O伸縮	アルコール，フェノール．二つのバンド(-O-H)変角に基づく短波長側と特徴ある O-H伸縮振動に基づく長波長側のバンド			666～909	芳香族面外変角	芳香族置換の形 1) 一置換	～750(すべての場合あるとは限らない)および～700(常にある)	v, s
		1) 第一アルコール	1010～1075	s					
			1260～1350	s					
		2) 第二アルコール	1105～1120	s			2) 二置換	～750	v, s
			1260～1350	s			3) 三置換	～780	v, s
		3) 第三アルコール	1100～1170	s		C-H変角	アルケン		
			1310～1410	s			二置換，シス	～690	s
		4) フェノール	1140～1230	s		C-Cl伸縮	クロル化合物	600～800	s
			1310～1410	s					
	C-O-C伸縮	エーテル				-(CH$_2$)$_n$-	$n \leq 4$の化合物	～722	s
		1) 不飽和アリール	1230～1270	s					
		2) 脂肪族	1060～1150	s					
	C-O伸縮およびO-H変角	1) C-OH伸縮（1250 cm^{-1}付近の特徴ある二重線）	1210～1320	s					
		2) OH変角	1395～1440						

吸収強度の符号：s＝強，m＝中，w＝弱，v＝変わりやすい，b＝幅広い，sh＝鋭い

このタイプの分光光度計はスペクトルが非常に短時間で得られるため，連続スペクトル測定や高速測定にも用いられる．一方分散型赤外分光光度計は基本的には紫外可視分光光度計と同じ構造である．一般に光源光は二分され，一方は試料セル，他方は参照セルに導かれる．その後分光器で分散後検出され記録される．以下に現在汎用されているフーリエ変換赤外分光光度計（FT/IR）の構成およびその構成要素について述べる．

a. フーリエ変換赤外分光光度計（FT/IR）

図5.3にFT/IRのブロックダイヤグラムを示す．本装置では，回折格子などを用いた分光器はなく，マイケルソン型干渉計がその代わりに用いられている．赤外光源の光は，コリメーターにより平行光束となり，マイケルソン型干渉計に入射する．干渉計に入射した光はビームスプリッタBにより二分され，一つは固定鏡（キューブコーナー鏡が用いられることが多く，これは入射方向と同一方向に光を反射する）に，他は移動鏡へ導かれ反射後再びビームスプリッタで合成される．このとき移動鏡を動かすことにより二つの光束に光路差が生じ，二つの光束が同位相となると強め合い，逆位相では弱め合うような干渉現象を起こし，光の強弱が作り出される．干渉計を出た光は試料位置に焦点を結び検出器で検出される．検出器の信号は増幅後アナログ－デジタル変換され，コンピュータに記録される．移動鏡の移動距離に対する光の強弱を記録したも

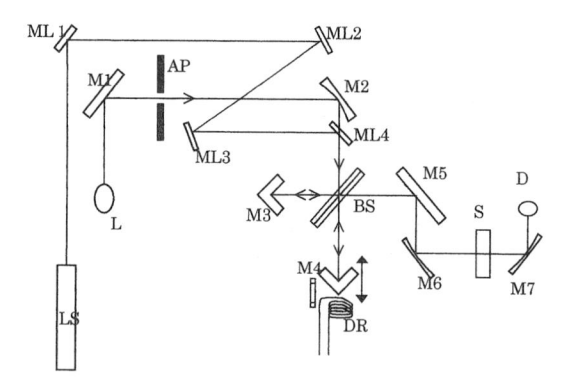

図5.3 FT-IRの光学系
LS：He-Neレーザー（移動鏡のドライブ制御および光学系のアライメントチェック用光源），L：赤外光源，ML1～ML3：レーザー光用平面鏡，ML4：レーザー光用ビームスプリッタ，AP：アパーチャー，M1～M2：赤外光用ミラー，M3：キューブコーナーミラー（干渉固定鏡），M4：キューブコーナーミラー（干渉移動鏡），M5：ミラー，M6：放物面積，M7：集光用ミラー，S：試料ホルダ，D：検出器，BS：ビームスプリッタ（干渉計用，臭化カリウム製），DR：ミラードライバ．

のをインターフェログラムと呼び，これをコンピュータでフーリエ変換すると波数に対する強度分布が得られる．実際の装置では光路差が有限であることから有限の範囲でフーリエ変換しなければならないので，スペクトルの裾の部分に振動をもった波形が得られる．これを補正するためフーリエ変換する前に適当な窓関数をかけ装置関数を除去する．

b. 個々の光学装置

1) 光源 赤外分光光度計の光源としては黒体輻射に近い熱放射体であるニクロム線や炭化ケイ素などの発熱体を1000〜1500℃で用いる.

2) 検出器 赤外領域の検出器としては熱電対,焦電型検出器,水銀-カドミウム-テルル合金型(MCT)検出器などが用いられる.

3) 光学材料 紫外可視吸収スペクトル測定に用いられるガラスや石英は赤外線を透過しないので,セルや光学材料の材質としては結晶のNaCl($600 cm^{-1}<$)やKBr($350 cm^{-1}<$)あるいは臭化ヨウ化タリウム($230 cm^{-1}<$)が用いられる.

c. 試料のサンプリング方法

試料の赤外分光分析を行う際,その試料の物理的,化学的性質によって,種々のサンプリング方法がある.以下に透過型測定における代表的な試料調製法をあげる.

1) 液相法 液体状の試料は,蒸気圧が十分低いものであれば2枚の窓剤ではさみ,固定ネジで厚みを調節すれば容易にスペクトルが得られる.この方法をキャピラリーフィルム法という.しかし,本法は試料厚が時間とともに薄くなったり,一部蒸発したりすることがあるので注意が必要である.より確実な方法として密閉式液体セルを用いる方法がある.図5.4に組立て式液体セルを示す.固定密閉式液体セルでは窓材,スペーサー,枠が接着剤で一体に固定されており,光路長が記されている.このセルは気密性がよく,低沸点の試料でも蒸発が抑えられる.しかし,粘度の大きな試料ではセルの洗浄が困難になることがある.一方,組立て式液体セルでは密閉型セルの長所と短所が逆であるが,簡便なことから汎用される.

2) 粉末試料 固体粉末試料をそのまま測定すると光は乱反射されるのでよいスペクトルを得ることはできない.試料の平均粒径を赤外線の波長よりも小さくし($4000 cm^{-1}$が最短波長とすると$2.5 \mu m$),試料の屈折率と差のない媒質に分散させると可能となる.固体の微粒子は乳鉢中で粉砕することにより得る.このように微細化された試料は流動パラフィン(ヌジョールという)に分散させて測定する(ヌジョール法)か,微細化した試料を臭化カリウム粉末に分散させ,加圧して透明な固溶体として測定する(臭化カリウム錠剤法).

ヌジョール法では流動パラフィン自身が3000〜$2800 cm^{-1}$にC-Hの伸縮振動,1500〜$1300 cm^{-1}$にC-H変角振動に基づく吸収があるほか,$720 cm^{-1}$付近に弱い吸収を示す.また,臭化カリウム錠剤法では以下の点に留意する.

(1) 微粒子化が不十分な場合,錠剤が白く濁り,散乱のため高波数側ほど透過光量が減少し,ベースラインが傾斜する.

(2) 空気中の水分を吸収し,$3400 cm^{-1}$および$1640 cm^{-1}$付近に水の吸収に基づく幅広い吸収を示すことがある.

3) フィルム法 高分子をフィルム化して測定する方法である.高分子の薄膜を得るには,① キャスト法,② 圧延法,ミクロトーム法などがある.キャスト法では高分子溶液をガラス板や臭化カリウム板上に滴下し,溶媒を蒸発させてフィルムを得るものである.用いた溶媒が完全に蒸発しないまま測定すると溶媒のピークが試料ピークに重なることがあるので注意が必要である.圧延による方法では所定の厚さの金属箔に穴をあけスペーサーとし,2枚の圧延板の間で圧迫下に加熱すればフィルムが得られる.この際高分子の軟化点や融点が分解点と近いこともあるので,試料の加熱は十分低い温度で行う.たとえばポリエチレンでは165℃で圧延処理を行った場合,15分以上の加熱処理では二重結合の吸収強度が減少することが知られている.ミクロトーム法では電子顕微鏡などに用いられるミクロトームで厚さ数μm程度に切削し,KBr板上に載せれば良好な透過スペクトルが得られる.いずれの方法でもフィルム化した場合,試料を透過する光と内部で反射する光が干渉し,スペクトルが波打つ場合があるので注意が必要である.これはフィルムが鏡面で均一な厚さの場合に起こりやすく,この場合適当に表面を粗くするとか,厚さを不均一にするなどの処理をする.

4) 反射スペクトル測定法 赤外光を試料に照

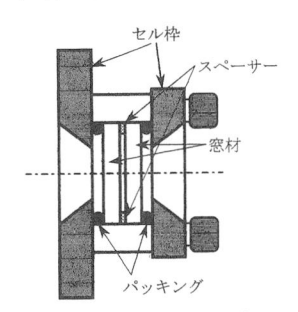

図5.4 組立てセルの概観

図5.5 ATR装置の光学系の一例

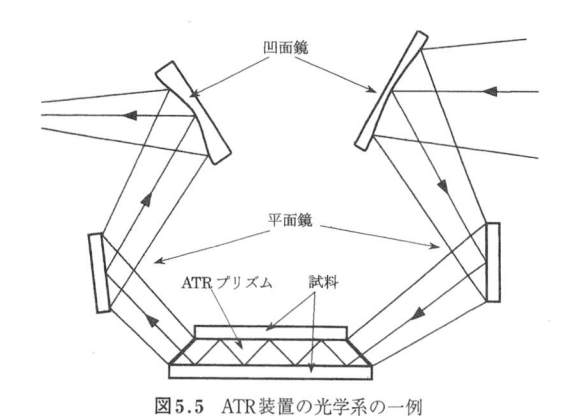

射し反射光を測定してスペクトルを測定するものである．粉末試料，粗い表面の試料のスペクトル測定を行う拡散反射法（diffuse reflectance），金属表面に形成した均一等方的な薄膜（厚さ d が赤外光の波長より小さい）を測定する高感度反射法，ATR (attenuated total reflection) 法などがある．特にATR法は高屈折率プリズムに試料を接触させ，プリズム側から入射した赤外光を試料界面で全反射させ，試料側に染み出した光（エバネッセント波という）を用いて測定するもので，試料の，十分の数 μm～1μm 厚さの表面層のスペクトルを測定できる．また，試料が厚く不透明であってもプリズムに接触可能であれば測定できるなどの利点がある．赤外光に対して透明で高屈折率のプリズムとしては臭化ヨウ化タリウム（KRS-5，10 μm で $n=2.371$）やセレン化ヒ素（10 μm で $n=2.476$），ゲルマニウム（9.72 μm で $n=4.003$）などが用いられ，1回反射用には半円柱形，多重反射型では台形のものを用いる．多重反射型ATR装置の光学系を図5.5に示す．ATR法は，耐薬品性高分子のように溶剤に溶けにくいもの，熱硬化性樹脂のように溶媒に溶けない試料，ゴムなどのように粉砕が困難なもの，あるいは材料の極表面層だけを測定したいときなどにきわめて有用である．しかし，よいATRスペクトルを得るにはプリズムに十分密着させる必要がある．密着が不十分な試料では界面の空気層を除く目的で流動パラフィンなどの赤外吸収の少ない液体を付けて密着する方法も用いられる．本法はFTIRの発展とあいまって近年盛んに研究されている．詳細については成書を参考にされたい．

5.1.3 定性分析

赤外吸収スペクトルで定性分析を行うためには，あらかじめクロマトグラフィーその他化学的方法で試料をできるだけ純粋な形にする必要がある．また，この定性分析には，試料がある既知物質と同一かどうかを調べる場合（同定）と試料の化学構造を決定あるいは推定する場合とがある．前者の場合，標準物質が入手可能であれば，試料と標準物質を同一条件で測定し，得られた二つのスペクトルを比較する．赤外吸収スペクトルは光学異性体のような特殊な場合を除くと，それぞれの物質に固有であるので，試料と標準物質が同一物質であれば赤外吸収スペクトルのすべてのバンドの吸収波数，相対強度が一致する．しかし，臭化カリウム錠剤法またはヌジョール法で測定するとき，結晶を析出させた条件によって同一の物質でもスペクトルが一致しない場合がある．また，標準物質が入手できない場合，標準物質のスペクトルデータを用いる．このとき，試料の測定は標準物質が測定された条件とできるだけ同じになるようにして比較する．標準物質のスペクトルも入手困難な場合，各種データベースに登録された赤外吸収スペクトルを用いる．

試料の化学構造を赤外吸収スペクトルから測定する場合，まず試料分子がどのような官能基をもっているか表5.2を参考に推定する．次に物理定数の測定結果を照合して化学構造を決定する．試料が未知物質の場合，赤外吸収スペクトルのみから構造を決定することはできない．この場合，紫外可視吸収スペクトル，核磁気共鳴スペクトル，質量スペクトルなどの種々の測定結果や化学的性質を考慮し総合的に構造を決定する．分子中の特定官能基の推定には特性吸収帯（1400 cm^{-1} <）を用いる．種々の特性吸収帯があるが，O-H，N-H，C=C，C≡C，C=O，C=Nなどの官能基は，それらに隣接した部分の構造が大きく異なってもその影響を大きく受けることがなく，狭い波数の範囲に大きな強度の吸収を示す．これに対して分子骨格を形成するC-C，C-N，C-Oなどの振動は1300 cm^{-1} 以下の広い波数領域（指紋領域と呼ぶ）に多くの複雑な吸収体として現れ，小さな分子構造の差を鋭敏に反映する．

特性吸収帯を示す官能基は，上述のように一方の原子の質量が小さい水素原子であるか，または多重結合をしている官能基である．これらの基が分子骨格とは異なった波数領域を吸収するのは，それらの基を二原子分子に近似して表すことができるからで，これは式(5.3)において換算質量が小さいか，力の定数が大き

いかのどちらかの場合である．オレフィンや芳香環などの置換形式は分子骨格の振動による吸収体の位置によって推定することができるのでこのような吸収体も特性吸収帯となる．

5.1.4 赤外吸収スペクトルによる定量分析

赤外吸収の強さは適当な条件下ではランベルト–ベールの法則にしたがう．したがって吸収体の強度を指標として定量分析が可能である．溶液試料の成分の含有率を測定する標準法，臭化カリウム錠剤法，フィルム法などのように100％透過率が得られにくい場合に用いる基線法などがある．詳細については省略する．

5.2 ラマン分光法

ラマン効果は1928年にRamanによって発見された．すなわち太陽光を液体中に通し，光路の横から散乱光を観察するという実験を行った．太陽光をレンズなどを使って水を入れた容器に通すと，水中にちりなどがなくとも通過する光路がみえる．これは水分子が光を散乱するからである．まず，青紫色と黄緑色の2枚のお互いに補色関係のフィルターを重ねて太陽光を遮ると，液体中に光路が観測されないことを確認した．次に青紫色のフィルターは太陽光を遮ったままにして，もう1枚のフィルターを液体と測定者の間に置くと，光路が観測された．もし，散乱された光が入射した光とまったく同じ波長をもつならば上記の散乱光は観測されないはずである．これは振動数ν_0の光が物質に照射されたとき，散乱される光の大部分は入射した光と同じ波長であるが，その一部に照射した光と異なる波長$\nu_0 \pm \nu$の光が含まれるということを示している．大部分の散乱光ν_0をレイリー散乱光，後者をラマン散乱光という．

当時は水銀灯の輝線のうちe線（435.8 nm）およびk線（404.7 nm）を励起単色光として用い，写真測光法によりラマン散乱を測定した．ラマン分光法では赤外分光法と異なりガラス製容器，ガラス製プリズムなどを用いることができるため赤外分光法よりも盛んに研究された．その後赤外光学部品やエレクトロニクス技術の進歩により市販の赤外吸収分光計が大量生産されるに至り，ラマン分光法はその地位を奪われていった．しかし近年レーザーが出現したことにより新たな地位を築き上げている．

5.2.1 原理

一般に分子が電場Eに置かれると

$$P = \alpha E \tag{5.5}$$

という分極P（試料の単位体積あたりの平均の電気双極子モーメントのこと）が誘起される．ここでαは分子の分極率である．分子に振動数ν_0の光が照射されると，以下のように振動する電場を与えたことになり，これにより分極も変化する．

$$E = E_0 \cos(2\pi\nu_0 t) \tag{5.6}$$
$$P = \alpha E_0 \cos(2\pi\nu_0 t) \tag{5.7}$$

このとき，分子中の原子がその平衡位置のまわりでν_1という振動数で微少振動をしていれば，分極率αも以下のように振動する（ただし$\nu_1 \ll \nu_0$）．

$$\alpha = \alpha_0 + \alpha_1 \cos(2\pi\nu_1 t) \tag{5.8}$$

$$\begin{aligned} P &= \alpha E_0 \cos(2\pi\nu_0 t) \\ &= \alpha_0 E_0 \cos(2\pi\nu_0 t) + \alpha_1 E_0 \cos\{2\pi(\nu_0 + \nu_1)t\} \\ &\quad + \alpha_1 E_0 \cos\{2\pi(\nu_0 - \nu_1)t\} \end{aligned} \tag{5.9}$$

ただし，tは時間，α_1は振動数ν_1で時間変化する分極率の成分の振幅である．

すなわち一般に振動分極している分子からは，照射光と同じ振動数の光が発せられる．また上の式の第2項，第3項から振動分極分だけ高い振動数の光（アンチストークス線）と低い振動数の光（ストークス線）が発生することがわかる．また，分極とは光によって電子的基底状態にある分子に電子励起状態が混入してくることである．この混入の度合は入射する光の振動数ν_0がこの遷移の振動数にどれくらい近いかによって決まる．したがって励起光の波長が試料の吸収帯に一致すると，このとき観測されるラマン散乱は大きくなることが予想される．これは共鳴ラマン散乱と呼ばれ，複雑な系の中のある特別な原子団からのラマン散乱を分離して測定できる可能性を示している．このように同じ振動スペクトル測定でもラマン散乱と赤外吸収とでは大きな違いがあることがわかる．

振動・回転ラマンスペクトルに対する選択確率は，上記の議論から推察されるように分子が分極性で，しかもその分極が異方的でなければならないということである．上記の議論を1分子についてみてみると，電場中の分子のゆがみは分極率αにより決まるため，分極率が大きいほど与えられた電場によって誘起される

双極子が大きくなる．球対称でない回転子（分子を回転させたとき）の分極率は電場の方向に依存し，異方的となる．したがって，すべての二原子分子（等核，異核でも）は異方性の分極率をもっているのでラマン活性であるが，CH_4 や SF_6 は球対称回転子であるのでラマン不活性である．また，CO_2 の対象伸縮では分子が膨張・収縮を繰り返すので分極率が変化しラマン活性であるが，その他のモードでは分極率が不変でラマン不活性である．

5.2.2 測定装置

一般的に用いられているレーザーラマン分光計はレーザー光源，試料部光学系，分光器（モノクロメーター），光電子増倍管およびその電源，増幅部，記録部からなる．これらおのおのの部分において種々の方式の装置があり，また，最近では顕微鏡と組み合わせた顕微ラマン分光計など多種多様な分光計測を行うことが可能である．

a. レーザー光源

ラマン分光法にレーザー以外の光源が用いられることはない．その中でも半数以上がアルゴンイオンレーザーの488.0 nmおよび514.5 nmの発振線が用いられている．他のレーザーも用いられるが，スペクトル幅が測定しようとする物質のエネルギー準位の幅に比べて十分小さな値となるようなものを用いることが必要である．この要求を満たす光源としてアルゴンイオンレーザーのほかにアルゴンイオンレーザーで励起した色素レーザー，He-Neレーザー（632.8 nm），Krイオンレーザー（350～676 nmまで複数の発振線），He-Cdレーザー（325.0，441.6 nm）などの連続発振レーザー，Nd/YAGレーザー（基本波は1064 nm）などのようなパルスレーザーが用いられる．

b. 分光器

試料にレーザー光を照射すると，ラマン散乱光とともにそれよりもはるかに強いレイリー散乱光やチンダル散乱光が散乱される．このような強い散乱光の中に含まれるラマン散乱光を単一のモノクロメーターで取り出すことは困難である．単一のモノクロメーターを用いた場合，分光器内で迷光となり広い領域にわたってスペクトルのベースラインが高くなり正確なスペクトル測定が困難となる．したがって，ラマン分光法ではダブルあるいはトリプルモノクロメーターが用いられる．ダブルモノクロメーターでは第一モノクロメーターの出射スリットが第二モノクロメーターの入射スリットを兼ねており，2個のモノクロメーターの回折格子が正確に連動するようになっている．迷光の主な原因は回折格子表面での散乱であるといわれており，第一モノクロメーターの出射スリットで測定すると，レイリー線から100 cm^{-1} 離れたところの迷光レベルは回折格子の品質にもよるがおよそ $10^{-6} \sim 10^{-7}$ レベルである．第二モノクロメーターによって迷光はこの2乗のレベルに低下し，トリプルモノクロメーターとすれば3乗に低下する．このように迷光除去という観点からは，ダブルおよびトリプルモノクロメーターはきわめて有効である．

c. 検出器

検出器にはほとんどの場合光電子増倍管を用いる．かつてはラマン光の検出は写真法によって行われていたが現在ではほとんど用いられない．光電子増倍管は光電効果によって生じた光電子を $10^6 \sim 10^8$ 倍に増幅し検出するもので，非常に高感度である．光電子増倍管の出力電流は光量と比例するので，レコーダー，コンピュータなどに記録する．また，非常に微弱な光を検出しなければならない場合，光子計数法によって検出する．市販のラマン分光計ではほとんど光子計数法を採用している．これは光電子増倍管の陽極に現れる電圧パルス（光電面において1光子が光電効果を起こし生じた光電流に相当）の数を計数し，一定時間における計数値に比例する電圧を得るものである．

d. 波数校正

ラマンスペクトルを正確に測定するためには分光計の波数を正確に求めておく必要がある．絶対波数の標準としては，ネオンの原子発光スペクトルが知られる．このスペクトルは312.6～891.9 nmの波長範囲で精密に測定されており，空気中の波長が 10^{-5} nm の桁まで与えられている．この値を校正用標準とする．また，装置全体の校正を行うための有用な標準物質としてインデンが知られる．インデンは0～1600 cm^{-1} に20本，3000 cm^{-1} 付近に数本の鋭いラマンバンドを与える．この波数は $\pm 0.1 \sim 0.5$ cm^{-1} の精度の値で知られている．ただし，空気中でインデンが酸化されやすく，酸化によって生成する不純物が強い蛍光を発し，ラマンスペクトルの測定を困難にするという点に注意する必要がある．一般には蒸留によって精製したインデンを窒素雰囲気中でアンプルなどに封入保存し，そのまま用いればよい．図5.6にインデンのラマンスペクトル

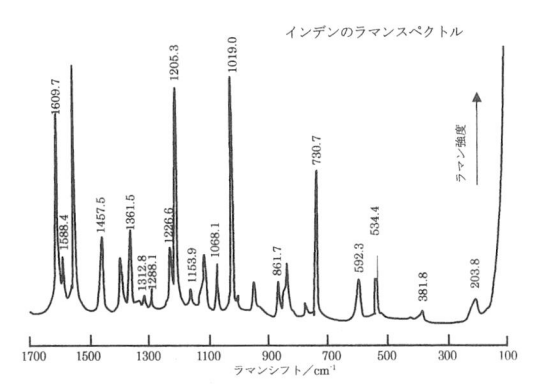

図5.6 インデンのラマンスペクトル（ストークス線）

e. 応 用 例

ラマン散乱分光法はIR法と異なり，極性溶媒特に水の影響が小さく，可視光源が利用可能であることから生体試料，生物試料，工業材料などの試料を非破壊で測定できるという利点がある．しかし，多くの生物試料などの場合，試料から副次的に発生する蛍光がラマンスペクトルの大きな妨害となる．

一方，有色タンパク質であるヘムタンパク質は共鳴ラマン散乱による研究が盛んに行われている．ヘモグロビン，チトクロム，カタラーゼなどが知られているが，いずれも中心金属として鉄を含み，テトラピロール環に配位している．このため500〜600 nmおよび400〜450 nmの可視域に吸収をもち，共鳴ラマン散乱が計測可能である．図5.7にアルゴンイオンレーザーの514.5 nmを用い，偏光面を変化させて観測したチトクロムCの測定例を示す．1100〜1650 cm^{-1}のラマンバンドはポルフィリン骨格のC-C，C-N伸縮，C-H面内変角などのモードによるものである．これらは鉄原子の化学的性質によって変化することが知られている．これらのラマンバンドを利用して各種チトクロム中の鉄の構造が推定されている．

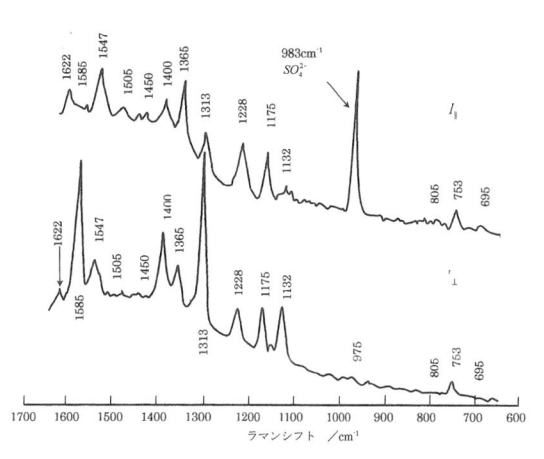

図5.7 還元型チトクロムCの共鳴ラマンスペクトル 514.5 nmの励起光を用いて測定．$I_\perp$と$I_\parallel$は散乱光の偏光方向が励起光の偏光方向とそれぞれ垂直，水平なもの．

また，多くのタンパク質は共鳴ラマン散乱の測定に適した吸収をもたないものがほとんどである（すなわち透明）．このようなとき，適当な吸収帯を有する基質や阻害剤，ラベル化試薬を作用させてこれをプローブとして共鳴ラマンスペクトルを測定する方法（共鳴ラマンラベル化法）がある．これによって種々の酵素における活性中心の構造，反応中間体の構造の推定などが行われている．この方法は今後応用範囲が広がると期待される．

参 考 文 献

1) J. R. Dyer：Applications of Absorption Spectroscopy of Organic Compound, pp.33-38, Prentice-Hall, 1965.
2) 錦田晃一，岩本令吉：赤外法による材料分析基礎と応用，講談社サイエンティフィック，1986.

6
電 気 分 析 法

電気化学分析法（electrochemical analysis）あるいは電気分析法（electroanalysis）は分析化学の問題を解決するために電気化学の原理を応用する．ガルバニセルの起電力を測定する電位差法（ポテンシオメトリー），電流と電位の関係を調べるボルタンメトリー，電極電位を一定に保ち電流を測定するアンペロメトリー，電解析出する物質の重量を測定する電解重量法，ファラデーの法則に基づいて物質の酸化還元に伴う電気量を測定する電量法，溶液中のイオンの数，種類，移動度によって伝導性が変わることを利用する伝導度法などがある．

6.1 電位差法

電位差法（ポテンシオメトリー）は指示電極（indicator electrode），および，参照電極（reference electrode）と呼ばれる2本の電極で構成されるガルバニセルの電位差（起電力）を測定する（図6.1a）．溶液中の化学種の濃度（活量）が変化すると指示電極の電位が変化する．電位差測定において実際に観測される電位は，参照電極の内部溶液と試料溶液との間に液絡（liquid junction）が形成されるため，液間電位（liquid junction potential）を含む．

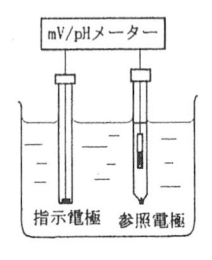

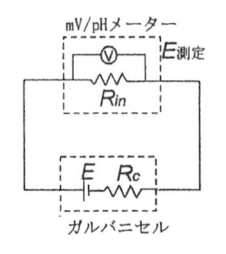

$$E_{観測} = (E_{指示} - E_{参照}) + E_{液間} \quad (6.1)$$

液間電位は，異なる濃度の電解質溶液が接するとき，その境界面を通って電解質が濃度の高い側から低い側へ拡散する際に陽イオンと陰イオンの移動速度に差があると発生する．液間電位はその由来から拡散電位（diffusion potential）とも呼ばれる．液間電位が一定に保たれる限り，観測される電位（$E_{観測}$）は指示電極の電位（$E_{指示}$）の変化を反映する．

6.1.1 電位差法の原理
a. 基準および参照電極

式（6.2）で示されるような一対の酸化還元系を半電池（half-cell）または半反応（half-reaction）と呼ぶ．

$$M^{n+} + ne \Leftrightarrow M \quad (6.2)$$

個々の半電池の電極電位は測定できないため，電極電位は基準となるもう一つの半電池と組み合わせて測定される．基準になる半電池を基準電極あるいは参照電極という．国際規約として，水素イオンが水素に還元される半電池の電極電位をすべての温度で0.000Vと定義する．

$$2H^+ + 2e \Leftrightarrow H_2 \quad (a_{H^+} = 1, \ 1\,atm) \quad (6.3)$$

この電極を，基準水素電極（normal hydrogen electrode：NHE）または，標準水素電極（standard hydrogen electrode：SHE）と呼ぶ．しかし，この電極は実験上取扱いが不便なため，通常の測定では銀－塩化銀電極あるいはカロメル電極を電位の基準となる参照電極（reference electrode）として用いる（図6.2a））．参照電極は，温度が一定であれば一定の電極電位をもつ．銀－塩化銀電極の半反応は

$$AgCl(s) + e \Leftrightarrow Ag + Cl^- \quad (6.4)$$

であり，電極電位は

a) 測定系の構成　　　b) 等価回路

図6.1　電位差測定の構成および等価回路

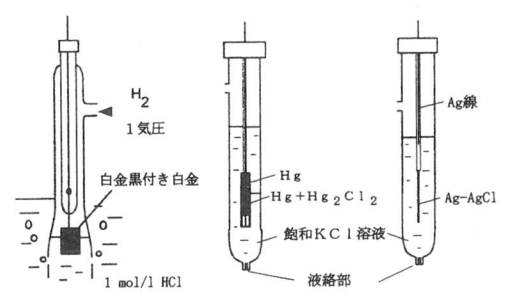

図6.2 a 基準および参照電極
a) 標準水素電極　b) 飽和カロメル電極　c) 銀—塩化銀電極

図6.2 b 指示電極 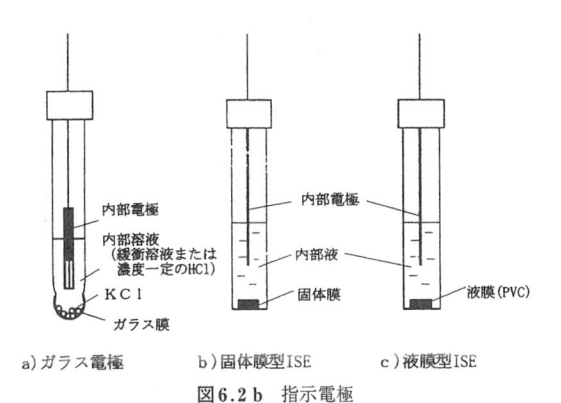
a) ガラス電極　b) 固体膜型ISE　c) 液膜型ISE

$$E = E^0_{AgCl} - \frac{2.303\,RT}{F}\ln a_{Cl} - E^0_{AgCl}$$
$$= 0.222\,\text{V vs. NHE} \tag{6.5}$$

で表される．ここでE^0は塩化物イオンの活量が1の場合の標準電位である．カロメル電極の半反応は

$$Hg_2Cl_2(s) + e \Leftrightarrow 2\,Hg + 2\,Cl^- \tag{6.6}$$

であり，電極電位は

$$E = E^0_{Hg_2Cl_2} - \frac{2.303\,RT}{F}\ln a_{Cl} - E^0_{Hg_2Cl_2}$$
$$= 0.268\,\text{V vs. NHE} \tag{6.7}$$

で表される．銀—塩化銀電極およびカロメル電極の電位は塩化物イオンの活量によって変わるので，これらの電極が参照電極として一定の電極電位を示すためには塩化物イオンの活量を一定にする必要がある．実際の参照電極では，内部溶液として濃度が既知で，かつ高濃度の塩化カリウム溶液が使用されている．飽和塩化カリウム溶液を内部溶液として用いたカロメル電極を飽和カロメル電極（saturated calomel electrode：SCE）と呼ぶ．測定される電極電位の値はvs. NHEのように参照電極を明記する．

b. 指示電極

電位差法では，溶液中の化学種の濃度（活量）に依存して指示電極の電位が変わる．指示電極には電極界面で電子の授受を伴う場合と電子の授受はないが，膜界面でイオン（電荷）の選択的な移動を伴う場合とがある．

1) 電子授受を伴う電極　白金，金などの貴金属の電極は，溶液中の酸化還元対（たとえばFe^{2+}, Fe^{3+}）の溶液に浸すとその電極電位はネルンスト(Nernst) 式にしたがって変化する．

$$E = E^0_{Fe} - \frac{RT}{F}\ln\frac{a_{Fe^{2+}}}{a_{Fe^{3+}}} \tag{6.8}$$

電極の電位はFe^{2+}およびFe^{3+}の活量の比が変わると変化する．このような電極は酸化還元電極（redox electrode）という．溶液の酸化還元電位（ORP）の測定，酸化還元滴定，沈殿滴定の終点検出などに用いる．

2) 膜電位の変化に基づく電極

i) ガラス電極　水素イオンの濃度の異なる溶液の間にガラス膜を置くと，膜電位（membrane potential）が発生することは，1906年H. Cremerによって見いだされた．今日，ガラス電極は，pH測定，および，アルカリ金属イオンの測定に広く用いられている．図6.2bに示すように先端部はガラス膜（厚さ0.2mm程度，膜抵抗数十〜数百MΩ）からできている．ガラス膜は，ケイ素原子と酸素原子とが三次元網目構造をとっている．水素イオンに応答するガラス膜は主成分としてSiO_2 (65%), Li_2O (28%), La_2O_3 (4%), Cs_2O (3%)からなる．ガラス電極の水素イオンに対する応答はpH0〜14と広い．しかし，高濃度のアルカリ中では共存する陽イオン（Na^+など）も膜に取り込まれるため，膜電位は高く（実際のpH値は低く）観測されるアルカリ誤差が生ずる．強酸性溶液ではゲル層中で多量の水素イオンが水和するために水の活量が1より低下し酸誤差が起こる（pH値は高く観測される）．

ii) イオン選択性電極　イオン選択性電極（ion-selective electrode：ISE）は，特定のイオンに選択的に電位応答する膜電極である．固体膜と液体膜（液膜）電極に分類される．固体膜にはEu(Ⅱ)をドープしたLaF_3の単結晶や，シリコーンゴムやポリ塩化ビニルなどに分散させた難溶性塩，AgI, CuSなどの難溶性塩を高圧で円板状にプレスしたペレットなどが用いられている．感応膜（厚さ約1mm）はエポキシ樹脂筒の先端に固定化され，内部溶液と内部参照電極が

配置される（図6.2b）．液膜は，電荷中性のキャリヤー（neutral carrier）や電荷をもつキャリヤー（charged carrier），イオン交換体（ion exchanger）を水に不溶の有機溶媒に溶解する．通常，ポリ（塩化ビニル）高分子膜に保持された支持液体膜として用いる．

イオン選択性電極の電位と溶液中の化学種の活量との関係は，ニコルスキー–アイゼンマン（Nicolsky-Eisenmann）式によって表される．

$$E = \text{constant} + S \log(a_i + K_{ij}^{pot} a_j^{z_i/z_j}) \quad (6.9)$$

ここでSは電位応答のスロープ，a_iは目的イオンの活量，a_jは共存イオンの活量でz_iおよびz_jはそれらの電荷を示す．K_{ij}^{pot}は選択係数（selectivity coefficient）と呼ばれ，共存イオンが示す電位応答の強さの尺度である．選択係数が小さいほど共存（妨害）イオンの応答は小さい（表6.1, 6.2）．イオン選択性電極は一般に10^{-6}M～10^0Mの範囲で応答する．検出下限が10^{-7} Mに近い電極もある．

6.1.2 電位差計

指示電極と参照電極との間の電位差は，電位差計あるいはmV/pHメーターを用いて回路を流れる電流が事実上ゼロになるようにして測定する．ガルバニセルの電位差Eを測定するための電気回路は，図6.1bに示されるように，電位差計の入力インピーダンスR_{in}と測定系の内部抵抗（主として膜抵抗）R_cによって表される．この直列回路によって測定される電位差（$E_{測定}$）は

$$E_{測定} = E \frac{R_{in}}{R_{in} + R_c} \quad (6.10)$$

である．測定したい電位差Eと実際に測定される電位差$E_{測定}$が0.1%以内で一致する，すなわち$E/E_{測定}=1.001$であるためには，内部抵抗と入力抵抗の関係は$R_c/R_{in} = 0.001$となる必要がある．通常の市販mV/pHメーターの入力インピーダンスは$10^{14}\Omega$以上である．これはガラス電極の抵抗（$10^9\Omega$）より十分大きい．

6.1.3 電位差の測定

電位変化の大きさから溶液中の化学種の濃度を知る直接電位差法（direct potentiometry）と容量分析の終点の検出に電位差の変化を利用する電位差滴定法（potentiometric titration）とがある．直接電位差法では溶液中の目的化学種の濃度を検量線から求める．観測される電位差は活量を反映するが，溶液のイオン強度を一定に保ち，活量係数が一定になるようにして検量線を作成すると電位差と濃度の関係が求まる（図6.3(a)．電位差滴定は，滴定剤を加えることによって起こる溶液中の化学種の濃度変化を指示電極の電位変

表6.1 固体膜イオン選択性電極の例

目的イオン	感応膜	主な妨害イオン（選択係数）
F^-	LaF(Euドープ)	OH^-
I^-	AgI	$PO_4^{3-}(3.5 \times 10^{-4}) > Br^-(10^{-4}) > Cl^-(10^{-5})$
S^{2-}	Ag_2S	$Br^-(5 \times 10^{-26}) > I^-(2 \times 10^{-18})$
Cd^{2+}	$CdS + Ag_2S$	$Fe^{3+}(4 \times 10^2) > Pb^{2+}(5.0 \times 10^{-1}) > H^+(5 \times 10^{-4}) > Zn^{2+}(10^{-4})$
Cu^{2+}	$CuS + Ag_2S$	$Pb^{2+}(2.0 \times 10^{-3}) > Cd^{2+}(3.2 \times 10^{-4}) > Zn^{2+}(2.5 \times 10^{-4})$

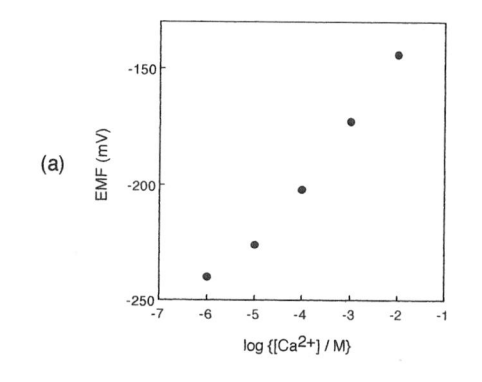

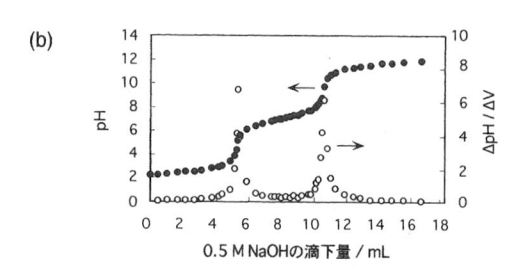

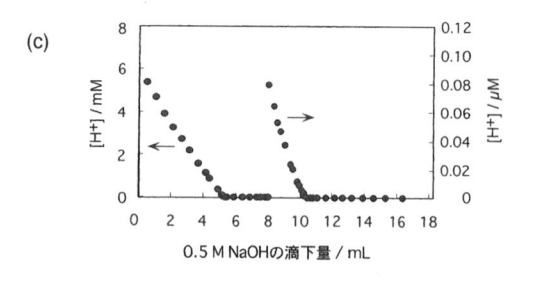

図6.3 (a) カルシウムイオン選択性電極を用いる検量線，(b) 0.1 Mリン酸25 mlを0.5 MNaOHで滴定したときの滴定曲線および一次微分曲線，(c) (b)のGranプロット．

表6.2 液膜型イオン選択性電極の例

目的イオン	感応物質	膜溶媒	妨害イオン（選択係数）
A) イオン交換体電極			
Ca^{2+}	Caビス(オクチルフェニル)ホスフェート	ジオクチルフェニルリン酸塩	$Sr^{2+}(1.7\times10^{-2})>Mg^{2+}(2.4\times10^{-4})>K^{+}(5.8\times10^{-5})>Na^{+}(6.3\times10^{-6})$
NO_3^-	Tris(phen)Ni(II)$(NO_3)_2$	2-ニトロ-p-シメン	$NO_2^-(10^{-1})\approx Cl^-(10^{-1})>H_2PO_4^-(6.3\times10^{-4})>SO_4^{2-}(6.3\times10^{-4})$
Cl^-	塩化トリメチル-n-オクチルアンモニウム	リン酸ジブチル	$NO_3^-(50)>NO_2^-(4)>HCO_3^-(10^{-1})>SO_4^{2-}(6\times10^{-2})$
DBS^-	ビクトリアブルー$^+$ DBS^-	ニトロベンゼン	$SCN^-(4\times10^{-3})>Cl^-(2\times10^{-6})>SO_4^{2-}(2.5\times10^{-6})>NO_3^-(2.5\times10^{-5})$
B) ニュートラルキャリヤー電極			
K^+	バリノマイシン	NPOE	$Rb^+(1.4)>Cs^+(3\times10^{-1})>NH_4^+(1\times10^{-1})>Na^+(2\times10^{-4})$
Na^+	ビス12-クラウン-4誘導体	NPOE	$Li^+(1\times10^{-3})>K^+(9\times10^{-3})>Rb^+(4\times10^{-3})>Mg^{2+}(1\times10^{-4}))\approx Ca^{2+}(1\times10^{-4})$
Li^+	ジベンシル14-クラウン-4	NPOE	$K^+(1\times10^{-2})>Na^+(2.5\times10^{-3})>Mg^{2+}(5\times10^{-5})>Ca^{2+}(2\times10^{-5})$
Ca^{2+}	ETH1001	セバシン酸ジオクチル	$H^+(1.2\times10^{-3})>Na^+(2\times10^{-4})>K^+(2\times10^{-4})>Mg^{2+}(2\times10^{-5})$
Mg^{2+}	ETH1117	NPOE	$Ca^{2+}(2\times10)>NH_4^+(6\times10^{-2})>K^+(8\times10^{-2})>Li^+(4\times10^{-2})>Na^+(8\times10^{-3})$
Cl^-	チオ尿素誘導体	NPOE	$SCN^-(1.0)>Br^-(1.58)>HCO_3^-(10^{-3})$
ATP^{4-}	大環状ポリアミン	リン酸ジオクチル	$Cl^-(5.7\times10^{-4})>ADP^{3-}(3.5\times10^{-1})>AMP^{2-}(3.0\times10^{-2})>HPO_4^{2-}(1.5\times10^{-3})$

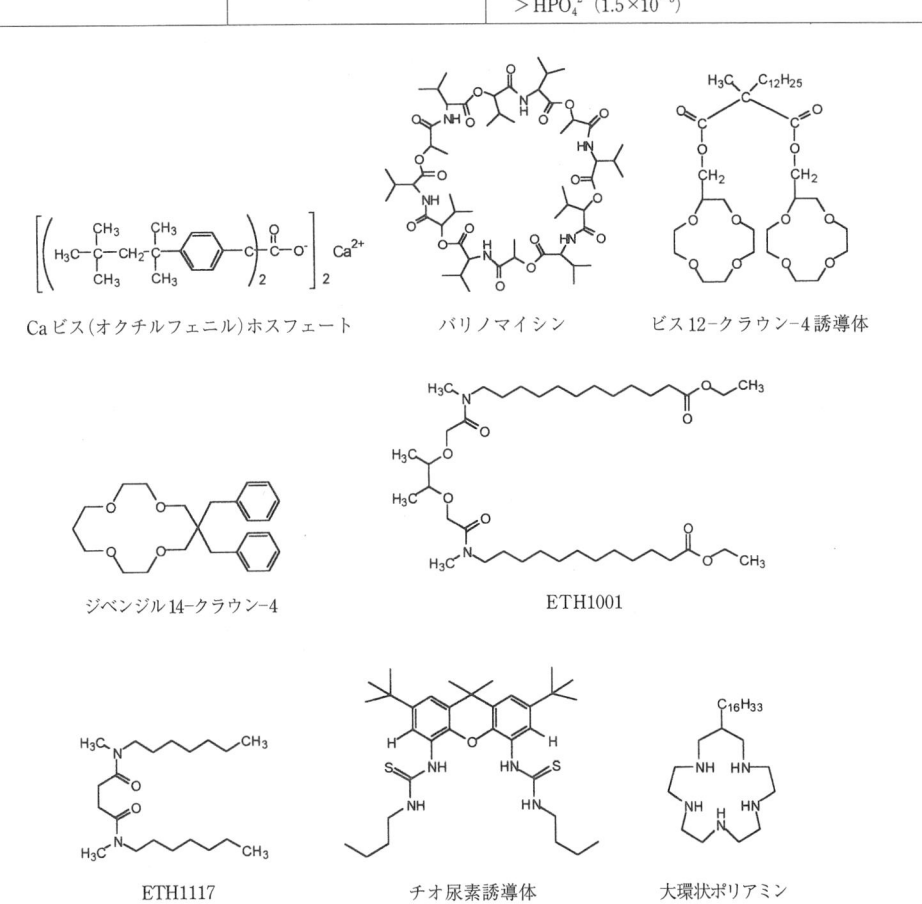

Caビス(オクチルフェニル)ホスフェート

バリノマイシン

ビス12-クラウン-4誘導体

ジベンジル14-クラウン-4

ETH1001

ETH1117

チオ尿素誘導体

大環状ポリアミン

化として追跡する．電位（E）と滴定剤の体積（V）の関係をプロットした滴定曲線は一般にS字状になり，終点は電位飛躍（potential jump）から求める（図6.3(b)）．終点近傍での一次微分（$\Delta E/\Delta V$）曲線を用いると終点検出の精度が高まる（図6.3(b)）．電位差滴定における電極電位は溶液中の目的化学種の残存濃度を示している．目的化学種の濃度は滴定剤の滴下量が増えると初濃度から減少し，終点では事実上ゼロになる．したがって，電位（log Cに比例）vs.体積プロットの代わりに縦軸を真数に変換したanitilog E（Cに比例）vs.体積プロットを用いれば，滴定曲線は直線プロットとなり，終点は2本の直線部分の外挿として求まる（図6.3(c)）．このようなプロットをGranプロットという．

6.2 ボルタンメトリー

ボルタンメトリーでは外部からの電気エネルギーを用いて電極で酸化還元反応を起こさせる．すなわち電解セル（electrolysis cell）を用いる．電流と電位の関係は電流–電位曲線（ボルタモグラム）として記録する．定性分析には半波電位，ピーク電位など物質に特有の電位を用いる．定量分析には電流の大きさを用いる．

6.2.1 原理
a. 酸化還元電位とエネルギー準位
電極の電位を外部電気エネルギーを用いて変化させると，電極内の電子のフェルミ準位（金属内の電子が占有する軌道のうち最も不安定な準位）が移動し，電極電位は電極の材質に関係なく設定電位に定まる．物質が酸化されるときには，図6.4のように，分子内の最高被占軌道（HOMO）の電子が電極内のよりエネルギー準位の低空軌道に移動する．一方，還元される場合には，電極内のフェルミ準位の電子が物質の最低

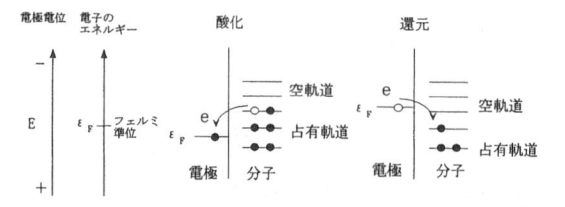

図6.4 金属電極界での電子のやりとり

空軌道（LUMO）に移動する．物質内の電子のエネルギー準位は物質によって異なる．そのために，酸化あるいは還元される電位は物質によって異なる．

b. 電極反応と物質移動
電極反応（electrode reaction）には，電子移動（electron transfer）の過程と物質移動（mass transport）の過程が含まれる．溶液中の物質が電極界面へ移動するのは拡散（diffusion），泳動（migration），対流（convection）の三つの過程による．拡散は濃度の高い側から低い側への物質の自発的な移動である．拡散によって運ばれる物質の量はフィック（Fick）の第一法則にしたがう．単位時間（s）あたりに単位断面積（cm^2）を通過する物質の量はフラックス（flux）として定義される．

$$J = -D\frac{\partial C}{\partial x} \qquad (6.11)$$

ここでフラックスJはmol・cm^{-2}・s^{-1}の単位をもち，Dは拡散係数（diffusion coefficient）でcm^2・s^{-1}の単位をもつ．フィックの第一法則は任意の位置（x）において単位断面積を横切る化学種の分子数はその物質の濃度勾配に比例することを示す．拡散係数の水溶液中での典型的な値は10^{-5}〜10^{-6} cm^2・s^{-1}である．電気泳動は電位勾配下でイオンが移動する現象である．対流による物質の移動は溶液をかくはんすると起こるが，熱的揺らぎによっても起こる．ボルタンメトリーでは一般に高濃度の無関係塩（支持電解質）を加え，静止溶液で測定することにより物質移動が拡散のみによって起こるようにする．

c. ファラデー電流と容量性電流
電極で物質の酸化あるいは還元が起こるとファラデー電流が流れる．物質が変化する量はファラデーの法則にしたがう．一方，電極界面は，電位の印加により表面電荷をもつ．そのため極性をもつ溶媒分子が向きをそろえて配向するだけでなく，溶液中の反対電荷のイオンがひきつけられ，電極界面には溶液バルクとは異なるきわめて薄い層が形成される．この層は電気二重層（electric double layer）と呼ばれる．その厚さは10^{-3}（希薄溶液）〜10^{-5} mm（0.1 M溶液）ときわめて薄い．電極界面で電気二重層が形成されるときには溶液中のイオンが移動するため，電子授受がなくても一過性の電流が回路を流れる．この電流は容量性電流（capacitive current）または充電電流（charging current）と呼ばれる．ボルタンメトリーではファラ

デー電流を容量性電流から識別するために電圧の印加に様々な工夫がある．

d．過電圧

電極界面での酸化体および還元体の濃度が常に熱力学的平衡状態にあるときはネルンスト式が成立する．このときの電極電位を平衡電位（equilibrium potential, E_{eq}）という．電極表面で物質の酸化還元が起こる電位は必ずしも平衡電位と一致しない．一般には平衡電位より大きな余分の電位を印加するとはじめて電気分解が進行する．平衡電位と実際に必要な電位との差は過電圧（overpotential）と呼ばれ，その大きさは記号 η を用いて表す．

$$\eta = E - E_{eq} \tag{6.12}$$

e．三電極式とポテンシオスタット

ボルタンメトリーの測定には作用電極，補助電極（auxiliary electrode）および参照電極の3電極がポテンシオスタット（potentiostat）に接続される（図6.5）．補助電極は対極（counter electrode）とも呼ぶ．ポテンシオスタットは電位を一定に保つための装置であり，作用電極（working electrode）の電位は参照電極に対して正確に規制される．電流は作用電極と補助電極の間を流れる．作用電極と参照電極のみを用いる二極式のボルタンメトリーは1960年以前までは，特にポーラログラフィーにおいて一般に用いられていたが，ポテンシオスタットの登場によって今日ではもっぱら三極式が用いられている．しかし，後述の酸素電極や酵素電極では二極式も用いられている．

f．作用電極

作用電極には固体と液体とがあるが，その形状は目的に応じて様々である．いずれも電子の優れた導体である．分析を行う電位窓（potential window）の範囲で不活性であることが必要である．固体電極として貴金属，グラファイト（黒鉛），水銀，金属酸化物，半導体などの導電性物質が用いられる．炭素は多孔質なためそのままでは作用電極には適さない．グラシーカーボン，ワックス含浸グラファイトなど種々の処理が施された炭素電極がある．水銀電極は最も古くから使用された液体電極の一つである．滴下水銀電極はガラスキャピラリーの先端から水銀滴が重力によって規則正しく自然落下する．水銀は重金属との合金（アマルガム）を形成するために，ストリッピング法において重金属の前電解濃縮に使用される．物質を化学反応により選択的に電極表面上の膜に濃縮したり，物質の酸化還元を触媒する能力をもつ高分子膜を固体電極上に化学的に修飾した電極は化学修飾電極（chemically modified electrode）と呼ばれる．高分子膜に限らず，自己集合（self-assembly）法による単分子膜や，ラングミュアーブロジェット（Langmuir-Blodgett）累積膜などの分子膜も使用されている．金電極はアルカンチオールの溶液に浸すだけで，金と硫黄とが共有結合で結合し，アルカンチオール分子が配向した自己集合単分子膜（self-assembled monolayer）を形成する．

6.2.2 ボルタンメトリーの方法

ボルタンメトリーでは電位の印加方法によって得られるボルタモグラムの形状が異なる．それぞれに固有の名称がある．

a．ポーラログラフィー

ボルタンメトリーの中で滴下水銀電極（dropping mercury electrode：DME）を作用電極に用いる方法を特にポーラログラフィーと称する．今日この方法はほとんど利用されなくなったが歴史的には重要な方法である．得られるポーラログラムは，図6.6に示すように，水銀滴の成長および落下のくり返しにしたがって波形を示す．混合物の場合にはそれぞれの化学種が還元される電位で電流のステップが得られる．半波電位（$E_{1/2}$）は限界電流の半分の大きさの位置の電位であり化学種の特性を反映する．定性分析には半波電位を用いる．定量分析には，限界電流の大きさを用いる．限界電流の大きさを示す理論式はIlkovicにより導かれた．限界拡散電流は溶液中の化学種の濃度に比例する．

$$i_d = 706\, nD^{1/2} m^{2/3} t^{1/6} C \tag{6.13}$$

ここで n は電極反応に関与する電子数，$D\,(\mathrm{cm^2 \cdot s^{-1}})$

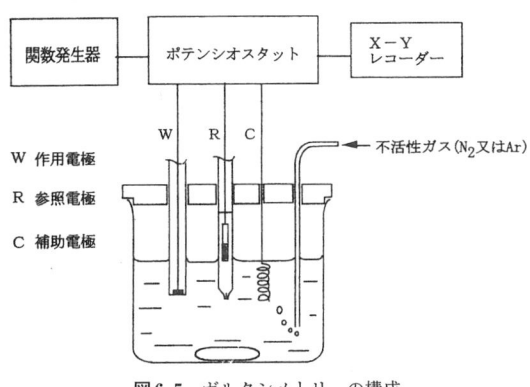

図6.5 ボルタンメトリーの構成

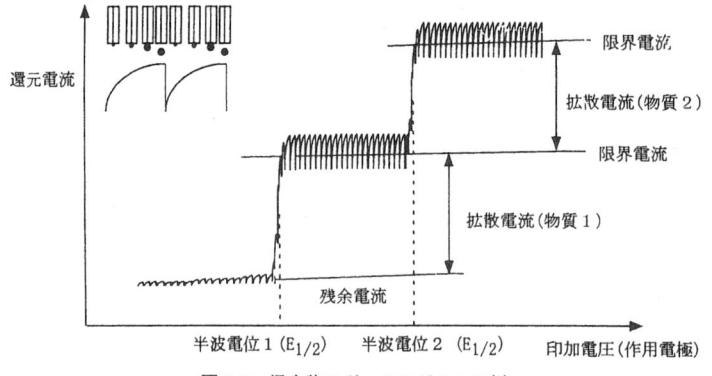

図6.6 混合物のポーラログラムの例

は拡散定数,m (mg·s^{-1}) は水銀の質量,t (s) は滴下時間,C (mmol·l^{-1}) は化学種の濃度である.検出下限は 10^{-5}M 程度である.

b. サイクリックボルタンメトリー

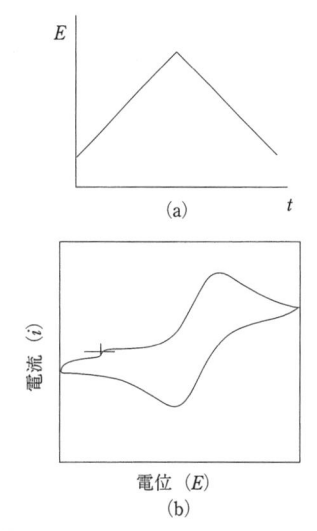

サイクリックボルタンメトリー (cyclic voltammetory) では三角波が作用電極に印加される (図6.7(a)).この方法は多段階の酸化あるいは還元を受ける場合や短寿命種の検出に有効であるため,電極反応機構の解析にたびたび使用される.典型的なサイクリックボルタモグラムを図6.7(b)に示す.ピーク電流は化学種の濃度に比例する.検出下限は 10^{-5}M 程度である.酸化および還元のピーク電位の差は電極界面での電子移動過程の速度を反映する.

c. パルスボルタンメトリー

パルス電圧を電極に印加する方法はパルスボルタンメトリーと呼ばれる.ノーマルパルス法と示差パルス

図6.7 サイクリックボルタンメトリー

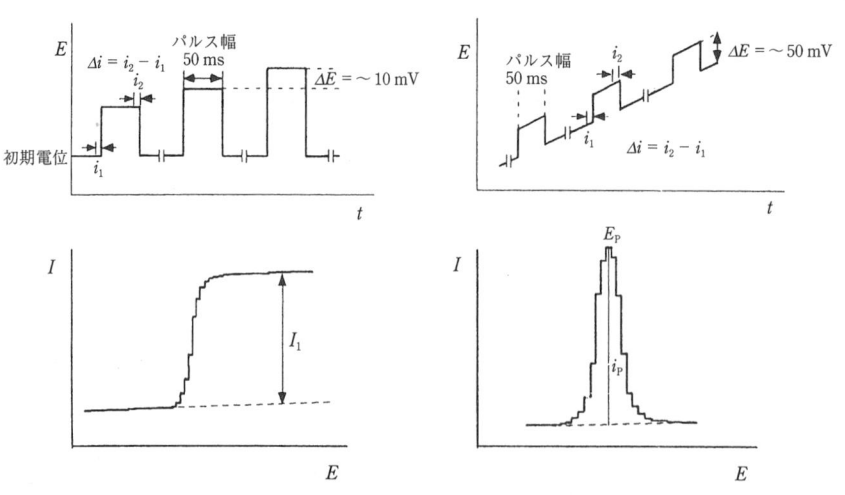

図6.8 パルスボルタンメトリーの電位印加の形状とボルタモグラムの例

法とがある（図6.8）．前者では通常のS字型の，後者では微分型の階段状のボルタモグラムが得られる．ノーマルパルス法では，パルス振幅は時間とともに大きくなるが，常に初期電圧に戻る．示差パルス法では直線的に増加する電圧に一定振幅のパルスを重畳する．電流の測定はパルス印加の直前とパルスの後半に行い，電流の差を記録する．限界あるいはピーク電流は溶液中の濃度に比例し，検出下限は$10^{-7} \sim 10^{-8}$ Mである．

d. アンペロメトリー

作用電極の電位を一定電位に設定し，そのときの電流を測定する方法をアンペロメトリー（amperometry）と呼ぶ．電流滴定のほか，酸素電極（oxygen electrode）や酵素電極（enzyme electrode）の原理として用いられている．電流滴定では作用電極の電位を目的物質（被滴定物質）あるいは滴定剤のいずれかが限界電流を与える電位に設定する．限界電流は溶液中の化学種の濃度に比例するので滴定の進行に伴う溶液中の化学種の濃度変化を追跡できる．

1) 酸素電極 酸素電極（図6.9 a））はガス透過性の膜で陽極（白金または金）および陰極（銀）が被覆されている．膜と電極の間には電解質溶液が満たされている．陽極の電位は陰極に対して-800 mVに保たれる．膜を透過した酸素分子は次式により還元され，電流の大きさは溶液中の酸素濃度に依存する．

$$O_2 + 2H^+ + 2e \Leftrightarrow H_2O_2 \quad (6.14)$$

このタイプの電極は創始者にちなんでクラーク（Clark）型電極とも呼ばれる．通常のボルタンメトリーと同様に検量線を作成して用いる．溶液あるいは気体中の酸素濃度の測定に使用される．

2) 酵素電極 電流応答型の酵素電極の代表例にグルコースセンサーがある（図6.9 b））．白金電極上にグルコースオキシダーゼ（GOD）をセロハン膜やナイロンメッシュ，ポリピロール膜などを用いて固定化する．グルコースはGODにより酸化されてグルコン酸と過酸化水素を生成する．

グルコース$+ O_2 + 2H^+ \rightarrow$ グルコン酸$+ H_2O_2$ (6.15)

白金電極の電位を銀-塩化銀電極に対して$+600$ mVに設定すると酵素反応により生成した過酸化水素は酸素に酸化される．

$$H_2O_2 \Leftrightarrow O_2 + 2H^+ + e \quad (6.16)$$

過酸化水素が酸化されるときの電流はグルコース濃度の指標となる．酵素電極には多くの例がある（表6.3）．

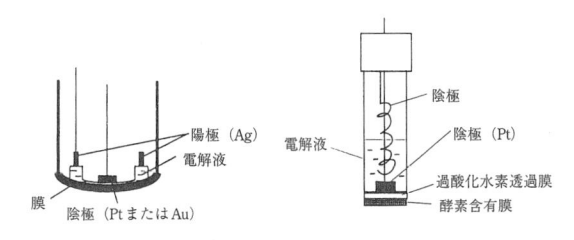

e. ストリッピングボルタンメトリー

ストリッピング法を用いるとボルタンメトリーの検出下限が著しく低くなる．この方法は，つり下げ水銀滴電極などの作用電極上に目的物質の一部を電解あるいは吸着濃縮したあと，通常のボルタンメトリーと同様に電位を掃引する．その際，濃縮された物質は再び酸化あるいは還元されて溶液中に溶出する．カドミウム，銅，亜鉛イオンなどは金属に還元されると水銀とアマルガムを形成して濃縮される．水銀と難溶性塩を形成するハロゲン化物イオンやS^{2-}，CN^-，チオール化合物は水銀（電極）が酸化されて溶出する際に難溶性塩を形成して電極表面に濃縮される．濃縮により電極界面での目的物質の濃度が高まるため，高感度な方法となる．検出下限は$10^{-9} \sim 10^{-10}$ Mである．上述の示差パルス法と組み合わせると検出限界はさらに一桁下がる．

6.3 電解分析法

a. 電解重量分析

電解重量分析（electrogravimetry）では，溶液中の目的物質を電気分解により定量的に電極上へ析出させ，その重量増加を測定する．陰極には白金網を陽極には白金コイルを用いる．二極間に外部電源から電圧を印加し全電解する．重量の増加から目的物質の量を知る．

b. 定電位クーロメトリー

溶液中の物質が電流iで時間tの電気分解により変化する量は通過した電気量（$Q = it$）に比例する（ファラデーの電気分解の法則）．溶液の体積をVとすると時間t電気分解したとき，溶液中で変化した物質の濃度は

図6.9 電気化学センサーの例
a) 酸素電極 　　b) 酵素電極

表6.3 酵素電極の例

測定物質	酵　　素	酵素反応	トランスデューサー(電気活性物質)
A) 電位応答型			
尿素	ウレアーゼ	$CO(NH_3)_2 + 2H_2O \rightleftharpoons CO_3^{2-} + 2NH_4^+$	NH_4^+電極
グルコース	グルコースオキシダーゼ	グルコース $+ O_2 \rightleftharpoons H_2O_2 +$ グルコン酸	ガラス電極
ペニシリン	ペニシリナーゼ	ペニシリン $+ H_2O \rightleftharpoons$ ペニシロ酸	ガラス電極
クレアチニン	クレアチナーゼ	クレアチニン $+ H_2O \rightleftharpoons N$-メチルヒダントイン $+ NH_3$	NH_4^+電極
中性脂質	リポプロテインリパーゼ	中性脂質 $\rightleftharpoons$ グリセリン $+$ 脂肪酸	ガラス電極
B) 電流応答型			
グルコース	グルコースオキシダーゼ	グルコース $+ O_2 \rightleftharpoons H_2O_2 +$ グルコン酸	O_2, H_2O_2
コレステロール	コレステロールエステラーゼ	コレステロールエステル $+ H_2O \rightleftharpoons$ コレステロール $+$ 脂肪酸	H_2O_2
	コレステロールオキシダーゼ	コレステロール $+ O_2 \rightleftharpoons$ コレステノン $+ H_2O_2$	
エタノール	エタノールデヒドロゲナーゼ	エタノール $+ NAD^+ \rightleftharpoons$ アセトアルデヒド $NADH$	NADH
乳酸	乳酸オキシダーゼ	乳酸 $+ H_2O \rightleftharpoons$ ピルビン酸 $+ H_2O_2$	O_2, H_2O_2
		乳酸 $+ NAD \rightleftharpoons$ ピルビン酸 $+ NADH + H^+$	NAD, NADH
アミノ酸	L-アミノ酸オキシダーゼ	$RCHNH_2COOH + O_2 + H_2O \rightleftharpoons RCOCOOH + NH_3 + H_2O_2$	H_2O_2
L-アスコルビン酸	L-アスコルビン酸オキシダーゼ	アスコルビン酸 $+ 1/2 O_2 \rightleftharpoons$ デヒドロアスコルビン酸 $+ H_2O$	O_2
尿酸	ウリカーゼ	尿酸 $+ O_2 + 2H_2O \rightleftharpoons$ アラントイン $+ H_2O_2 + CO_2$	O_2, H_2O_2, CO_2

$$C = \frac{Q}{nFV} \qquad (6.17)$$

である．溶液中の物質の電気分解に必要な電気量を測定すれば，物質の濃度が求まる．定電位クーロメトリーでは，溶液中の物質の一部のみを電気分解すればよい．作用電極の電位を目的成分のみが電解される電位に設定すると，電流は指数関数的に減少し，最終的にはゼロとなる．

$$i = i_0 \exp(-kt) \qquad (6.18)$$

ここで i_0 は電解開始時の電流，k は溶液の体積，電極表面積および電極表面への物質供給量によって決まる定数である．電流の対数値（$\log i$）と時間（t）のプロットは直線になるので，その傾きおよび切片から $2.303\,k$ と $\log i_0$ が求まる．電気量はこれらの値から次式により算出できる．

$$Q = \int_0^\infty i_0 \exp(-kt)dt$$
$$= \frac{i_0}{2.303[10^{-kt}]_0^\infty} = \frac{i_0}{2.303\,k} \qquad (6.19)$$

c. 定電流クーロメトリー（電量滴定法）

電極に一定電流（1〜100 mA）を流し，電気分解により発生する試薬を滴定剤として用いる方法を電量滴定（coulometric titration）という．

$$\text{化学種} - ne \rightarrow \text{発生試薬} \quad (\text{電極反応}) \qquad (6.20)$$
$$\text{発生試薬} + \text{目的化学種} \rightarrow \text{最終生成物}（\text{溶液中での}$$
$$\text{第二反応}) \qquad (6.21)$$

滴定の終点は指示薬の色の変化，電位差法，定電圧分極法などを用いる．終点までに要した時間から電気量を求め滴定に要した滴定剤の量を知る．通常の滴定では不安定な Br_2, Cl_2, $Cu(I)$ などの化学種でも滴定剤として利用できる．いずれも100%の電流効率で発生させる必要がある．微量水分（ppbレベル）の定量法であるカールフィッシャー滴定法（Karl-Fisher titration）は陽極反応によるヨウ素の発生を利用する．

$$2I^- - 2e \Leftrightarrow I_2 \quad (Pt) \qquad (6.22)$$

滴定はピリジン−メタノール混合溶液中で行い，発生ヨウ素は水と次のように反応する．

$$H_2O + C_6H_5N \cdot I_2 + C_6H_5N \cdot SO_2 + C_6H_5N + CH_3OH$$
$$\rightarrow 2C_6H_5N \cdot HI + C_6H_5N \cdot HSO_4CH_3 \qquad (6.23)$$

終点の検出は，定電圧分極法あるいはヨウ素-でんぷん反応の呈色による．有機溶媒や食品中の水分の微量定量は本法による．

6.4 電気伝導度法

電気伝導度法は滴定の終点検出やイオンクロマトグラフィーの検出器として使用されている．伝導度滴定（conductometric titration）は，滴定の進行に伴って溶液中のイオンが交換されるために生ずる伝導度の変化を測定する．伝導度滴定は，非常に弱い酸の滴定ができる，弱酸と強酸の混合物の滴定ができる（図6.10 a），着色溶液でもよい，通常の滴定のように終点に注意を払わなくてもよいなどの利点がある．しかし，伝導度は共存するすべてのイオンの寄与によるので塩濃度が高い場合には不向きである．

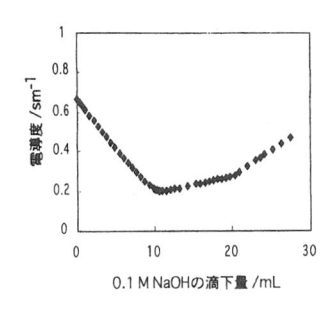

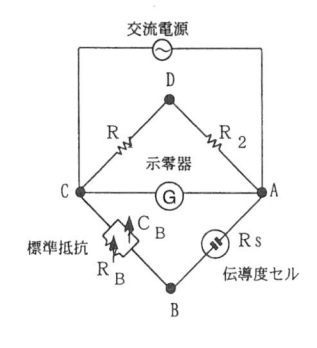

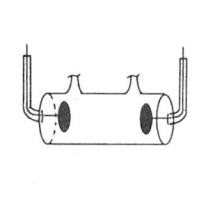

a) 0.10 M HCl と0.10 M CH₃COOH 混合物の 0.10 N NaOHによる伝導度滴定　　b) ホイートストン回路　　c) セル

図6.10 伝導度測定法

　溶液の電気伝導度は溶液に含まれるイオンの数（濃度），イオンの電荷および移動度（mobility）によって各電解質に固有の値になる．体積が$1\,cm^3$の溶液に1当量（equivalent）の電解質を含む場合の電気伝導度は当量伝導度（equivalent conductance）と呼び，記号Λで表す．

$$\Lambda = \frac{1000\,\kappa_{sp}}{N} \quad (S\cdot cm^2 \cdot equivalent^{-1}) \quad (6.24)$$

ここでκ_{sp}は比伝導度（specific conductance），Nは電解質の規定度（equivalent$\cdot l^{-1}$）である．伝導度の測定は交流ブリッジを用いる（図6.10 b））．伝導度セルは2本の白金黒付き白金電極から構成され（図6.10 c）），電極には1〜10 kΩの交流が印加される．電極では溶液中のイオンが交流サイクルにしたがって移動するが，イオンの酸化還元は起こらない．ホイートストンブリッジの示零器（検流計）の読みがゼロになる条件は$R_B/R_s = R_2/R_1$である．未知の溶液抵抗R_sはAC間の電流がゼロになるようにR_Bを調節することによって求める．

7

クロマトグラフィー

7.1 総　　論

クロマトグラフィーの歴史はいまから百年以上も昔にさかのぼることができる．しかし一般には，クロマトグラフィーの命名者であるロシアの植物学者 Mikhail Tswett[1] をその創始者としている．

クロマトグラフィーの情報

一般に，クロマトグラフィーを行うと，図7.1のような記録，「クロマトグラム」が得られる．各成分は検出器応答ピークとしてクロマトグラム上に現れる．ピーク頂点の位置（時間，記録紙上の距離など）から，この成分が何であるかを推定し，その面積から成分量を推定する．

クロマトグラフィーの分類

クロマトグラフィーには多くの種類がある．共通した特徴は，「固定相」と呼ぶ静止している相と，「移動相」と呼ぶ固定相の隙間を通る，あるいは表面を伝わっていく相とが分離に必要なことである．試料成分はこの2相の間に分配され，その分配され方の相違によって，互いに分離される．固定相と移動相の組合せには表7.1に示す6種がある．

試料成分の2相間への分配機構には様々な物理的あるいは化学的作用が考えられる．以下の説明では分離の場として現在最も多用されている，「カラム」を使う系を中心に話を進める．カラムとは固定相が入れられた管のことである．

7.1.1 分離はどうして起こるか

試料成分は様々な機構で移動相と固定相とに分配される．一方，移動相はカラム中を一定流量で流れており，カラムの入口から出口まで試料成分を運ぶ役目をしている．そこで理想的には，(1) 試料成分は，移動相中にあるときだけ前方へ移動する．また，(2) ある成分について移動相中にある部分の濃度（C_m）と固

表7.1　クロマトグラフィーの分類

移動相	固定相	呼　　称	
液体	固体	液-固クロマトグラフィー	液体クロマトグラフィー
液体	液体	液-液クロマトグラフィー	
気体	固体	気-固クロマトグラフィー	ガスクロマトグラフィー
気体	液体	気-液クロマトグラフィー	
超臨界流体	固体	流-固クロマトグラフィー	超臨界流体クロマトグラフィー
超臨界流体	液体	流-液クロマトグラフィー	

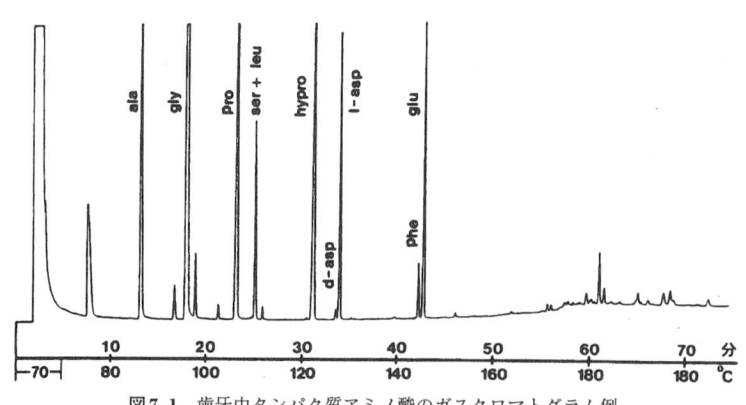

図7.1　歯牙中タンパク質アミノ酸のガスクロマトグラム例

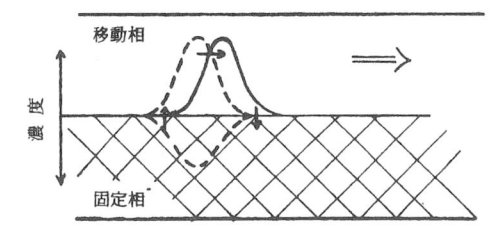

図7.2 試料成分の移動

定相中にある部分の濃度 (C_s) との間には常に $K = C_s/C_m =$ 一定（式(7.1)）の関係がある．K を分配係数（partition coefficient）と呼ぶ．

図7.2にみるように，試料成分はカラムの中を進行しながら，主に前方では移動相から固定相への，後方では固定相から移動相への移動が顕著で，平衡（$K=$ 一定）が保たれている．なお，図7.2では説明上移動相と固定相を上下に分けて表示したが，実際の様子は7.2および7.3節を参照されたい．

現実のカラム内では，理想過程からずれるが，いま，カラムを n 個に輪切りにして考え，各輪の中では平衡が成立しているとする．各輪の中の移動相体積と固定相体積を v_m と v_s とする．また，それらの中のある成分の濃度は c_m および c_s であったとすると，

$$K = \frac{c_s}{c_m} \tag{7.1}$$

が成立する．この場合，全成分量に対する移動相中にある成分量の割合は

$$\frac{\text{移動相中にある成分量}}{\text{全成分量}} = \frac{c_m v_m}{c_m v_m + c_s v_s}$$

$$= \frac{1}{1 + c_s v_s / c_m v_m} = \frac{1}{1 + K v_s / v_m} = \frac{1}{1+k}$$

となる．ここで，k を保持係数と呼ぶ．

移動相の線速度が u_0 であったとき，成分の進む速度 u は

$$u = u_0 \frac{1}{1+k}$$

で表される．いま，カラム長さが L であったなら，その成分がカラムを通過するのに必要な時間 t は

$$t = \frac{L}{u} = \frac{L}{u_0}(1+k) = t_0(1+k) \tag{7.2}$$

で与えられる．移動相流量を F とすると，この成分がカラムを通過するまでに流された移動相体積 V は

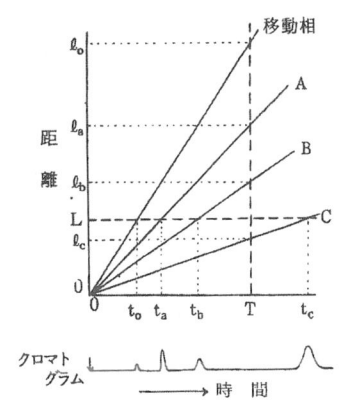

図7.3 試料成分の移動の様子

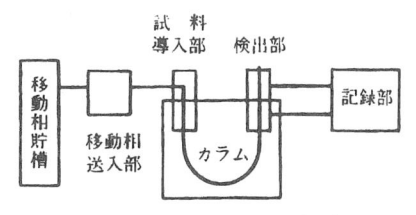

図7.4 クロマトグラフの概要

$$V = tF = t_0 F(1+k) = V_0(1+k) = V_0 + V_0 k$$

$$= V_0 + V_0 \frac{K v_s}{v_m} = V_0 + V_0 K \frac{v_s n}{v_m n} = V_0 + V_0 K \frac{V_s}{V_m}$$

ここで V_s はカラム内の全固定相量，V_m はカラム内の移動相の通る容積で V_0 に等しい．そこで，

$$V = V_0 + KV_s \tag{7.3}$$

式(7.3)はクロマトグラフィーにおける基本式である．以上の式の誘導中，V を保持容量，t を保持時間，t_0 を死時間，V_0 を死容量と呼ぶ．

図7.3にA, B, Cの3成分が分離されていく様子を示した．この図から，分離法には分離場の距離を一定（L まで）にする方法と，分離時間を一定（T まで）にする方法とが利用できることがわかる．カラムを使う分離法は一般的であり，分離場の距離を一定にする方法である．一方，後述する薄層クロマトグラフィーは分離時間を一定にする方法をとっている．

さて，カラムを使うクロマトグラフィーを行うための装置（クロマトグラフ）の主要部は図7.4に示すように，移動相送入部，試料導入部，カラム，検出部および記録部からなる．

試料導入部から導入された試料成分はカラムで分離されたのち，検出部に送られ，検出器の応答が電圧に変えられて記録部へ送られる．記録された図形，クロマトグラムが得られる（図7.1および7.3参照）．

7.1.2 理 論

図7.5に例示したクロマトグラムにピーク位置に関する用語を付記した.

先に述べたように,試料成分は移動相中に存在するときだけ前方に移動する.そこで,最初からカラム中にあったV_0 mlの移動相は分離に役立たない移動相ということになる.保持容量または保持時間からV_0またはt_0を差し引いたものを補正保持容量または補正保持時間と呼ぶ.

ここで補正保持容量をV',分配係数をK,固定相量をV_sとすると,

$$V' = t'F = KV_s \tag{7.4}$$

なる関係がある.

なお,厳密には圧力補正などの補正も行われる.補正保持容量は適当な基準物質を決めて,その補正保持容量を基準としたときの相対的な値である保持比αで表すことが多い.

Bを基準物質としたとき,Aの保持比$\alpha_{a/b}$は式(7.4)から

$$\alpha_{a/b} = \frac{V'_a}{V'_b} = \frac{t'_a}{t'_b} = \frac{K_a}{K_b} \tag{7.5}$$

で表される.

さて,各成分がカラムに導入されてから出てくるまでの時間tのうち,t_0の間は移動相中にあった時間である.残りの$t-t_0=t'$の間は固定相中にあったことになる.式(7.2)を変形すると保持係数$k=(t-t_0)/t_0$であり,固定相中と移動相中にあった時間の比となる.

一方,成分がカラムを通過する,すなわちV_0移動したとき,移動相はV移動する.そこで,両者の比をとり,Rとおくと,

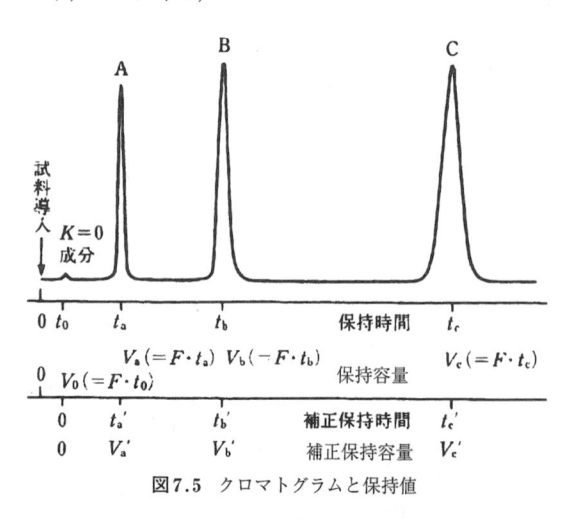

$$R = \frac{V_0}{V} = \frac{V_0}{V' + V_0} = \frac{V_0}{KV_s + V_0} \tag{7.6}$$

Rは後述の薄層クロマトグラフィーにおいてR_f値と呼ばれているものである.

a. 段理論と速度論

クロマトグラフィーは,(1) カラム全域でいつも瞬間的には分配平衡が達成されない,(2) カラムの長さ方向に溶質の拡散があるなどのため,理想からずれる.

1) 段理論 段理論は液-液クロマトグラフィーにおいてMartinら[2]が提案したものである.前述のように,カラムを多数の等容積の部分(理論段)に輪切りにして考えたら,各理論段内では「平均」の分配平衡が成立していると考える.これは蒸留塔の理論を適用したものである.その結果,クロマトグラム上のピーク形からカラム内の理論段の数(理論段数)nが次の式で求められる.これらの計算の結果はピークがガウス曲線の場合一致する.

$$n = 16\left(\frac{t_r}{\omega}\right)^2 \tag{7.7}$$

$$n = 5.54\left(\frac{t_r}{\omega_{1/2}}\right)^2 \tag{7.8}$$

データ処理装置で面積が,たとえばピーク高さをV(ボルト)およびs(秒)の単位で,A(V·s)と求められたとき,t_r(s)とh(V)を求めて,次式に代入してもよい.

$$N = 2\pi\left(\frac{t_r h}{A}\right)^2 \tag{7.9}$$

ここで,$t_r, \omega, \omega_{1/2}$および$h$は図7.6に明示されている.

理論段数はカラム効率の良否を示すものとしてよく使われる.一方,カラムの長さを倍にすれば理論段数も倍になるため,理論段の高さ(HETP)を考慮することも大事なことである.HETPは,カラムの長さをLとすればHETP=L/nで与えられる.

2) 速度論 段理論では,どうしたら理論段数

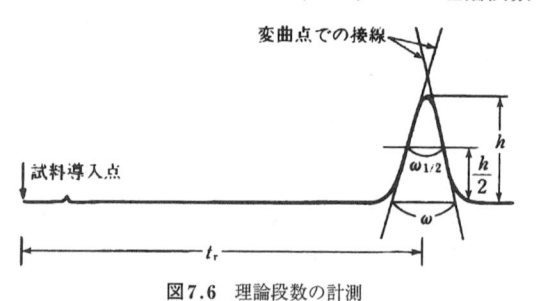

図7.5 クロマトグラムと保持値

図7.6 理論段数の計測

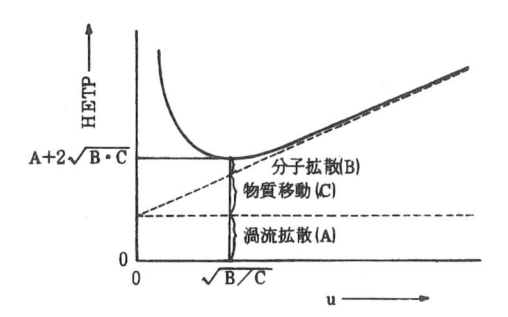

図7.7 HETPと移動相線速度との関係

を大きくして分離効率を上げられるかという点については示唆してくれない．van Deemterら[4]は気–液クロマトグラフィーについて速度論的に扱い，次のような式を導いた．

$$\text{HETP} = 2\lambda d_p + \frac{2\gamma D_m}{u} + \frac{2}{3}\frac{k}{(1+k)^2}\frac{d_f^2}{D_f}u \quad (7.10)$$

ここで，d_p：充塡剤粒子の平均直径，λ：構成流路の不規則性を示す係数，D_m：移動相中の相互拡散係数，γ：移動相流路が曲がりくねっているための補正係数，u：移動相線速度，D_f：固定相中拡散係数，d_f：固定相の厚み，k：保持係数，である．

式(7.9)を簡単に書くと，

$$\text{HETP} = A + \frac{B}{u} + Cu \quad (7.11)$$

となる．係数 A, B, C はそれぞれ渦流拡散，分子拡散および物質移動に関する項である．各項ができるだけ小さいことが望ましい．単純には判断できないが式(7.10)から d_p と d_f を小さくすると H を小さくできる．

式(7.11)は図7.7に示すような双曲線となり，これからわかるように，HETPを最小にする移動相流速，$u = \sqrt{B/C}$ がある．

なお，式(7.10)はクロマトグラフィーの種類により，内容が多少異なる．

b. 分離度

隣り合う2成分の分離の程度は，両成分の V' の比（αで表し分離係数と呼ぶ．$\alpha > 1$ とする），およびピーク幅の狭さ（理論段数 n）によって決まってくる．この様子を図7.8に示す．α が大きい場合には分離効率の劣る（n の小さい）カラムでも比較的容易に分離できる．一方，α が1に近づくと，それにしたがって n の大きいカラムを使わないと分離できなくなる．

通常，分離の程度を表すには式(7.12)で示す分離度 R が使われる．

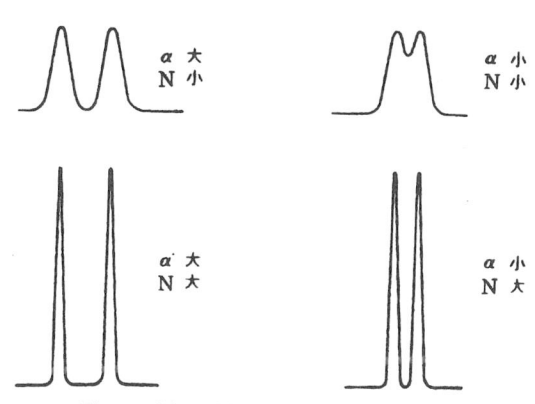

図7.8 分類に対する理論段数と保持比の影響

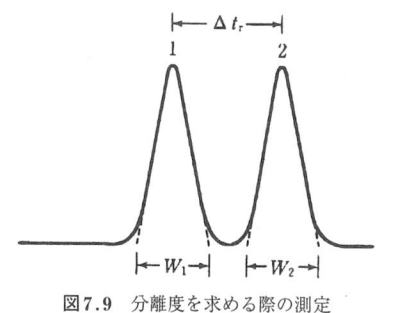

図7.9 分離度を求める際の測定

$$R = \frac{2\Delta t_r}{w_1 + w_2} \quad (7.12)$$

Δt_r, W_1, W_2 は，図7.9に示す通りである．なお，$W_1 = W_2$ とし，R を n, α および k （後の成分の）と関係付けると式(7.13)となる．

$$R = \frac{\sqrt{n}}{4}\frac{\alpha - 1}{\alpha}\frac{k}{k+1} \quad (7.13)$$

$R < 0.5$ のとき二つのピークはほとんど重なり，$R = 1$ では2%，$R = 1.25$ では0.5%の重なりが生じる．$R = 1.5$ でほぼ完全分離ができる．

c. 検出器の感度

検出器は微量の試料成分を大量の移動相の中から検出しなければならない．また，広い濃度範囲にわたって濃度あるいは質量と比例した応答を示すことが要求される．

検出器には濃度依存型と質量依存型およびそれらの混合型がある．濃度依存型の代表には，次項以後の略号で示すが，TCD，ECD，UV–VisあるいはIRがあり，質量依存型にはFID，FPD，TID，MSなどがある．濃度依存型では，成分とともに流出した移動相流量に反比例したピーク面積を示すので感度 S は

$$S = \frac{\text{ピーク面積(mV·min)} \times \text{移動相流量(m}l\text{·min}^{-1})}{\text{成分量}}$$

で表され，単位は $S=\mathrm{mV \cdot m}l\mathrm{\cdot mg^{-1}}$ となる．

一方質量依存型では，移動相流量には関係なく，

$$S = \frac{\text{ピーク面積（A·sec）}}{\text{成分量（mg）}} = \frac{\text{クーロン}}{\text{mg}}$$

となる．

7.1.3 定性分析

クロマトグラフィーにおいて，検出器は入ってきた試料成分について，その濃度，質量に対応した応答は示すが，それが何であるかを指示することはできない．以下に定性法として通常使用される手法を述べる．

a. 保持値による定性

保持値は固定相の種類，カラムの長さ，移動相組成，温度などの実験条件を定めれば，成分に特有な値をとる．そこで，同一の実験条件で未知成分の保持値と既知成分の保持値とが一致すれば，両者は同一のものであると推定される．一方，化合物の数は千数百万もあり，保持値が一致する化合物はほかにもある可能性がある．そこで，確実さを増すためには試料についてのほかからの情報も必要となってくる．対象成分の炭素数や沸点のような物性と保持値との関係も利用できる場合がある．また，固定相あるいは移動相を変えてクロマトグラムを得て保持値の変化を調べると，より確実な定性ができる．

b. 選択的検出器の利用

検出器には屈折率変化を検出する特性をもったもののように，選択性のないものもあるが，ある特定元素による発光を検出するような選択的応答を示す検出器がある．選択的であれば推定の範囲を狭めることができ，これも確実性を増す手段となる．選択的検出器と非選択的検出器あるいは異なった選択性を示す検出器とを組み合わせることにより，定性がより確実に行える場合も多い．

c. 前処理の利用

特定の成分だけを吸着するカラム，たとえばイオン交換カラムによるイオンの捕集，アルカリ溶液による酸の捕集，あるいは選択的反応試薬による特定成分の誘導体化を行うなどの前処理法を利用することにより，特定の化合物群の挙動に注目したより確実な定性分析が行える場合も多い．

d. 他の分析機器の利用

最も確実な定性法として，分離成分を質量分析計や赤外線分析計などに導いて得られるスペクトルから定性する方法がある．これらの機器は化合物と1対1に対応した情報を提供してくれる．クロマトグラフと質量分析計（MS），赤外線分析計（IR）あるいは核磁気共鳴分析計（NMR）などと直結した装置（GC-MS, LC-MS, GC-IR, LC-NMRなど）が市販されている．通常コンピュータと接続され，制御とデータ採取・処理が行われる．

7.1.4 定量分析

検出器の応答量は被検成分量に対応している．そこで，応答量としてのピーク面積を測定するところから定量分析が始まる．

a. ピーク面積の測り方

ピーク面積を測定するにあたっては基線が安定していて，ピークが重なっていないことが望ましい．マイクロコンピュータを応用したデータ処理装置が身近で信頼性の高い方法として広く利用されている．

なお，従来からの手法として図7.10に示すように，ピークを三角形に近似し，ピーク高さ h と $h/2$ でのピーク幅 w を測定し，ピーク面積 = $w \times h$ で求める方法（半値幅法）がある．ときにはピーク面積の代わりにピーク高さを使う場合もある．

b. 絶対検量線法

被検成分の標準物質の既知量を段階的（1）に導入し，クロマトグラムを記録してピーク面積（またはピーク高さ）を測定する．次に成分量を横軸に，ピーク面積を縦軸にとって図7.11のように検量線を作成する．

同一条件のもとで試料を導入し，クロマトグラムを記録し，ピーク面積から検量線によって被検各成分の量を求め，試料中の含有量を算出する．この方法では，全測定操作を厳密に一定条件にして行わなければならない．

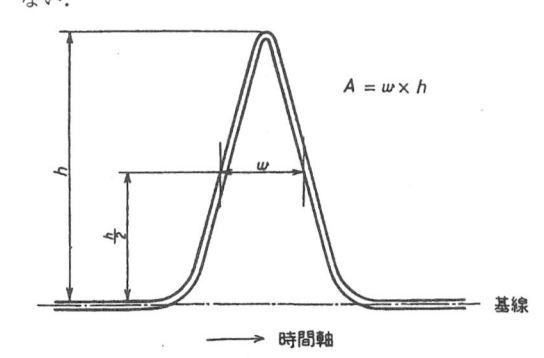

図7.10 半値幅法によるピーク面積の測定

図7.11 検量線

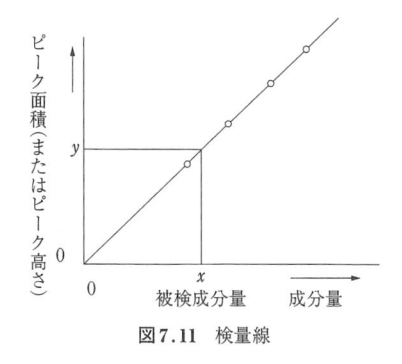

c. 感度あるいは補正係数を用いる方法

図7.11のように直線関係が成分量の広い範囲にわたって成立するならば，この直線の傾き，すなわち，感度（＝ピーク面積/成分量）あるいは，この逆数である補正係数（＝成分量/ピーク面積）を用いてピーク面積を成分量に換算することができる．

感度および補正係数は，基準物質を決めて，その物質に対する相対値で表すことが多い．その際に成分量をモルで表せば相対モル感度あるいはモル補正係数，質量で表せば相対質量感度あるいは質量補正係数ということになる．相対感度あるいは補正係数をあらかじめ調べておけば，図7.12に示すように，各成分の含有百分率を求めることができる．この方法は，試料中の全成分のピークがクロマトグラム上に現れる場合にだけ適用できる．

d. 内標準法

目的成分を既知量（M_X）含む試料（一定量）に内標準物質（S）を一定量（M_S）加えた混合試料のクロマトグラムを記録し，各ピーク面積を測定する．横軸にM_XとM_Sの比（M_X/M_S）をとり，縦軸にXのピーク面積（A_X）とSのピーク面積（A_S）の比（A_X/A_S）をとって，図7.13のような関係線を作成する．

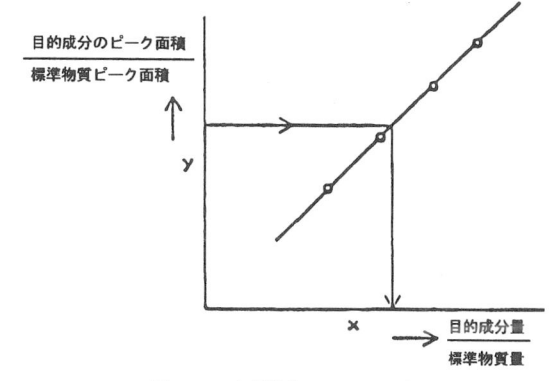

図7.13 内標準法による関係線

試料（一定量）に対して内標準物質をM_S加えて均一に混合し，同一条件のもとでクロマトグラムを記録する．ピーク面積比を求め検量線により目的成分量と標準物質量（M_S）との比を求める．M_Sは既知であり，目的成分量が求まる．

e. 標準添加法

この方法は，定量結果に対して，試料マトリックスの影響が無視できない場合に適用される．一定の試料に既知量の被検成分を段階的に添加し，均一に混合したのちクロマトグラムを記録し，被検成分のピーク面積を測定する．横軸に被検成分の添加量を，縦軸にピーク面積をとって，図7.14のように関係線を作成する．

関係線が直線である場合には，図7.14のように外挿し，横軸との切片$-\Delta w$を求める．Δwが試料中被検成分含有量である．なお，被検成分の添加による原試料の体積変化が無視できない場合，その補正をする．

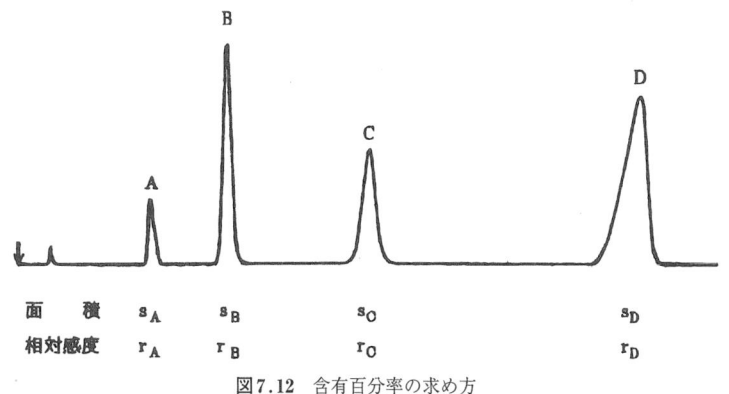

図7.12 含有百分率の求め方
成分Cの含有百分率：$\{(s_C/r_C)[(s_A/r_A)+(s_B/r_B)+(s_C/r_C)+(s_D/r_D)]\} \times 100$

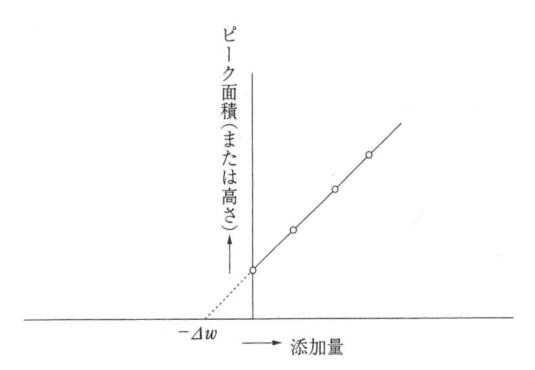

図7.14 標準添加法による関係線

7.2 ガスクロマトグラフィー

ガスクロマトグラフィー（gas chromatography：GC）は，高速液体クロマトグラフィーと並んで分離分析法の中心的存在となっている．通常，GCの対象となる成分は加熱（400°Cくらいまで）によって気化できるものである．

7.1節で述べたように，GCには気-固クロマトグラフィー（GSC）と気-液クロマトグラフィー（GLC）とがある．GSCは無機ガスや低級炭化水素類などの分析に，GLCは有機化合物一般の分析に使われている．

7.2.1 ガスクロマトグラフ

装置をガスクロマトグラフと呼ぶ．その基本構成を図7.15に示す．充填カラムを使うとき，スカベンジャーガスは通常必要としない．移動相はキャリヤーガスと呼ばれ，高圧ガスボンベ（〜15 MPa）から減圧弁を通し数百kPaとして供給される．キャリヤーガスは不活性でなければならない．通常，ヘリウムまたは窒素が使われる．流量は後述の内径3 mmの充填カラムの場合，30 ml·min^{-1}程度，0.3 mmのキャピラリーカラムの場合，約1 ml·min^{-1}である．図中のトラップはキャリヤーガス中の不純物，水分などを除去するために設置されている．

a. 試料導入口と試料導入法

試料が気体，液体，固体のどれであるかにより，それぞれ異なる導入手法がある．

気体試料は図7.16に示すキャリヤーガス流路内に

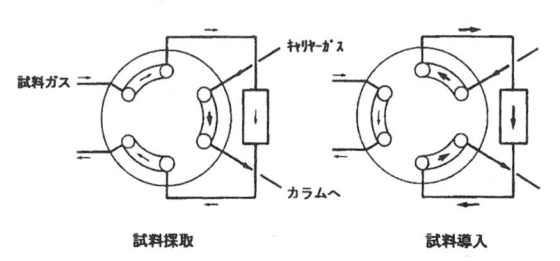

図7.16 ガス試料導入機構例

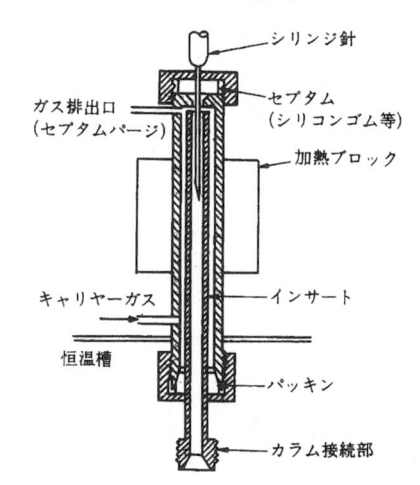

図7.17 試料導入口例（充填カラム用）

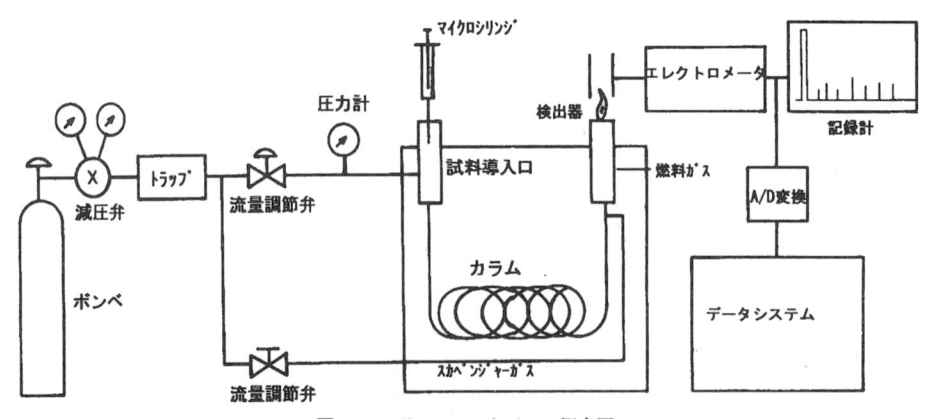

図7.15 ガスクロマトグラフ概念図

設けた6方バルブを使った気体試料導入機構を利用して導入すると大気による汚染が防げる．図7.17に示す通常のガスクロマトグラフに組み込まれている試料導入口から気体試料用シリンジ（1～10ml）を使って導入する場合もある．液体試料は容量1～10μlのマイクロシリンジを使って試料導入口から導入するのが通例である．固体試料の場合には適当な溶媒に溶かしてから溶液として導入したり，加熱気化部へ落下させるなどの工夫をする．

なお，通常，導入口はカラムとは別に加熱されているか，プログラム昇温できる．

なお，キャピラリーカラムは，内径が0.1～1mmと小さく，単位長さあたりの固定相量も少ないため，試料量を少なくしなければならない．そこで，試料導入機構も工夫されており，導入された試料の一部だけをカラムへ導く（スプリット法），あるいは導入口温度を調節し，溶媒だけ先に排出し，溶質は全部カラムへ導く（スプリットレス法）などの方式がある．

b. カラム

カラムを大別すると充填カラムとキャピラリーカラムの2種類になる．充填カラムはつくりやすく，導入できる試料量もキャピラリーカラムよりずっと大きい．一方，キャピラリーカラムは圧力降下が小さいため，非常に長い（理論段数の大きい）ものを使うことができることから，充填カラムで分離困難な場合，特に有効である．

カラム用管材としては，通常ステンレス鋼またはガラスが用いられ，充填カラムの場合には長さ0.5～数m，内径数mmのものが，キャピラリーカラムの場合，長さ10～数十m，内径0.1～1mmのものが多用される．なお，カラムはU字型あるいはコイル状にし，恒温槽に入れて使われる．

1）**充填カラム** 80～100メッシュ，100～120メッシュのように粒度をそろえた吸着剤，また固定相液体を塗布した担体が充填剤として使われる．担体は化学的に不活性で壊れにくく，キャリヤーガス，固定相液体，試料成分などと相互作用せず，比表面積が大きいものが使われる．通常，けいそう土を原料とした耐火煉瓦を適当な粒度に砕いたもの，これに特殊な処理を施したもの，さらにはテフロン，ガラス，石英などの微粒子が用いられる．

固定相液体は，難揮発性で化学的に安定な，また，試料成分を適度に溶解し（被検成分に対するKの値が適当である），粘性が小さいものが使われる．その極性を考慮することも重要である．固定相液体量は試料成分の性質，試料量，カラム効率などを考慮して決められる．通常，充填剤（担体+固定相液体）重量のうち，固定相液体比率は数%～数十%である．なお，個々の固定相液体には使用温度の上限がある．

2）**充填物の選択**

i）**吸着剤**：　常温で気体の成分を対象にする場合，気-固クロマトグラフィーが使われる．表7.2にはよく使われる吸着剤をその対象成分の溶出順に示した．

なお，これら吸着剤は使用に際し，あらかじめキャリヤーガスを流しながら加熱し，吸着物の脱着，活性化を行うとよい．これらのほかにポーラスポリマーと呼ぶ各種ポリマー粒子が使われる．常温で気体のものから分子量の比較的小さい液体，特に水を含む試料を扱う際に有効な充填物である．代表的なものとしてPorapak系およびChromosorb系のものがある．図7.18に分離例を示す．

ii）**固定相液体**：　マクレイノルズ（McReynolds）定数表[5]は，固定相液体の特性，選択の目安を与えてくれる．よく使われる固定相液体の項を抜粋し，表7.3に示した．この表は，極性が強くなる順に配列さ

表7.2　無機系吸着剤と対象成分

吸着剤	主な対象成分（溶出順）
モリキュラーシーブ	H_2, O_2 (Ar), N_2, Kr, CH_4, CO, Xe
シリカゲル	O_2, N_2, CH_4, C_2H_6, CO_2, C_2H_4, C_2H_2
活性炭	H_2, O_2, N_2, CO, CH_4, CO_2, C_2H_2, C_2H_4, C_2H_6
活性アルミナ	空気, CO, CH_4, C_2H_6, C_2H_4, C_3H_8, C_2H_2, C_3H_6

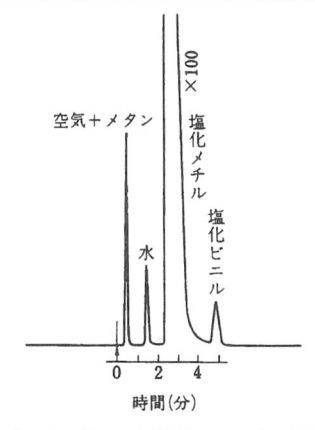

カラム：Porapak Q*（6フィート×3/16インチ），温度：98℃，キャリヤーガス H_2 流量：50ml/min．* スチレン-ジビニルベンゼン共重合体（ポーラスポリマー）

図7.18 Porapak Qカラムによる塩化メチル中不純物分離例

表7.3 マクレイノルズ定数表（抜粋）

固定相(商品名,略称)	テストプローブ化合物 ①	②	③	④	⑤	⑥	⑦	⑧	⑨	⑩	b	$\Sigma \Delta I$	使用温度範囲
保持指標(固定相液体：スクアラン)	653	590	627	652	699	690	818	841	654	1006			
2,6,10,15,19,23-ヘキサメチルテトラコサン(スクアラン)	0	0	0	0	0	0	0	0	0	0	0.2891	0	20〜140
メチルシリコーン(SE-30, SF-96, OV-1, DC-200, OV-101も類似)	15	53	44	64	41	31	3	22	44	−2	0.2821	217	50〜300
20%フェニル置換メチルシリコーン(OV-7)	69	113	111	171	128	77	68	66	120	35	0.2570	592	20〜350
フタル酸ジノニル(DNP)	83	183	147	231	159	141	82	65	138	18	0.2804	803	20〜150
50%フェニル置換メチルシリコーン(OV-17)	119	158	162	243	202	112	119	105	184	69	0.2551	884	20〜350
トリフルオロプロピルメチルシリコーン(QF-1, OV-210も類似)	144	233	355	463	305	203	136	53	280	59	0.2090	1500	20〜250
シアノプロピルフェニルメチルシリコーン(OV-225)	228	369	338	492	386	282	226	150	342	117	0.2275	1813	20〜250
ポリエチレングリコール20M(Carbowax 20M)	322	536	368	572	510	387	282	221	434	148	0.2235	2308	60〜225
コハク酸エチレングリコールポリエステル(DEGS)	499	751	593	840	860	595	422	323	725	240	0.1900	3543	20〜225

①：ベンゼン，②：1-ブタノール，③：2-ペンタノン，④：1-ニトロプロパン，⑤：ピリジン，⑥：2-メチル-2-ペンタノール，⑦：1-ヨードブタン，⑧：2-オクチン，⑨：1,4-ジオキサン，⑩：シス-ヒドロインダン

れている．

表7.3は，スクアランを固定相液体としたときの各テスト用化合物の保持指標を基準にとり，他の固定相液体との保持指標の差を表している．bはn-アルカンの保持比の対数と炭素数の関係直線の傾きを示す．$\Sigma \Delta I$は最初の五つのテストプローブに関する定数を加え合わせたものである．なお，各テストプローブは類似特性の化合物を代表するものとして選ばれている．通常，二つの固定相のマクレイノルズ定数の差が20以下であるならば両者は同じような分離挙動を示す．両者の差が100以上となると分離挙動に差が出る．

なお，ここで示した数値は，固定相液体量が20%，分離温度120℃でのデータであり，カラム効率や極性化合物におけるテーリング現象についての情報などは得られない．

3) キャピラリーカラム 1957年にGolayによって開発された．中空のガラスキャピラリーであったがその後充填物を入れたものや，内表面積を大きくする処理をしたものなどが開発されている．現在，中空の溶解シリカキャピラリーの内表面に固定相を担持させたカラムが普及している．

固定相液体を均一，一定の厚さに塗布したあと，分子どうしを架橋し，内壁に固定化したカラムが多用されている．カラムの内径を小さくすれば理論段数を大きくできる．通常，高い分離効率を目指している場合，内径0.2〜0.3mmのものが標準とされる．内径0.25mm，長さ25m，固定相液体膜厚0.25μmのキャピラリーカラムの$k=1$の成分に対する理論段数は14万段前後となる．吸着剤の微小粒子をキャピラー内面に担持したカラム，PLOTカラムも使われている．なお，キャピラリーカラムでは充填カラムに比較し，固定相量が少ないため，扱える試料量，負荷容量が小さい．前述のように試料導入法に工夫がされている．

7.2.2 検出器

ガスクロマトグラフィー用によく使われている検出器を以下に紹介する．

a. 熱伝導度検出器

広く用いられている汎用検出器である．典型的な熱伝導度検出器（thermal conductivity detector：TCD）は検出素子としてフィラメントを用いたものである（図7.19(a)）．タングステンレニウムなどがフィラメントとしてよく用いられるが，フィラメントの代わりにサーミスターを用いることもできる．

図7.19(b)に示すように，フィラメントの一対は試料側，もう一対は参照側とし，ブリッジ回路に組み入れられる．フィラメントからの熱の奪い方の差が，フィラメント温度さらには抵抗の変化をもたらし，出力電圧を変化させる．

通常，ヘリウムや水素のような熱伝導度の高いキャリヤーガスを用いる．多くの化合物に対する相対モル感度（化合物1モルあたりの応答量/標準物質1モルあたりの応答量，この場合はベンゼン）は次の式にしたがうという．

相対モル感度 $= A + BM$ （ベンゼン$=100$）

ここでMは分子量，AとBは与えられた化合物の属する同族列についての定数である．

熱伝導度検出器は溶出成分を破壊せず，有機物，無

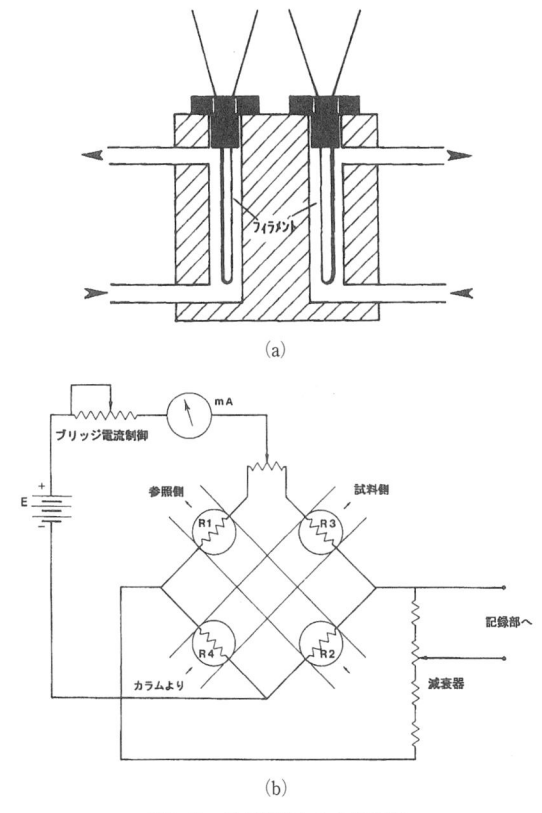

図7.19 熱伝導度セルと測定法

機物を問わず検出することができ，しかも構造が単純で堅牢であるという特長をもっている．しかしながら，感度の点では以下に述べる検出器に劣る．

b. 水素炎イオン化検出器

水素炎イオン化検出器（flame ionization detector：FID）はHarleyら[6]およびMcWilliamら[7]によって最初の高感度検出器として開発されたもので，今日広く普及し，利用されている．

他の検出器と比べ，非常に広い濃度範囲にわたり応答が直線性を示す特長をもつ．化合物の種類や性質によって応答が変化し，無機化合物に対してはほとんど，またはまったく応答を示さない．

検出器の構造例を図7.20に示す．カラムから出てくるキャリヤーガスに水素を混合し，細いノズルの先で水素炎をつくる．炎近傍に置いた二つの電極（この例ではノズルとコレクター電極）の間に150 V程度の電圧をかける．分離成分がきたとき，炎中でイオン化が起こり，ノズルとコレクター電極間に電流が流れる．この電流を増幅し記録する．

FIDを使いFeinlandら[8]は1 mlの試料中の0.01 ppm

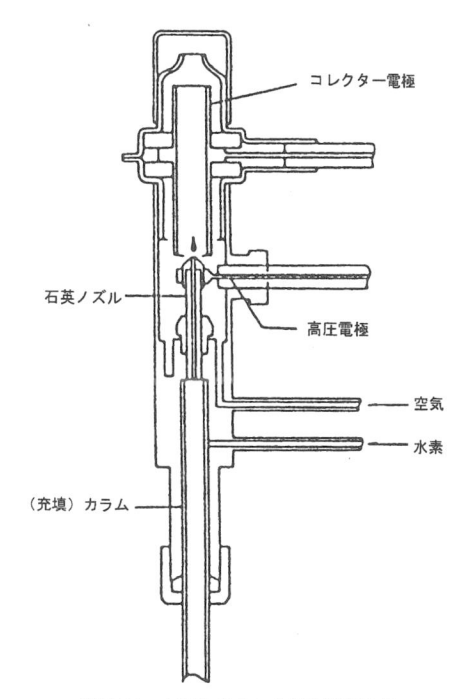

図7.20 水素炎イオン化検出器構造例

表7.4 水素炎イオン化検出器における実効炭素数

脂肪族，芳香族，オレフィンのC	1.0
アセチレンのC	1.3
カルボニルのC	0
ニトリルのC	0.3
エーテルのO	-1.0
第一アルコールのO	-0.6
第二アルコールのO	-0.75
第三アルコール，エステルのO	-0.25
アミンのN	アルコールのOに同じ

（ppmとは百万分の1を示す）のn-ブタンを検出した．一般に，FIDは有機化合物に対し，TCDの10～10000倍の感度をもつといわれている．

また，相対モル感度はハロゲン化合物以外は「実効炭素数」（炭素原子あたりの相対的な応答量）にほぼ比例する．表7.4に数種官能基の実効炭素数[9]を示す．

c. 電子捕獲検出器

電子捕獲検出器（electron capture detector：ECD）はLovelockら[10]により考案されたもので，構造例を図7.21に示す．ECDはβ線源（多くは^{3}Hや^{63}Niのような放射線源を使用）を必要とする．図7.21の例ではβ線源をマイナス数十Vにし，電子をキャリヤーガスに衝突させて二次電子を発生させ，これを捕集する陽極を増幅器につなげる．キャリヤーガスだけが存在するとき，電子電流が流れている．

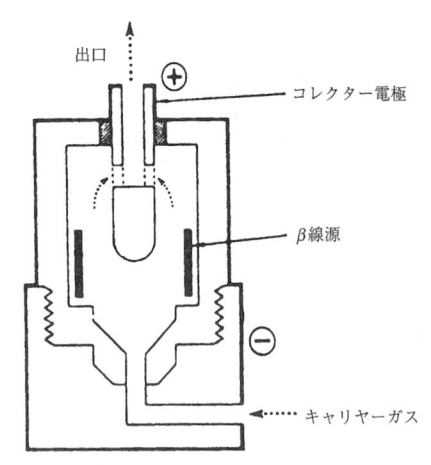

図7.21 電子捕獲検出器構造例

電子を吸引しやすい物質が入ってくると，電子電流は減少する．これを測定し，クロマトグラムを得る．そこでハロゲン化合物，含酸素あるいは含イオウ化合物などに選択的に応答を示す．感度も非常に高く，残留農薬，大気汚染成分の分析などに広く応用されている．たとえば，塩素系の農薬について，10^{-10} g以下でも検出することができる．

高感度，選択的である反面，検量線の直線範囲が狭く，汚染により感度が著しく下がる．また，トリチウムを使う場合には180°Cまでしか使えないなどの欠点をもつ．なお，科学技術庁の使用許可を必要とするなどの制約もある．

d. 炎光光度検出器

炎光光度検出器（flame photometric detector：FPD）は，硫黄化合物およびリン化合物に対し選択性の高い，しかも高感度な検出器である．

図7.22に構造を示した．水素炎と光学フィルターおよび光電子増倍管から構成されており，たとえば含硫黄化合物および含リン化合物では，水素炎中でのS_2（394 nm），あるいは，HPO（526 nm）の発光を観測する．Versinoら[11]によれば，メチルパラチオン（$C_8H_{10}NO_5PS$）の感度は394 nm測光のとき 8×10^{-11} g・sec^{-1}，526 nm測光のとき 1.1×10^{-12} g・sec^{-1} を示すという．大気中のppbレベル硫黄化合物の直接定量例もある．

FPDの最大の欠点は硫黄化合物に対する応答に直線性がなく，検量線が下に凸の曲線となることである．最近では硫黄，リン以外に窒素，炭素，スズなどの元素も選択的に検出できるものも開発されている．

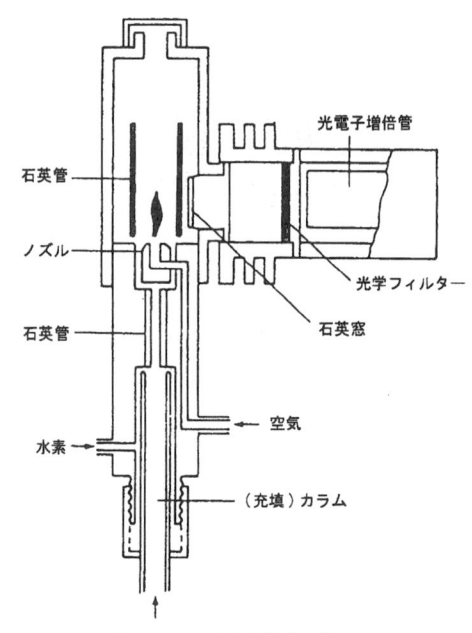

図7.22 炎光光度検出器構造例

e. 熱イオン化検出器

熱イオン化検出器（thermoionic detector：TID，NPD）は，含リンあるいは窒素化合物に選択的かつ高感度に応答を示す．水素炎イオン化検出器のノズルとコレクター電極の間にRb_2SO_4のようなアルカリ金属塩を置いた構造をしている．ただし，製造会社によって大きく構造が異なる．一例を図7.23(a)に，クロマトグラム例を図7.23(b)に示す．

窒素化合物に対する応答について有力な説は熱分解して生じるシアノラジカル（CN・）がアルカリ金属から電子を奪ってシアンイオン（CN^-）となり，これがコレクター電極でシアン化水素となり応答を示すという[12]．

f. その他の検出器

以上の検出器のほかに，ハロゲンあるいは硫黄を含む化合物に対し，感度の高い電気伝導度検出器，光エネルギーによるイオン化を利用した光イオン化検出器などがある．

さらに，最近では質量分析計，赤外線分析計あるいは原子発光検出器を直結した装置（GC-MS，GC-IR，GC-AES）が広く利用されている．コンピュータ化されて，クロマトグラムの採取，スペクトルの採取，さらには標準データとの比較が迅速，容易となり，定性，定量分析に威力を発揮している．MSやIRもガスクロマトグラフ側からみれば重要な検出器であるとい

7.2 ガスクロマトグラフィー

表7.5 ガスクロマトグラフ用の主な検出器の比較

検出器	特徴	タイプ*	検出下限	定量範囲
熱伝導度検出器（TCD）	汎用，感度低い	C	50 ng/ml	10 ppm-100%
水素炎イオン化検出器（FID）	有機物に高感度，汎用 検量線の直線範囲広い	M	10 pg/s	10 ppb-10%
電子捕獲検出器（ECD）	ハロゲン化合物に高感度 PAH, N_2Oに応答	C	0.1 pg/ml	0.1 ppb-10 ppm
炎光光度検出器（FPD）	SおよびP化合物に高感度 Sの検量線に問題	M	1 ng/s (S) 10 pg/s (P)	10 ppb-100%
熱イオン化検出器（TID, NPD）	NおよびP化合物に高感度	M	1 pg/s (N) 0.1 pg/s (P)	1 ppb-100 ppm
質量分析計	定性，定量に威力	M	1 ng/s (TIM) 1 pg/s (SIM)	0.1 ppb-100%

* C：濃度応答検出器，M：質量応答型検出器

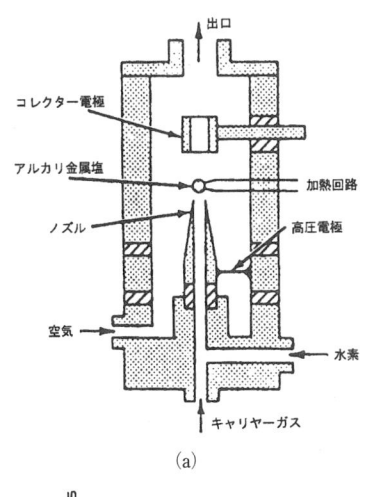

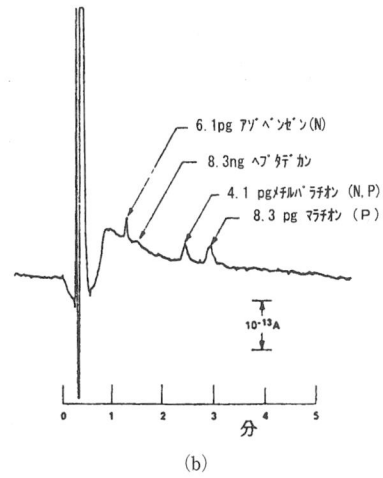

図7.23 熱イオン化検出器構造例（a）とピコグラム量含有窒素およびりん化合物検出例（b）
キャリーガス：He 25 ml·min^{-1}，カラム：OV-101：5%/Gas Chrom W（80～100メッシュ）2m，分離温度：220℃．

うことができる．

表7.5にはガスクロマトグラフ用の主な検出器の比較をした．

7.2.3 保持値
a. 炭素数あるいは沸点との関係

ガスクロマトグラフ条件を一定にし，同族列ごとにクロマトグラムをとると，保持値の対数と炭素数との間には直線関係がみられる．この関係を利用すると，ある同族列内のいくつかの化合物の保持比がわかれば，同族列内の他の化合物の保持比を推定できる．逆に不明成分のピークがあるとき，それが既知成分の同族体ならば保持比から炭素数の推定が可能である．さらに，炭素数と同様に，保持比の対数は溶出成分の沸点との間に直線関係が存在する．

b. 保持指標

保持指標は化合物の溶出位置を表示する方法としてKovats[13]により提案された．すなわち，a.で述べたように，保持比の対数と炭素数とは直線関係にあり，特に直鎖アルカンについてはほとんどすべての固定相液体で直線関係が成立する．そこで，他の化合物の溶出位置を直鎖アルカンの溶出位置を使って表そうとするのが保持指標である．炭素数Zの直鎖アルカンの保持指標を$100 \cdot Z$と表示し，これを尺度とする．

図7.24の例で化合物Xはn-C_7H_{16}とn-C_8H_{18}の間に溶出しており，その保持指標は765となる．ここでは，グラフを用いて保持指標を求めたが，同じ結果は計算によっても求めることができる．すなわち，ある化合物Xの保持指標I_Xは次の式により計算できる．

$$I_X = 100Z + 100n \frac{\log V'_X - \log V'_n}{\log V'_{Z+n} - \log V'_n}$$

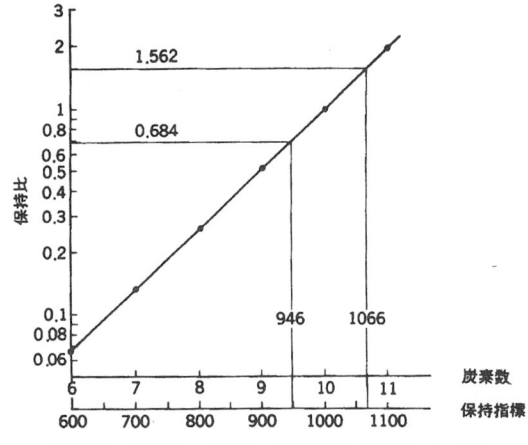

図7.24 炭素数，保持比，保持指標の関係，および保持比から保持指標の求め方

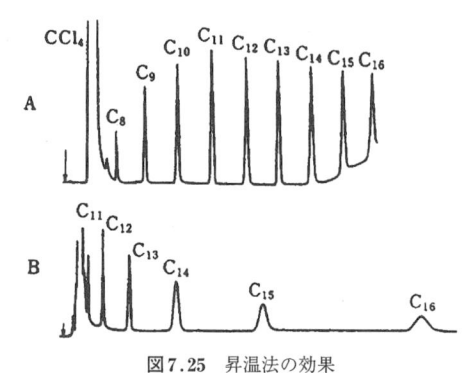

図7.25 昇温法の効果
固定相：メチルシリコンSE-30/ChromosorbWAW, DMCS（60～80メッシュ）（10：90），カラム：$2m \times 3mm$ i.d., ステンレス鋼，キャリヤーガス：窒素$30ml \cdot min^{-1}$，検出器：FID，分離温度A：70℃から$6℃ \cdot min^{-1}$で昇温，B：110℃．

ここでV'_n, V'_{Z+n}およびV'_xはそれぞれ炭素数Zおよび$Z+n$の直鎖アルカンとXの空間補正保持値あるいは保持比である．

保持指標を用いると化合物の溶出位置が簡単明瞭に示される．また，次のような性質をもっているためその値をある程度予想することができる．

(1) 同位体の中ではCH_2が増すごとにほぼ100だけ保持指標が大きくなる．

(2) 固定相液体が無極性の場合，二つの異性体の保持指標の差は沸点の差のほぼ5倍になる．

(3) 無極性化合物の保持指標は固定相液体の種類に無関係にほぼ一定している．

7.2.4 ガスクロマトグラフィーに特有な技術

a. 昇温法と昇圧法

カラム温度は保持値を決める重要な因子である．カラム温度を一定にして測定すると，はじめの方に溶出してくる成分ピークは幅が狭く，互いに接近している．一方，後に溶出してくる成分ピークはだんだん幅が広がり，高さも低く，互いの間隔も離れてくる．そのため，沸点範囲の広い混合物を分析する場合，高沸点成分に適したカラム温度だと低沸点成分の分離が悪くなる．ところが，低沸点成分にあわせると高沸点成分の溶出に非常に長い時間を要することになる．この問題を解決するために，カラム温度を次第に上げていく方法，すなわち，昇温法が生まれた．

昇温法を行うことにより，鋭く高いピークを得られる．このことは検出を行いやすくする結果をもたらす．そこで特にキャピラリーカラムを利用する際には扱える試料量が少ないことから必ずといってよいほど使われる．同様な理由で昇圧する手法も使われており，昇温と昇圧を同時に行う分離法も可能である．図7.25にはクロマトグラフム例を示した．

b. 熱分解-ガスクロマトグラフィー

高分子化合物のように気体にして取り扱うことができないものは通常ガスクロマトグラフィーの対象とはならない．しかし，その熱分解生成物には気体としてガスクロマトグラフィーの対象とできる成分が含まれ，それらのガスクロマトグラムからもとの組成，構造などに関する情報が得られる場合が多い．

通常，試料導入部を熱分解装置とすることで実験ができる．熱分解装置としては石英管，金属管などを小型の電気炉中に置き，その中でボートに乗せた試料を熱分解するもの，金属フィラメント，金属線あるいは板の表面に試料を担持させ，次に金属に電流を流すこと，あるいは高周波を当てて誘導加熱することにより素早く高温度にして試料を熱分解するもの，レーザー光を当てて熱分解するものなどがある．いずれもキャリヤーガスの雰囲気中で熱分解する．たとえば，アクリロニトリル-スチレン樹脂（共重合体）を熱分解すると，モノマーであるアクリロニトリルとスチレンとを大量に発生させることができる．

特徴的なピーク（この例ではモノマーピーク）の大きさともとの共重合体の組成との間の関係（検量線）を調べておけば未知組成の共重合体の分析が行えることが多い．

7.3 高速液体クロマトグラフィー

液体クロマトグラフィー（liquid chromatography）とは，移動相に液体を用いて分離を行うクロマトグラフィーの総称である．液体クロマトグラフィーはもともと分離の手段として開発された手法であるが，検出器と組み合わせることによって分離と検出を同時に行うことができる方法へと発展し，現在に至っている．

液体クロマトグラフィーを行う装置システムを液体クロマトグラフ（liquid chromatograph）といい，液体クロマトグラフによって試料を測定することにより，液体クロマトグラム（liquid chromatogram）が得られる．ガスクロマトグラムと同様に液体クロマトグラムでも，保持時間が定性情報を，ピーク面積が定量情報を与える．

ガスクロマトグラフィーと比較すると液体クロマトグラフィーには以下のような特徴がある．ガスクロマトグラフィーでは測定対象が揮発性物質に限られるのに対して，液体クロマトグラフィーでは溶液に可溶であればすべての物質を測定対象にすることができる．また，ガスクロマトグラフィーでは取り扱うことができない熱に不安定な化合物や不揮発性物質も，液体クロマトグラフィーは測定対象とすることができる．さらに，特定の試料成分だけを取り出す（分取する）ことにより，試料成分の精製を行うことも可能である．

7.3.1 分　類

高分子，生理活性物質，および無機イオンなど幅広い測定対象を液体クロマトグラフィーで取り扱うことができるようになったのは，様々な種類の液体クロマトグラフィーが考案されたことによる．これらの液体クロマトグラフィーは，固定相の形状や固定相-移動相の組合せあるいは保持機構によって図7.26のように分類することができる（クロマトグラフィー全般の分類については7.1節を参照）．

本節では主に高速液体クロマトグラフィー（high performance liquid chromatography：HPLC）について説明する．高速液体クロマトグラフィーはカラムクロマトグラフィーの一種であり，精密かつ高感度な分離分析法として広く使用されている．

一方，平面クロマトグラフィーは特別な装置を必要としない手法であり，厳密には機器分析法とはいい難い．しかし，平面クロマトグラフィーは定性的な分離分析法として広く使用されている．これについては7.3.6項で取り扱う．

7.3.2 分離機構
a. 吸着クロマトグラフィー

吸着クロマトグラフィー（adsorption chromatography）は液-固クロマトグラフィーに分類され，固体表面上に存在する吸着活性点への吸着力の違いにより試料成分を分離するクロマトグラフィーである（図7.27a）．

典型的な吸着クロマトグラフィーには，極性の高い固定相としてシリカゲルを，極性の低い移動相としてヘキサンなどの有機溶媒を組み合わせたものが古くから使われている．このような組合せを順相（normal phase）系あるいは順相モードと呼ぶ．これとは逆に，極性の低い固定相と極性の高い移動相との組合せは逆相（reversed phase）系あるいは逆相モードと呼ばれる．順相系の吸着クロマトグラフィーは有機化合物の精製などに現在でも使われている．

逆相吸着クロマトグラフィーは順相系ほど一般的ではないが，ポリスチレンゲル（固定相）とメタノール（移動相）の組合せが知られている．この系における固定相への吸着力は，ポリスチレンゲルのベンゼン環

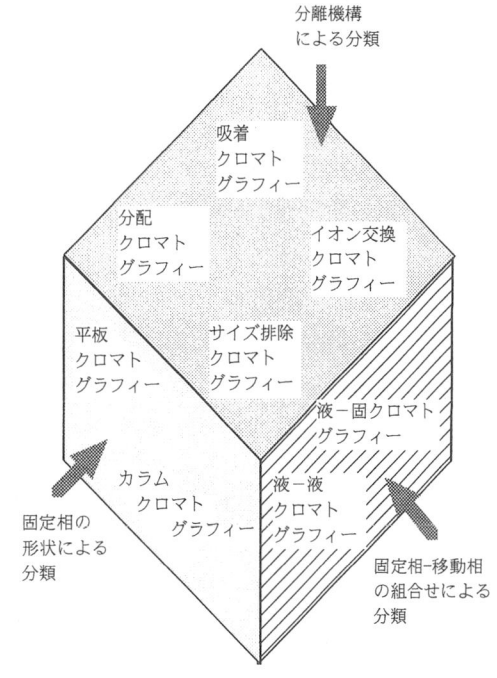

図7.26　液体クロマトグラフィーの分類

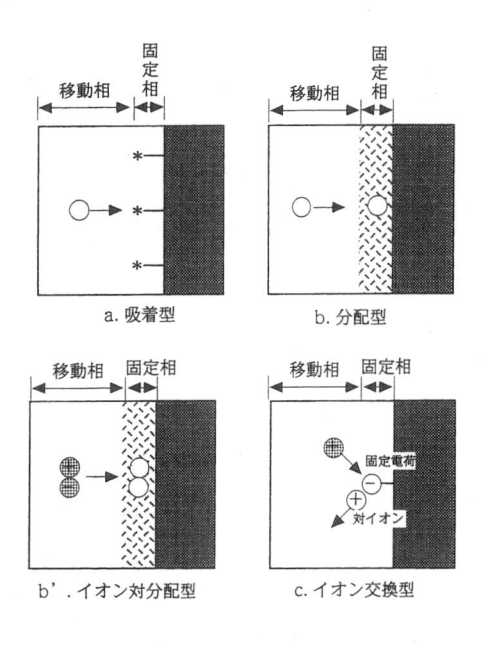

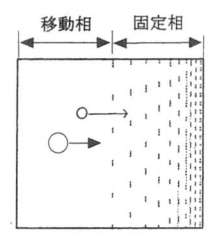

a. 吸着型
b. 分配型
b'. イオン対分配型
c. イオン交換型
d. サイズ排除型

図7.27 液体クロマトグラフィーの分離機構（文献14, p.5より抜粋, 一部改変）

表7.6 HPLC用充塡剤の種類

a. 化学結合型充塡剤に導入される官能基の例

極性の低い官能基	
オクタデシル基	$-C_{18}H_{37}$
オクチル基	$-C_8H_{17}$
トリメチル基	$-C(CH_3)_3$
フェニル基	$-C_6H_5$

極性の高い官能基	
シアノプロピル基	$-C_3H_6CN$
アミノプロピル基	$-C_3H_6NH_2$
ジオール基	$-C_3H_6-O-CH_2-CHOH-CH_2OH$

基材は主にシリカゲル, ポリマーゲルである.

b. イオン交換クロマトグラフィー用ポリマーの例

イオン交感体	交感基	対イオン	使用pH範囲
強酸性陽イオン交換体	$-SO_3^-$	Na^+, H^+	0〜14
弱酸性陽イオン交換体	$-COO^-$	Na^+, H^+	5〜14
強塩基性陰イオン交換体	$-N^+(CH_3)_3$	Cl^-	0〜14
弱塩基性陽イオン交換体	$-NH^+(CH_3)_2$	Cl^-	0〜9

基材は主にスチレンジビニルベンゼン共重合体である.

中に存在するπ電子と試料成分との相互作用である. 逆相モードの場合, 固定相に染み込んだ移動相成分が逆相分配の固定相として作用することがあり, 固定相との相互作用を吸着あるいは分配いずれかに厳密に区別することは難しい.

b. 分配クロマトグラフィー

分配クロマトグラフィー（partition chromatography）は液-液クロマトグラフィーに分類され, 固定相液体と移動相液体との間における分配の程度（保持係数, 7.1.2項参照）の違いにより, 試料成分を分離するクロマトグラフィーである（図7.27b）. 分配クロマトグラフィーも吸着クロマトグラフィーと同様に, 極性相がどちらになるかによって順相モード（固定相が極性）と逆相（移動相が極性）モードに分類される.

逆相分配クロマトグラフィー用の固定相には, オクタデシル基などの極性が低い官能基をシリカゲルに化学結合させた充塡剤が主に用いられる. 化学結合型固定相を用いる逆相分配クロマトグラフィーは高い再現性をもち, 水溶性の試料を扱うことができるといった特長を有する. この場合, シリカゲルに化学結合しているアルキル鎖層へ移動相溶媒が染み込んだ表面層が固定相として作用している.

化学結合型固定相の種類を表7.6aに示す. 化学結合型固定相の中でもシアノ基や水酸基を有する固定相では比較的高い極性をもつ. このため, 極性の低い移動相を用いる場合には, 順相モードの挙動を示す.

逆相分配クロマトグラフィーは電荷をもたない試料成分だけでなく, 電荷をもつ試料成分も分離できる. 電荷をもつ試料成分の分離には, 試料成分と反対の電荷をもつ疎水性のイオン（対イオン, counter ion）を含む移動相を用いる. この場合, 試料成分と対イオンとがイオン対（ion pair）を形成し, これが固定相に分配（図7.27b'）する. このようなモードを逆相イオン対分配モードと呼ぶ.

c. イオン交換クロマトグラフィー

無機イオンなどの電荷をもった試料成分の分離にはイオン交換クロマトグラフィー（ion-exchange chromatography）が適している. イオン交換クロマトグラフィーの固定相は, その表面にイオン交換基をもつ. 試料成分は固定相上のイオン交換基とのイオン交換反応により固定相に保持される（図7.27c）.

異なる試料成分ではイオン交換基との相互作用の程

度が異なる．これにより，試料成分を分離できる．相互作用の程度は，溶離液に添加してあるイオンとの交換平衡定数 K（選択係数）により支配される．例として炭酸水素イオン（HCO_3^-）を含む溶離液で陰イオン（A^-）を分離したときの選択係数を次式に示す．

$$K = \frac{[A^-]_s[HCO_3^-]_m}{[HCO_3^-]_s[A^-]_m}$$

ここで添字のs, mはそれぞれ移動相，固定相を表している．

多価イオンの場合，イオン交換基との静電相互作用が強くなるので一価イオンよりも遅く溶離する．リン酸などの弱酸の場合，pHが上がるにしたがって酸解離が進むため，保持時間が長くなる．

イオン交換クロマトグラフィー用の固定相には，4種類のイオン交換基（表7.6 b）が使用されている．陽イオンの分離には強酸性あるいは弱酸性イオン交換体が使用され，陰イオンの分離には強塩基性あるいは弱塩基性イオン交換体が使用される．弱酸性あるいは弱塩基性イオン交換体は，官能基の酸解離によりイオン交換サイトを生成するので，使用できるpHに制限がある．

イオン交換クロマトグラフィーの原理に基づいて試料溶液中の成分イオンを分離検出する方法は，イオンクロマトグラフィー（ion chromatography）とも呼ばれ，環境試料水の分析などに幅広く用いられている．サプレッサー型イオンクロマトグラフィーでは，イオン交換カラムのあとに取り付けたサプレッサーにより溶離液中の導電性イオンを除去した後，電気伝導度を測定することで目的成分イオンを検出し定量する．電気伝導度検出器以外にも紫外可視吸光検出器や蛍光検出器などが使用されることがある．特に，色素イオンを含む溶離液を用いて溶離液の吸光度変化を測定する間接吸光検出法では，比較的簡単にイオン成分の分離定量を行うことができる．

d．サイズ排除クロマトグラフィー

サイズ排除クロマトグラフィー（size-exclusion chromatography）は試料成分の固定相への浸透性を利用するクロマトグラフィーである．サイズ排除クロマトグラフィーでは他の機構と異なり，試料成分と固定相との化学的な相互作用はない．

サイズ排除クロマトグラフィー用の固定相には三次元網目構造をもつ多孔性ゲル（多孔性シリカゲル，ポリスチレンゲル，およびポリビニルアルコールゲルな

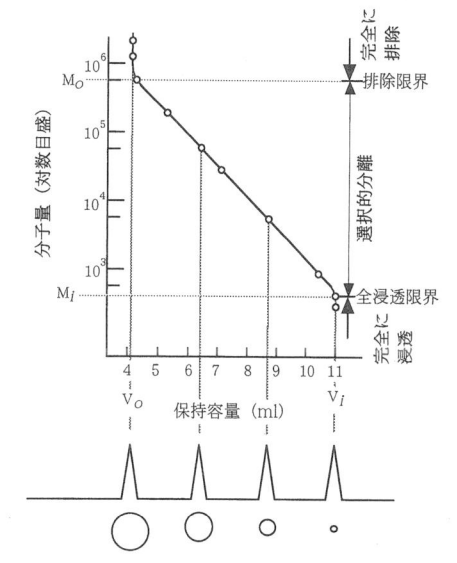

図7.28 サイズ排除クロマトグラフィーにおける保持容量と分子量の関係（文献18より抜粋・改変）

ど）が用いられる．一般に，大きさの違う試料成分では，ゲル細孔内への入り込みやすさ（浸透係数）が異なる（図7.27 d）．サイズの大きい粒子はゲル細孔に入ることができずにゲルを素通りする．これに対して，サイズの小さい粒子は細孔内部にまで入り込むことができるので，ゲルを通過する速度が遅くなる．この場合，固定相として用いられる多孔性ゲルは，分子の大きさを認識して分子をふるい分ける働きをしている．

サイズ排除クロマトグラフィーにおける分子量と保持容量（あるいは保持時間）との間には図7.28に示す関係がある．M_o（排除限界と呼ばれる）より分子量の大きい分子はゲル細孔に入ることができず，すべて排除されてしまう．これとは逆にM_i（全浸透限界と呼ばれる）よりも小さいものはすべてのゲル細孔に浸透することができる．M_iからM_oまでの分子量をもつ試料成分が分子の大きさ（すなわち分子量）の順に溶離する．分子量M_oの試料成分が溶出する保持容量をV_o，分子量M_iの試料成分が溶出する保持容量をV_iとすると，選択的に分離される試料成分の保持容量Vは次式で表される．

$$V = V_o + KV_i$$

このとき，Kは $0 \leq K \leq 1$ となる．

サイズ排除クロマトグラフィーの移動相には，非水系の移動相溶媒としてテトラヒドロフランやクロロホルムが，水系の移動相溶媒として水，無機塩水溶液，

あるいは緩衝液が用いられる．

e. キラル分離

互いに鏡像関係にある光学異性体はその物理化学的性質がまったく同じであるため，その相互分離（キラル分離）は非常に難しい．液体クロマトグラフィーによりキラル分離（chiral separation）を行う方法には，次の三つの方法がある．

キラル固定相法では光学活性化合物（キラルセレクター）を化学結合させた固定相（キラル固定相）を用いる．鏡像関係にある光学異性体にはキラル固定相との相互作用にわずかな違いがある．クロマトグラフィーの過程において，このわずかな違いを増幅することでキラル分離が達成される．

キラル移動相法では，キラルセレクターを含む移動相を用いる．移動相中ではキラルセレクターと光学異性体とが複合体を形成する．複合体にはその安定性にわずかな違いがあり，この違いを利用することでキラル分離を行うことができる．この方法では光学異性体はキラルセレクターと混在する状態で分離される．このため，この方法は分取（精製）には適さない．

キラルセレクターの代表的なものにβ-（あるいは，γ-）シクロデキストリンがある．シクロデキストリンは光学活性な空洞（キャビティー）を有する．このキャビティーへの取り込まれやすさは，光学異性体相互で異なる．このため，光学異性体とシクロデキストリンとの複合体には安定性の差が生じる．

キラル誘導体化法では，キラル試薬と光学異性体をあらかじめ反応させ，ジアステレオマーにしておく．ジアステレオマー同士は光学異性体ではないので，物理化学的な性質が互いに異なり，通常の分配あるいは吸着クロマトグラフィーなどで分離できる．

7.3.3 装　　置

a. 構成と概要

高速液体クロマトグラフ（high performance liquid chromatograph）は図7.29に示すように送液部，試料導入部，分離部，検出部，捕集部およびデータ処理部から構成される．ガスクロマトグラフィーでは移動相に気体を用いるが，高速液体クロマトグラフィーでは一定流量で送液された溶離液を移動相として用いる．

送液部は溶離液槽と高圧送液ポンプからなり，溶離液を高圧（数～約30MPa）かつ一定流量で送り出す働きをする．これらに加えて，溶離液の脱気を行う脱ガス装置やポンプの脈流を抑えるダンパーを接続して使用することもある．またグラジエント溶離法（7.3.4 c項参照）を行う場合には，複数のポンプを組み合わせて用いる．

送液部から高圧で送り出された溶離液はまず試料導入部を通過する．試料導入部は一定体積の試料溶液を溶離液の流れに導入する働きをもつ．このための装置としてインジェクターあるいはオートサンプラーが用いられる．オートサンプラーは試料導入を自動で行う装置である．

試料導入部から導入された試料は，溶離液の流れによって分離部へと送られる．分離部は分離カラムとカラム温度を一定に保つためのカラムオーブンで構成さ

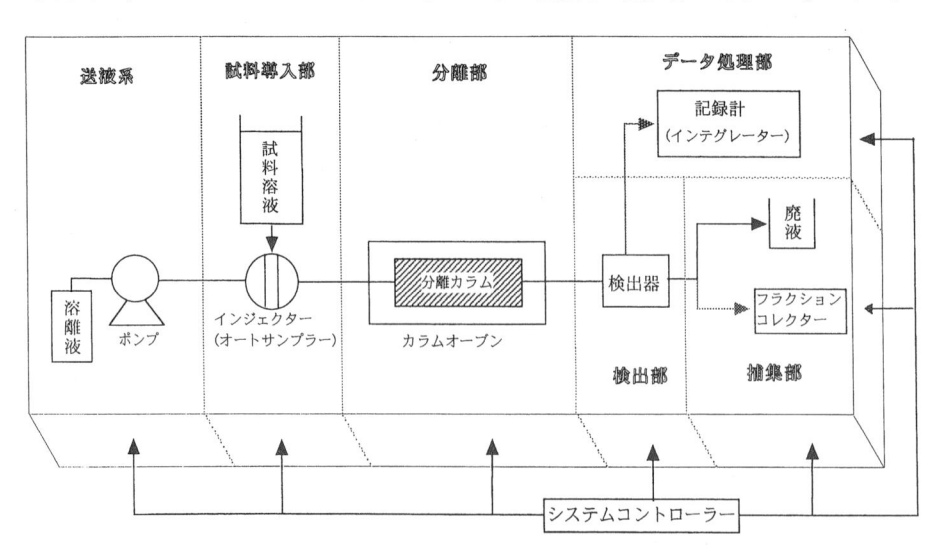

図7.29　高速液体クロマトグラフシステムの構成図

れる．試料成分が固定相へ保持される程度の違いによって，試料成分は分離される．カラム温度は試料成分の保持に影響するので，再現性を得るためにはカラム温度を一定にしておく必要がある．

分離部で分離された試料成分は，溶離液の流れによって検出部に到達し検出される．検出部では測定成分に対応した検出器が使用され，検出シグナルは電気信号としてデータ処理部へと送られる．

検出部を出た溶離液の流れは最後に捕集部に到達する．捕集部ではピーク成分を分取するために，フラクションコレクターが用いられることがある．分析を目的とし分取を行わない場合には，カラムから溶出した溶離液は廃液として回収される．

各装置（送液ポンプ，オートサンプラー，カラムオーブン，検出器およびクラクションコレクター）の制御とデータ処理をシステムコントローラーにより一元的に管理することができる．

b. 送液部と試料導入部

高速液体クロマトグラフの送液系に使用されるポンプに必要な条件には，(1) 高圧送液ができる，(2) 送液が安定していて脈流がほとんどない，(3) 流量を適当な範囲で変えられる，(4) 耐溶媒性がある，があげられる．これらの条件を満たすポンプとして，プランジャー型ポンプが広く用いられている．プランジャー型ポンプではモーターの回転と偏心カムの作用でプランジャーが往復することにより，液の吸入，吐出が繰り返され，送液が行われる．

試料溶液の導入には簡単な操作で高い再現性が得られるループバルブ方式が広く用いられている．ループバルブ方式によるインジェクターは，図7.30に示すように高圧六方バルブとサンプルループおよびポンプからカラムへの配管で構成されている．

試料導入は以下のように行う．まず，注射器を用いてサンプルループの容積よりも多く試料溶液を注入口から注入する．このとき，余った試料溶液はそのまま排出される．次にバルブを切り替えることにより，ポンプからの溶離液の流れがサンプルループに接続され，試料溶液はカラムへと送られる．サンプルループの容量を変えることで，導入する容積を変えることができる．

c. カラムと充填剤

高速液体クロマトグラフの分離カラムには充填剤を円管（カラム管）に詰めたものが用いられる．カラム管には内径が1 mm程度から4.6 mmで，長さが10 cmから25 cmの円管が使用されている．カラム管の材質には耐圧性と耐溶媒性が要求されるので，ステンレス鋼管やステンレス鋼管の内側にガラスをはり合わせたもの，あるいは化学的に不活性なポリエーテルエーテルケトン（PEEK）製のチューブが用いられている．

カラム充填剤の基材には，耐圧性，溶媒安定性，高い分離性能，そしてコストといった点からシリカゲルが最も広く用いられている．シリカゲルの形状には大別して全多孔性型（ポーラス型）と表面多孔性型（ペリキュラー型）がある（図7.31）．表面多孔性型充填剤は全多孔性型よりも先に開発されたため，1970年代の前半までは広く用いられていた．しかし，現在では試料負荷量が大きく分離効率が高いなど性能面で優れている全多孔性型が汎用されている．シリカゲルは

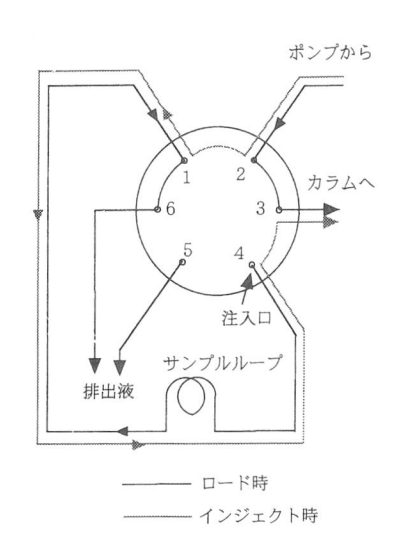

図7.30 ループバルブ式インジェクターの原理

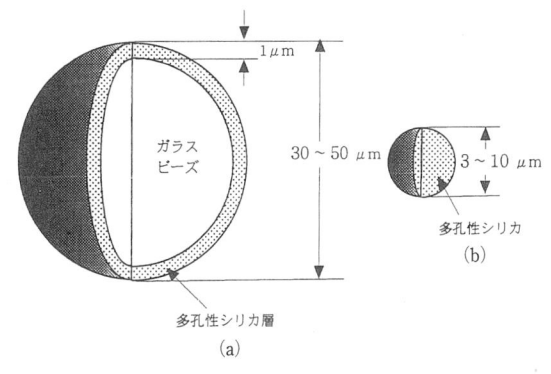

図7.31 シリカゲル充填剤の構造と特徴
(a) 表面多孔性型（ペリキュラー型）：平衡到達速度が速い，試料負荷量が小さい．(b) 全多孔性型：分離効率が高い，試料不可量が大きい．

優れた特長をもつ反面，使用できるpH範囲が限られること（およそpH 3〜8），シリカゲル表面上のシラノール基による塩基性物質の非可逆的吸着が起こることやピークテーリングが生じるといった欠点も併せもつ．

シリカゲルに次いで広く用いられる基材に多孔性のポリマーゲルがある．ポリマーゲルは，幅広いpH範囲で使用できる，塩基性物質を良好に分離できるといった特長を有する．その一方で，ポリマーゲルには有機溶媒により膨潤する，耐圧性に乏しい，分離性能がシリカゲルに比べて劣るといった欠点がある．シリカゲルとポリマーゲルの特長を併せもつ充填剤として，シリカゲルの表面をポリマーで薄く被覆した充填剤も開発されている．

d. 検 出 器

目的成分の物理的，化学的な性質に応じた検出器を接続することにより，高速液体クロマトグラフィーは無機イオン，高分子，生理活性物質など多様な測定対象に対応できる．以下，代表的な検出器について説明する．

1) 紫外可視吸光検出器 紫外可視吸光検出器（UV-VisD）は感度，選択性および汎用性をバランスよく併せもっており最も汎用されている．紫外部（200〜400 nm）あるいは可視部（400〜800 nm）の光を吸収する物質であれば，有機化合物，無機化合物を問わずに測定できる．検出の原理は第2章の吸光光度法と同じであり，フローセルと呼ばれる流通型セルを通過する際の溶離液の吸光度を測定する．

吸光検出器の一種であるフォトダイオードアレイ検出器は溶離液の流れを止めずにピークを与える成分の紫外可視スペクトルを測定できる．図7.32aにフォトダイオードアレイ検出器の光学系を示す．フローセルを通過した光は回折格子で分光されたあと，フォトダイオードアレイにより波長ごとにその強度が測定される．この検出器は波長固定型の紫外可視吸光検出器に比べ感度はやや劣るものの，三次元（保持時間，波長，および吸光度の三つをパラメータ軸とした）クロマトグラムを測定することができ，ピーク成分の同定，構造の推定といった定性分析に威力を発揮する．

図7.32 bに示す三次元クロマトグラムは，アルデヒドの2,4-ジニトロフェニルヒドラジン（DNPH）誘導体をフォトダイオードアレイ検出器で検出したものである．この三次元クロマトグラムにおいて，特定のピークの保持時間における波長断面はそのピーク成分の吸収スペクトルを与える．

2) 蛍光検出器 試料成分が蛍光性物質の場合，蛍光検出器（FLD）が使用できる．紫外光や可視光を吸収する物質の中で，ごく一部のものしか発蛍光性をもたない．したがって，蛍光検出器は高い選択性をもつ．蛍光検出の原理は第4章の蛍光光度法と同じである．励起光をフローセルに照射し，発生した蛍光を分光して検出する．

同一化合物を検出する場合，蛍光検出法は吸光検出法に比べその感度が一桁から二桁ほど高くなる．加え

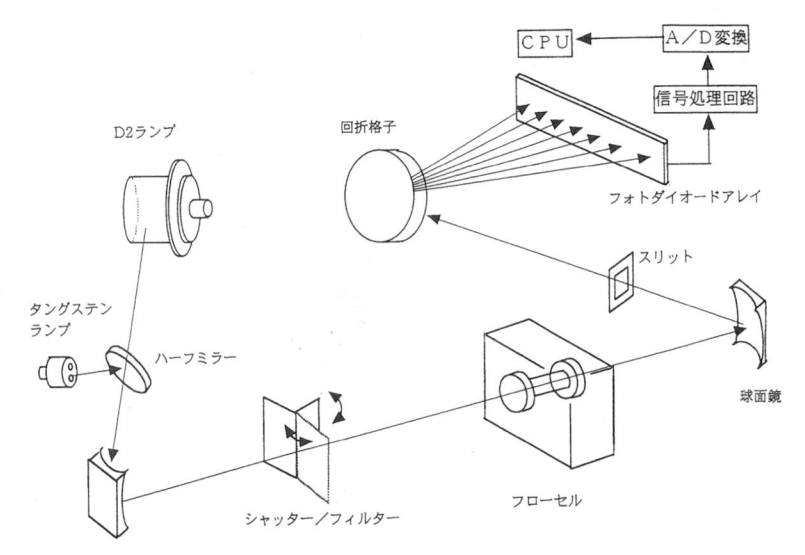

図7.32a フォトダイオードアレイ検出器の光学系（島津：SPD-M 10 Avp取扱い説明書より一部改変）

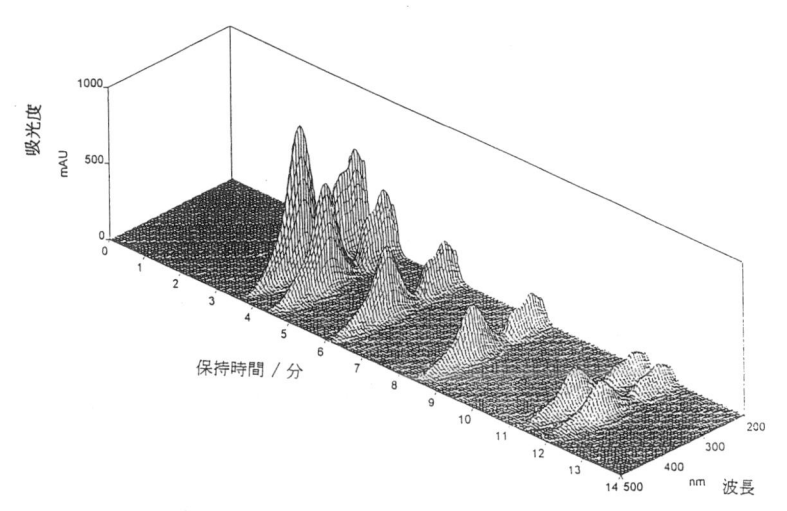

図7.32b アルデヒド-DNPH誘導体の三次元クロマトグラム（島津(株)提供）
a：ホルムアルデヒド-DNPH，b：アセトアルデヒド-DNPH，c：プロピオンアルデヒド-DNPH，d：n-ブチルアルデヒド-DNPH，e：iso-バレルアルデヒド-DNPH，f：n-バレルアルデヒド-DNPH.

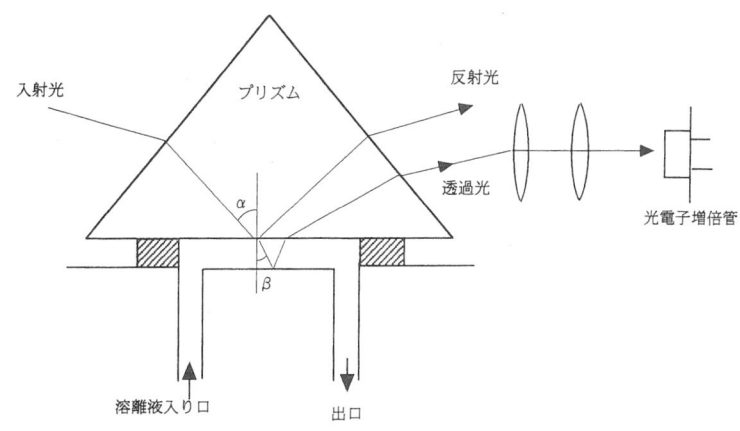

図7.33 フレネル型屈折率検出器フローセルの構造（文献14, p.192より抜粋）
α：入射角，β：屈折角.

て，蛍光性物質から発せられる蛍光の強度は励起光の強さに依存するので，レーザー光などの強い光を励起光に用いれば，さらに高感度な検出が達成できる．

蛍光検出の高感度性を利用する方法の一つに，目的物質の蛍光誘導体化法がある（7.3.4b項参照）．

3）示差屈折率検出器 カラムから溶出した溶離液の屈折率は，含まれる試料成分の濃度により変化する．溶離液の屈折率の変化を測定する示差屈折率検出器（RID）は，原理的にはあらゆる試料成分の検出に用いることができる．代表的な示差屈折率検出器であるフレネル型のフローセルを図7.33に示す．このフローセルでは，入射光の大部分が反射するようにプリズムに光が照射される．この際，一部フローセルを光が透過する．この透過光の強度はフレネルの法則により，フローセル内の溶液の屈折率に依存して強くなる．実際には試料側セルと参照側セルとから透過する光の強度差に基づいて屈折率が測定される．

示差屈折率検出器では10^{-8}程度の屈折率を検出できるとする例もあるが，屈折率は温度に著しく影響されるため，実際の測定感度はあまり高くない（検出限界は$1\mu g$程度である）．加えて，溶離液の組成が，屈折率に大きく影響することから，グラジエント溶離（7.3.4c項参照）を行うことはできない．実用上，示差屈折率検出器は分取クロマトグラフィーや糖の分析などの用途に限られる．

4）電気化学検出器，電気伝導度検出器 電気化学検出器（ECD）の一種であるボルタンメトリー検出器では，定電位電解により流れる電流を測定する

図7.34a アンペロメトリー型電気化学検出器の構造（エムシーメディカル(株)提供，一部改変）

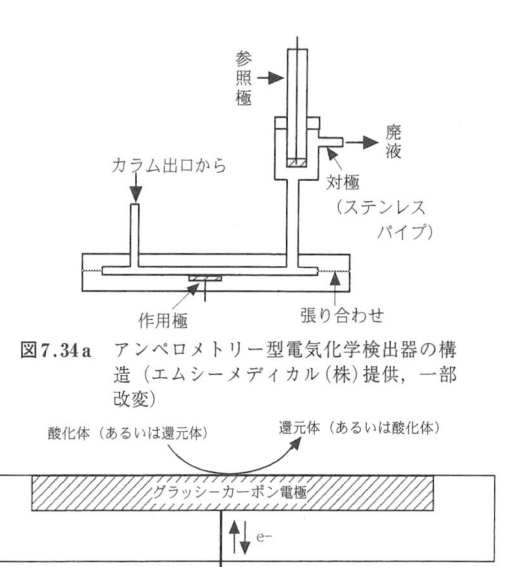

図7.34b 作用極表面での酸化還元反応

ことで酸化性，還元性物質を検出できる．この検出器にはクーロメトリー（電量）型検出器とアンペロメトリー（電流）型検出器の二種類がある．高速液体クロマトグラフの検出器としては，電解効率が数％以下で済む薄層電解セル型のアンペロメトリー型検出器が広く使用されている．

アンペロメトリー型検出器の，薄層電解セル（図7.34 a）は，参照極，作用極（グラッシーカーボン電極），および補助電極が組み込まれた電解セルになっていて，参照極の電位を基準として作用極表面上で定電位電解を行う．電気化学的に活性な物質の定電位電解によって流れる電流は，酸化あるいは還元される物質の量に比例する．この様子を模式的に示したものが図7.34 b である．アンペロメトリー型検出器は高感度，選択的である反面，電極の状態で感度が左右される．また，この検出器はグラジェント溶離には向かない．

溶離液の比伝導度を測定する電気伝導度検出器は，イオン性物質を検出することができる．これは溶離液の比伝導度がイオン性物質の濃度によって変化することによる．電気伝導度検出器は，イオンクロマトグラフィーなど主にイオン交換クロマトグラフィー用の検出器として用いられている．

5）質量分析計 ガスクロマトグラフィーと同様に，液体クロマトグラフィーにおいても質量スペクトルはピーク成分の構造を同定するのに有効である．また，質量分析計（MS）を検出器にすることで，特定の構造をもつ物質だけを選択的に検出することもできる．

液体クロマトグラフィーと質量分析計とをつなぐインターフェースは，溶出液の脱溶媒と目的物質のイオン化を同時に行う働きをしている．実用化されているインターフェースにはサーモスプレーイオン化法，大気圧イオン化法などがある．

大気圧イオン化法は大気圧下で脱溶媒とイオン化と

（A）エレクトロスプレーイオン化法（ESI）

（B）大気圧化学イオン化法（APCI）

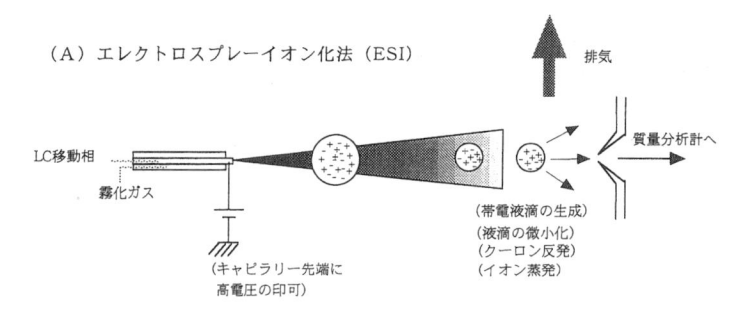

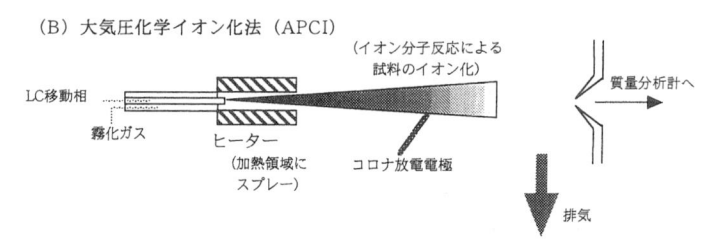

図7.35 質量分析計のインターフェースの構造（大気圧イオン化法）（島津(株)提供，一部改変）

を行う方法であり，この方法にはエレクトロスプレーイオン化法と大気圧化学イオン化法とがある．また，この方法では移動相溶媒の蒸気が化学イオン化の反応ガスとなるため，比較的穏和にイオン化でき，不安定な化合物の検出にも適している．

大気圧イオン化法の原理を図7.35(A)，(B)に示す．エレクトロスプレーイオン化法では噴霧部に高電圧をかけておき，霧化ガスにより移動相溶媒を噴霧する．これにより帯電液滴が生じ，試料成分がイオン化される．エレクトロスプレーイオン化法は極性およびイオン性化合物の測定に適しており，多価イオンの生成による巨大分子（タンパク質など）の測定も可能である．大気圧化学イオン化法では加熱領域に移動相溶媒を噴霧し移動相溶媒と試料成分を気化させたのち，コロナ放電によりイオン化させる．この方法は極性の低い化合物のイオン化に適している．両者を使い分けることにより，高速液体クロマトグラフィーで分析対象となる化合物の大部分をカバーできる（11章も参照のこと）．

7.3.4 測定法

a. 測定手順

高速液体クロマトグラフィーを用いて試料を分析する手順は，試料の採取，前処理，測定そしてデータの解析といった流れで行われる（図7.36）．採取した試料は前処理によって，液体クロマトグラフィーで測定できる状態にしておかなければならない．たとえば，固体試料の場合には，酸など適当な試薬により溶液化しておく（分解）．試料が溶液の状態であっても，カラムの目詰まりの原因になるような成分や分離に悪影響を及ぼすような成分は，あらかじめ除去しておかなければならない（夾雑物の除去）．さらに，必要に応じて分離や検出に有利な形態に変換しておくこと（誘導体化，次で説明）も行われる．

測定に際してあらかじめ最適な溶離条件の設定をしておく．設定する溶離パラメーターには，溶離液中の有機溶媒の種類と分率，pH，緩衝剤の種類と濃度，各種添加物（たとえばイオン対分配モード（7.3.2 b項参照）のためのイオン対試薬など）の種類と濃度などがある．ポストカラム誘導体化を行う場合には，そのための条件設定もしておかなければならない．

b. 誘導体化法

高感度な検出器である蛍光検出器や化学発光検出器

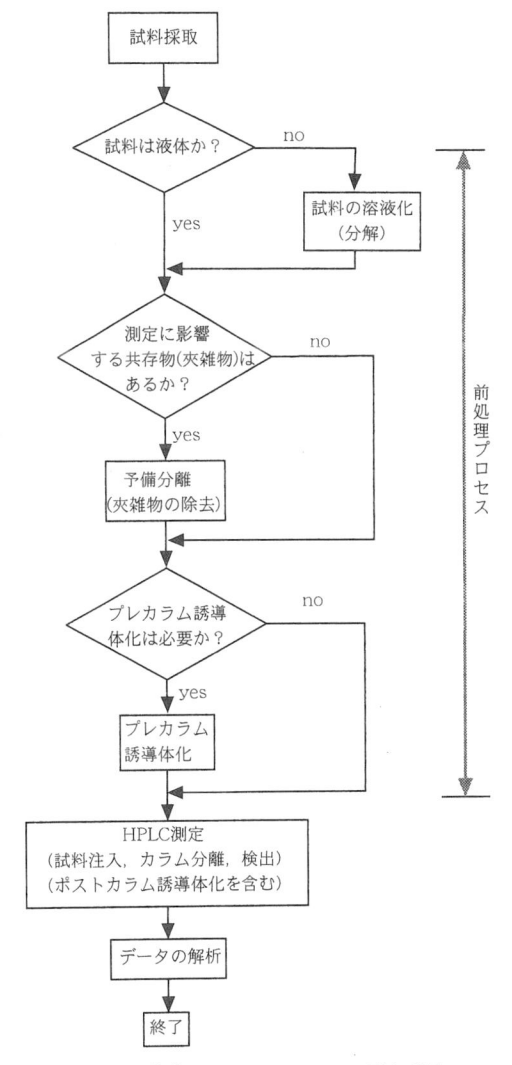

図7.36 液体クロマトグラフィーの測定手順

を用いて目的成分を検出する場合，目的成分を検出可能な形態に変換する．この手法が誘導体化法である．たとえば，示差屈折率検出器以外の検出器でアミン，チオール，カルボン酸，およびアルコールなどの官能基を検出することは難しい．これらの官能基を蛍光誘導体などに誘導体化することにより，高感度な検出が可能になる．図7.32 bはアルデヒドをフォトダイオードアレイ検出器で検出するために，2,4-ジニトロフェニルヒドラジンでヒドラゾン誘導体化したものを分離したクロマトグラムである．

誘導体化法にはプレカラム法とポストカラム法がある．プレカラム法とは前処理の一部として測定の前段階で誘導体化試薬と反応させ，生成した誘導体を分離

し検出する方法である．ポストカラム法とは，分離カラムで試料成分を分離したあと，誘導体化して検出する方法である．誘導体化試薬を含む溶液をポンプで送液し，カラムから流れ出た溶離液の流れと混合して流路の中で誘導体化しそのまま検出器へ送り検出する．

c. 溶離方式

溶離液の送液方法には，単一溶媒溶離（アイソクラティック（isocratic）溶離）法と勾配溶離（グラジエント（gradient）溶離）法がある．

単一溶媒溶離法とは1台のポンプで溶離液を送液し，つねに一定の溶離液組成で溶離を行う方法である．この方法はグラジエント溶離に比べ操作が簡単であり，高い再現性が得られるといった特長をもつ．しかし，単一溶媒溶離では早く溶離する成分と著しく遅く溶離する成分とを短時間のうちに良好に分離することは難しい．早く溶離する成分を良好に分離するために溶出力の弱い溶離液を用いると，遅く溶離する成分の溶離がさらに遅くなりピークも広がってしまう．逆に遅く溶離する成分を早く溶離させるために溶出力の強い溶離液を用いると，早い成分のピーク分離が難しくなる．

単一溶媒溶離法で分離が難しい場合には，グラジエント溶離が用いられる．グラジエント溶離とは，複数のポンプを用いて溶出力の異なる複数の溶離液を混合し，時間とともにその組成を変えながら溶離する方法である．溶離の初期段階では早く溶離する成分相互の分離をよくするために，溶出力の弱い溶離液の割合が多くなるように送液する．その後，遅く溶離する成分を溶離させるために溶出力の強い溶離液の割合が多くなるように送液する．

溶離液の組成を変化させる方法には，連続的に勾配をつける方法と不連続かつ段階的に変化させる方法（段階溶離法）とがある．さらに，連続的に勾配を付ける方法には直線的に組成を変化させる方法（直線勾配溶離法）と曲線的に変化させる方法（曲線勾配溶離法）とがある．図7.37 a には，2台のポンプを用いてグラジエント溶離を行う際，2種類の溶離液を混合する割合の時間プログラムを示してある．また，このときに使用する高速液体クロマトグラフシステムを図7.37 b に示す．

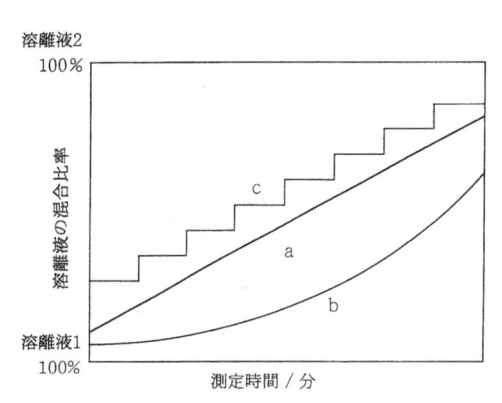

図7.37 a 勾配溶離法の時間プログラム
a：直線勾配溶離法，b：曲線勾配溶離法，c：段階溶離法．

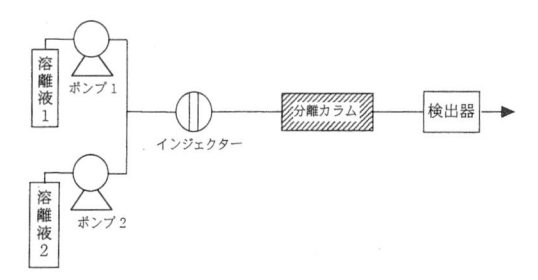

図7.37 b 勾配溶離法の高速液体クロマトグラフシステム

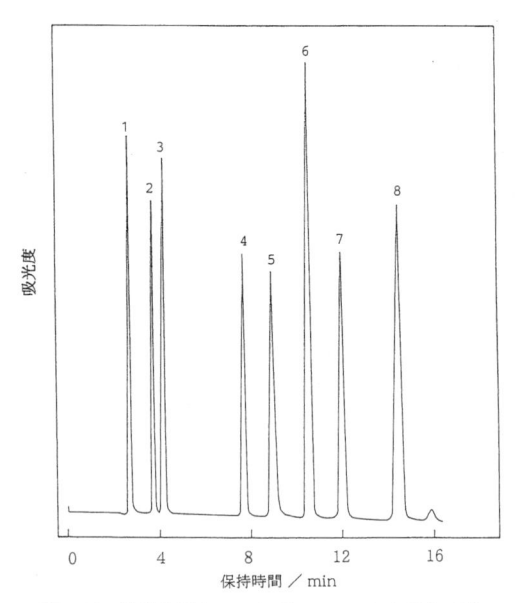

図7.38 逆相分配クロマトグラフィーによるかぜ薬成分の分離（資生堂(株)提供）
1：グアヤコーンスルホン酸カリウム，2：アセトアミノフェン，3：カフェイン，4：サリチルアミド，5：マレイン酸クロルフェニラミン，6：フェノール（内部標準），7：アスピリン，8：エテンザミド．カラム：CAPCELL PAK C_{18} SG-120 S5 (4.6 mmi. d.× 250 mm)，移動相：$CH_3CN/H_2O = 20/80$, pH 2.5 (50 m mol·l^{-1} NaH_2PO_4–H_3PO_4)，流速：1.0 cm^3·min^{-1}，検出：可視吸光検出 (280 nm)．

7.3.5 応用例

a. 逆相分配高速液体クロマトグラフィーによるかぜ薬成分の分離

図7.38は市販かぜ薬に配合されている8種類の成分を逆相分配モードで分離したクロマトグラムである．試料として市販かぜ薬を溶離液に溶解したものを注入している．フェノールは内標準物質として添加してある．固定相にはポリマー被覆したシリカゲルにオクタデシル基を導入したものを用いている（7.3.3 c 項参照）．この充填剤では被覆したポリマーにより，シリカゲルに起因する二次的な影響（シラノール基や金属不純物に起因する影響）が抑えられている．このため鋭いピークが得られている．

b. イオン交換クロマトグラフィーによる1価・2価イオンの分離

イオン交換カラムを用いてイオン成分を分離・検出するイオン交換クロマトグラフィー（イオンクロマトグラフィー，7.3.2 c 項参照）は，アルカリ・アルカリ金属イオンあるいは陰イオンを分析する方法としてJISにも採用されている．

図7.39は酒石酸およびジピコリン酸を含む溶離液と陽イオン交換カラムとの組合せにより，10種類のアルカリ・アルカリ土類金属イオンを分離している．酒石酸とジピコリン酸は遷移金属イオンのマスキング剤として使われている．これらのマスキング剤は遷移金属イオンと反応して錯陰イオンを形成する．この錯陰イオンは陽イオン交換カラムに保持されずに溶出するため，クロマトグラム上にはピークを与えない．

7.3.6 平面クロマトグラフィー

充填剤を円管に詰めたカラムを固定相とするカラムクロマトグラフィーに対して，平板状の固定相を用いるクロマトグラフィーを平面クロマトグラフィーと呼ぶ．平面クロマトグラフィーは液体クロマトグラフィーでのみ実用化され，定性的な簡易分析法として使用されている．代表的な平面クロマトグラフィーには薄層クロマトグラフィー（thin layer chromatography：TLC）とろ紙を用いるペーパークロマトグラフィー（paper chromatography）がある．

薄層クロマトグラフィーではガラス板上に薄く塗布したシリカゲル粉末が固定相となり，毛細管現象によりシリカゲル粉末層を移動する溶媒が移動相となる．シリカゲル粉末層に試料を1滴滴下（スポット）して乾燥させたのち，ガラス板の一端を移動相溶媒に浸して試料成分の分離（展開）を行う．薄層クロマトグラフィーでは，試料成分が移動相によってどの程度運ばれるか（移動率 $Rf (= a/b)$，図7.40）が定性分析の指標になる．ここで b は溶媒先端（ソルベントフロント）と呼ばれ，固定相を進む移動相溶媒の先端部分を示す．

薄層クロマトグラフィーにおいてもカラムクロマト

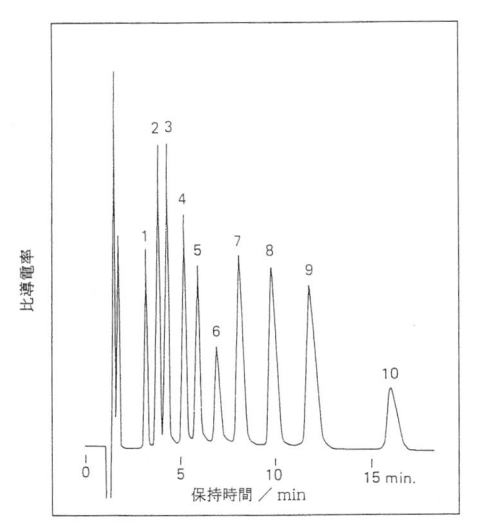

図7.39 イオン交換クロマトグラフィーによる1価・2価陽イオンの分離（昭和電工（株）提供）
1：Li^+, 2：Na^+, 3：NH_4^+, 4：K^+, 5：Rb^+, 6：Cs^+, 7：Ca^{2+}, 8：Mg^{2+}, 9：Sr^{2+}, 10：Ba^{2+}. カラム：Shodex IC YK-421, 移動相：5 m mol 酒石酸, 0.8 m mol ジピコリン酸, 流速：1.0 ml·min^{-1}, 検出：伝導度検出（12.8 $\mu s \cdot cm^{-1}$ FS）．

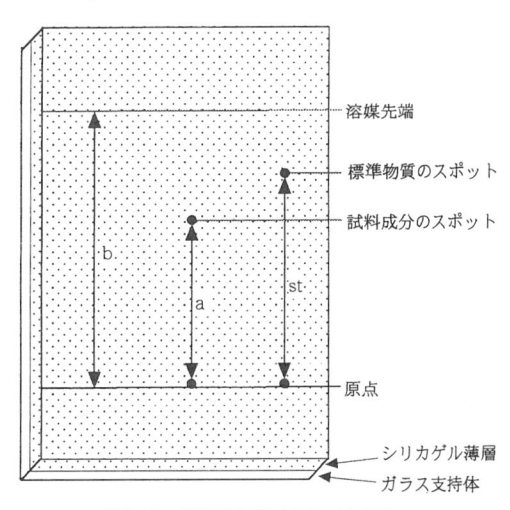

図7.40 典型的な薄層クロマトグラム

グラフィーと同様に高性能化が図られ，高性能薄相クロマトグラフィー（high performance thin layer chromatography：HPTLC）が開発されている．HPTLC では固定相にHPLCで用いられるのと同じ粒径5 μm前後の球状多孔性シリカゲルの薄層が用いられ，分離効率を高めている．また，デンシトメーターと呼ばれる反射吸光度を測定する装置により，試料成分スポットの定量分析が可能である．

参 考 文 献

1) M. Tswett：*Ber. Deut. Botan. Ges.*, **24**, 316, 1906.
2) A. J. P. Martin and R. L. M. Synge：*Biochem. J.*, **35**, 91, 1358, 1941.
3) A. T. James and A. J. P. Martin：*Analyst*, **77**, 915, 1952.
4) J. J. van Deemter, F. J. Zeiderwerg and A. Klinkenberg：*Chem. Sci.*, **5**, 271, 1956.
5) W. O. McReynolds：*J. Chromatogr. Sci.*, **8**, 685, 1970.
6) J. Harley, W. Hel and V. Pretorius：*Nature*, **181**, 177, 1958.
7) I. G. McWilliam and R. A. Dewar：*Nature*, **181**, 760, 1958.
8) R. Feinland, A. J. Andreatch and D. P. Cotrupe：*Anal. Chem.*, **33**, 991, 1961.
9) J. C. Sternberg et al：Gas Chromatography（Brenner, Callen, Weiss ed.），265 pp., Academic Press, 1962.
10) J. E. Lovelock and S. R. Lipsky：*J. Amer. Chem. Soc.*, **82**, 431, 1960.
11) B. Versino and G. Rossi：*Chromatographia*, **4**, 331, 1971.
12) G. R. Vega and F. Poy：*J. Chromatogr.*, **116**, 17, 1976.
13) E. Kovats：*Helv. Chim. Acta.*, **41**, 1915, 1958.
14) 南原利夫，池川信夫編著：最新高速液体クロマトグラフィー―理論偏―，廣川書店，1988.
15) 石井大道，後藤正志，神野清勝，竹内豊英，森　定雄：高速液体クロマトグラフ法，共立出版，1986.
16) 津田孝雄：クロマトグラフィー，丸善，1997.
17) 波多野博行，花井俊彦：実験高速液体クロマトグラフィー，化学同人，1988.
18) 森　定雄：ぶんせき，p.894，1988

8

キャピラリー電気泳動および
キャピラリー電気クロマトグラフィー

　キャピラリー電気泳動およびキャピラリー電気クロマトグラフィーは，両端に高電圧が印加されたキャピラリー内における，試料成分の電気泳動移動度の差あるいはキャピラリー内に存在する媒体との相互作用を利用した分離分析法であり，分離能がきわめて高いことが特徴とされる[1～4]．典型的な分離例を図8.1に示す．クロマトグラフィーと同様，ピークの溶出時間から定性，ピーク面積またはピーク高さから定量分析がなされることが多い．

8.1　原　　理

8.1.1　分　　類

　電気泳動法は，電気泳動移動度の差を利用してイオンを分離・分析する方法であり，分離原理と泳動媒体の差異によって図8.2のように分類することができる．分離原理の違いによってゾーン電気泳動，等電点電気泳動および等速電気泳動の三つに分類することができる．ゾーン電気泳動および等電点電気泳動では，それぞれ泳動移動度および等電点の差異に基づいて分離が達成される．等速電気泳動では，試料成分が先行イオンと終末イオンとの間にはさまれてゾーンを形成し分離が達成される．また，電気泳動法は，ゲルや添加物を用いない自由溶液電気泳動とろ紙やゲルなどの支持体を用いる支持体電気泳動に分類することもできる．

　電場を利用したキャピラリー分離分析法には，上述の電気泳動法に基づいた分離法のほかにキャピラリー内の媒体との相互作用を取り入れたクロマトグラフィーも含まれる．これには，動電クロマトグラフィーとキャピラリー電気クロマトグラフィーが該当する．表8.1に電場を利用したキャピラリー分離分析法の分類を示した．

　電場を利用したキャピラリー分離分析法では，通常電荷をもつ成分を分析の対象とするが，動電クロマトグラフィーおよびキャピラリー電気クロマトグラフィーでは電荷をもたない成分をも分析の対象とすることができる．また，分離モードによっては次に述べる電気浸透流（electroosmosis flow：EOF）が移動相の推進力として積極的に利用され，性能や特徴に大きく影響を及ぼす．

8.1.2　電気浸透流

　キャピラリー分離分析法において，泳動管（またはクロマト管）として溶融シリカ（fused silica）管がよく使用される．溶融シリカ管の内壁面にはシラノール基（≡SiOH）が存在し，下式のように解離している．

$$\equiv SiOH \rightarrow \equiv SiO^- + H^+ \quad (8.1)$$

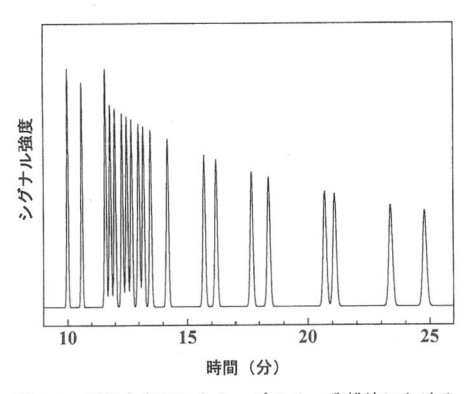

図8.1　電場を利用したキャピラリー分離法における典型的なクロマトグラム

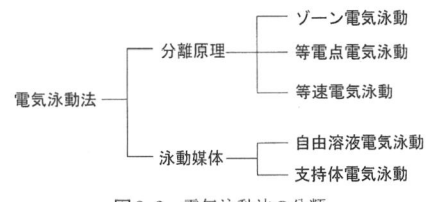

図8.2　電気泳動法の分類

表8.1 電場を利用したキャピラリー分離分析法の分類

分離法	移動相の推進力*	固定相	対象試料**	分離に寄与する因子
キャピラリーゾーン電気泳動 (capillary zone electrophoresis: CZE)	電気浸透流	無	I	電気泳動移動度
キャピラリーゲル電気泳動 (capillary gel electrophoresis: CGE)	—	ゲル・ポリマー溶液	I	分子ふるい, 電気泳動
動電クロマトグラフィー (electrokinetic chromatography: EKC)	電気浸透流	イオン性ミセル, イオン性シクロデキストリン, 他	N, I	試料−疑似固定相間の相互作用
キャピラリー等速電気泳動 (capillary isotachophoresis: CITP)	—	無	I	電気泳動移動度
キャピラリー等電点電気泳動 (capillary isoelectric focusing: CIEF)	(電気浸透流)	両性電解質	I	等電点
キャピラリー電気クロマトグラフィー (capillary electrochromatography: CEC)	電気浸透流(+圧力)	充填剤, モノリス型固定相, 中空キャピラリー	N, I	試料−固定相間の相互作用

*( )内は相補的に利用される推進力. **I：電荷をもつ成分, N：電荷をもたない成分.

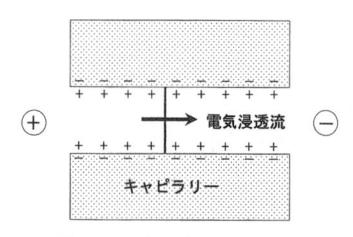

図8.3 電気浸透流の発生原理

図8.4 フローパターンの比較
栓流（電気浸透流） 層流（圧力送液）

接する緩衝溶液のpHが高いほど多くのシラノール基が解離する．このため，溶融シリカ管の内面は通常負に帯電している．その結果，図8.3に示すようにキャピラリー内面付近に電気二重層が形成される．キャピラリー内に満たされた溶液は電気的中性の原理から表面の負電荷を中和する量の過剰の正電荷をもたなければならない．この過剰の正電荷の一部は溶液内部へ拡散する．このような状況下でキャピラリーの両端に電圧が印加されると，溶液内部の過剰の正電荷が陰極に移動を始める．この際，周囲の水分子を伴って移動する．これを電気浸透流と呼んでいる．キャピラリーの内径が100 μm程度以下の場合，キャピラリー内の溶液全体が電気浸透流によって動くようになる．このような電気浸透流は，電気泳動による溶質の移動と同じく，栓流（plug flow）に近いフローパターンとなっており，圧力送液の際によく観察される層流（laminar flow）とはフローパターンが大きく異なっている（図8.4）．電場を利用したキャピラリー分離分析法の特徴は，このフローパターン（栓流）によって発現する．

電気浸透流の速度（v_{eo}）は次式で与えられる．

$$v_{eo} = -\frac{\varepsilon\zeta}{\eta}E \tag{8.2}$$

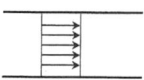

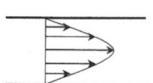

ここで，εおよびηは溶液の誘電率および粘性，ζはキャピラリー内表面のゼータ電位，Eは電場の強さを表している．ゼータ電位は変化しやすいので，再現性のよいデータを得るために，キャピラリー内表面の状態を一定に保つことが重要である．

キャピラリーゾーン電気泳動，動電クロマトグラフィーおよびキャピラリー電気クロマトグラフィーでは電気浸透流を積極的に利用しているのに対し，キャピラリーゲル電気泳動とキャピラリー等速電気泳動では電気浸透流の発生しない条件で分離を達成する．キャピラリー等電点電気泳動では電気浸透流を移動相の推進のために補助的に利用することもある．

8.1.3 キャピラリーゾーン電気泳動

キャピラリーゾーン電気泳動では，泳動管として内面未修飾の溶融シリカ管がよく使用される．この場合，電気浸透流は陽極から陰極の向きに発生する．通常の条件では，電気浸透流速度の方が電気泳動速度より大きい．この場合，電荷の有無，符号に関係なく溶質はすべて陰極方向へ移動する．模式的な泳動図を図8.5に示した．電荷をもたない成分はすべて電気浸透流と同じ速度で移動するため，電荷をもたない成分間の分離は達成できない．

キャピラリーゾーン電気泳動では，内面を修飾した

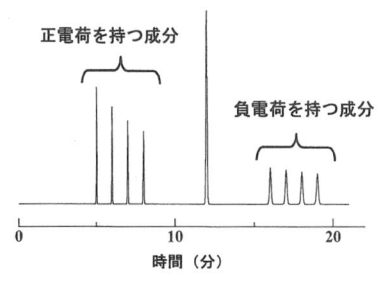

図8.5 ゾーン電気泳動における模式的なフェログラム

溶融シリカ，ポリフルオロカーボン，ポリエチレン，ポリ塩化ビニル，ポリプロピレンなどのキャピラリーも利用されている．これらを用いた場合には，未修飾の溶融シリカとはキャピラリー内表面の状態が異なるので，電気浸透流の大きさあるいは向きが異なる．

中空キャピラリーカラムを用いるクロマトグラフィーでは，移動相が層流条件で操作されることが多く，この場合，理論段高さ（H）は次式のようにゴーレー（Golay）式によって表される．

$$H = \frac{2D_m}{u} + \frac{(1+6k+11k^2)d_c^2}{96(1+k)^2 D_m}u + \frac{2kd_f^2}{3(1+k)^2 D_s}u \quad (8.3)$$

ここで，D_mおよびD_sは溶質の移動相および固定相中の拡散係数，uは移動相の線流速，kは保持係数（retention factor），d_cはカラム内径，およびd_fは固定相の厚みである．右辺の三つの項は，順に分子拡散，移動相中の物質移動抵抗，固定相中の物質移動抵抗に基づく寄与を表している．

キャピラリーゾーン電気泳動では，電気泳動および電気浸透流によって溶質が移動する際のフローパターンが栓流に近く，また固定相がないことから，式（8.3）の第2項および第3項による理論段高さへの寄与がないことになる．したがって，キャピラリーゾーン電気泳動では理論段高さは次式で表される．

$$H = \frac{2D_m}{u} \quad (8.4)$$

線流速（u）は次式のように電気泳動移動速度（v_{ep}）と電気浸透流速度（v_{eo}）で表すことができる．

$$u = v_{ep} + v_{eo} = (\mu_{ep} + \mu_{eo})E \quad (8.5)$$

ここで，μ_{ep}およびμ_{eo}は電気泳動移動度および電気浸透移動度である．また，理論段数（N）は，Hおよび泳動管の長さ（L）との間に次のような関係がある．

$$N = \frac{L}{H} \quad (8.6)$$

式（8.4）〜（8.6）より

$$N = \frac{(\mu_{ep}+\mu_{eo})EL}{2D_m} \quad (8.7)$$

積ELは印加電圧（V）に等しいので，最終的に式（8.8）が得られる．

$$N = \frac{(\mu_{ep}+\mu_{eo})V}{2D_m} \quad (8.8)$$

式（8.8）は，キャピラリーゾーン電気泳動では，印加電圧が高いほど，高い理論段数が得られることを示している．一般的に，高電圧をかけるとジュール熱が発生する．しかしながら，キャピラリーの特質から熱の発散が効率よく起こり，数十kV程度までの高電圧を印加することができる．また，式（8.8）は溶質の拡散係数が小さいほど高い理論段数が得られることを示しており，高分子量化合物ほど拡散係数が小さくなることから，キャピラリーゾーン電気泳動は高分子量化合物の分析にも威力を発揮することがわかる．さらに，キャピラリーゾーン電気泳動では理論段数が泳動管の長さに依存しないことがわかる．このことは，短い泳動管を用いることによって迅速分離が達成できることを意味している．

8.1.4 キャピラリーゲル電気泳動

キャピラリーゲル電気泳動（CGE）は，ゲルを充填したキャピラリーあるいは分子ふるい効果を有するポリマー溶液を満たしたキャピラリーに高電圧を印加し，核酸やタンパク質などの生体関連成分を高効率で分離するキャピラリー電気泳動である．

通常用いられるゲルはポリアクリルアミドであり，アクリルアミドを直鎖ポリマーの試薬とし，N,N'-メチレンビスアクリルアミドによって架橋することによって得られる．キャピラリーゲル電気泳動では，電気浸透流の発生を抑えた条件で操作する．ゲル中を溶質が移動する場合，溶質が大きいほどゲルから受ける抵抗が大きくなり，移動度が小さくなる．ゲルの細孔の大きさは，ゲル密度（$T,\%$）および架橋度（$C,\%$）によって制御することができる．TおよびCは下式によって定義される．

$$T = \frac{a+b}{c} \times 100 \quad (\%) \quad (8.9)$$

$$C = \frac{b}{a+b} \times 100 \quad (\%) \quad (8.10)$$

ここで，aおよびbは緩衝溶液に溶解したアクリルア

ミドおよび N,N'-メチレンビスアクリルアミドの重量 (g), また, c は加えた緩衝溶液の体積である. ゲル密度が大きいほど移動度が小さくなり, 移動度の対数とゲル密度の間に直線関係が成立することが知られている. ポリマー溶液を用いる場合には, 細孔は存在しないが, ポリマー同士の絡み合いによって分子ふるい効果が発現するとされる.

8.1.5 動電クロマトグラフィー

電気泳動では, 移動度の差に基づいて分離が達成されるので, 分析の対象はイオン性物質に限られる. ところが, 泳動液にイオン性のホスト分子あるいは分子集合体を添加し, 電荷をもたない試料成分との間に相互作用をもたせると, 相互作用の大小により試料成分の泳動時間に差が生じ, 分離できるようになる. このような分離法を動電クロマトグラフィー (EKC) と呼び, イオン性の添加剤を疑似固定相と呼んでいる. イオン性ミセルを疑似固定相とするとき, 特にミセル動電クロマトグラフィー (micellar electrokinetic chromatography：MEKC) と称される. このほか, 疑似固定相としてイオン性シクロデキストリン, 高分子界面活性剤, タンパク質, スターバーストデンドリマー, マイクロエマルションなどを用いることができる.

ミセル動電クロマトグラフィーでは, ドデシル硫酸ナトリウム (sodium dodecyl sulfate：SDS) がイオン性ミセルとしてよく利用されている. 図 8.6 に, SDS ミセルを疑似固定相としたときのミセル動電クロマトグラフィーの原理を模式的に示した. 泳動管として溶融シリカ管を用いると, 通常の条件下では電気浸透流は陰極側に向かって発生し, その速度は電気泳動より大きいのですべての成分が陰極側へ移動する. したがって, 試料成分は陽極側から注入され, 陰極側で検出される. SDS は陰イオン界面活性剤であり, ミセルは負電荷を有するので, 電気泳動によって陽極側へ移動する. ミセルに試料成分が分配すると, その間試料成分はミセルと同じ速度で移動する. したがって, 電荷をもたない試料成分のうち, ミセルにまったく分配しない成分は電気浸透流の速度で検出器に到達するのに対し, ミセルに完全に分配した成分はミセルの移動速度 (＝電気浸透流の速度－ミセルの電気泳動速度) で移動する.

ミセル動電クロマトグラフィーにおける電荷をもたない成分の分離の様子をクロマトグラムで表現すると図 8.7 のようになる. 図は, 水のようにミセルにまったく分配しない成分が t_0 の時間に検出器に到達し, ミセルに完全に分配する成分が t_{mc} の時間に検出されることを表している. 試料成分は分配の程度によって t_0 から t_{mc} の間で分離検出される.

ミセル動電クロマトグラフィーでは, クロマトグラフィーでよく使われる保持係数 (k) と保持時間との関係を表すと下式のようになる.

$$k = \frac{t_R - t_0}{t_0(1 - t_R/t_{mc})} \qquad (8.11)$$

式 (8.11) からわかるように, $t_R = t_{mc}$ の成分の k は ∞ となる. また, ミセルがキャピラリー内で停止している場合 ($t_{mc} = \infty$), 式 (8.11) は, 液体クロマトグラフィーにおける関係式と一致する. なお, 溶液が酸性の場合には, 電気浸透流速度は SDS ミセルの電気泳動速度より小さくなり, ミセルは陽極方向へ移動する.

8.1.6 キャピラリー等速電気泳動

2 種の泳動液が界面で接しており, 2 液の陽イオン

図 8.6 ミセル動電クロマトグラフィーの原理

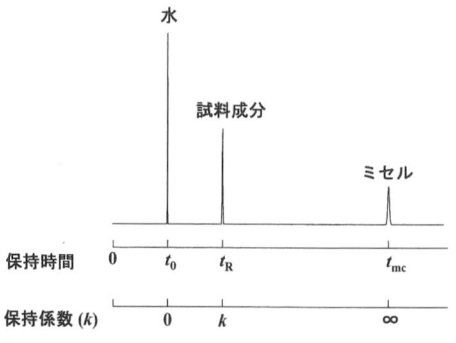

図 8.7 ミセル動電クロマトグラフィーにおける模式的なクロマトグラム

が共通で，陰イオンがそれぞれL^-とT^-の場合を考える．ここで，L^-の方がT^-より電気泳動移動度が大きい（$\mu_{L^-} > \mu_{T^-}$）とし，L^-を含む泳動液を陽極側に，T^-を含む泳動液を陰極側に配置して電場をかけると，L^-はある移動速度で陽極方向へ移動を始める．このときクーロン力はきわめて強く負イオンのない状態は存在できないので，T^-は強制的にL^-と同じ速度で移動させられる．これが等速電気泳動と呼ばれる分離系である．L^-としてできるだけ移動度の大きなイオンを，またT^-としてできるだけ移動度の小さなイオンを選択し両者の間の移動度をもつ試料イオンを2液の界面に導入すると，試料イオンは移動度の順に配列し，各ゾーンを流れる電流値が等しくなるよう試料イオンの濃度が変化したのち，等速状態で陽極側方向に移動する．L^-を先行イオン，T^-を終末イオンと呼ぶ．等速電気泳動の系では，試料イオンはすべて先行イオンと同程度の濃度になる．この現象を利用して試料イオンを先行イオンの濃度と同程度まで濃縮することができる．

8.1.7 キャピラリー等電点電気泳動

等電点の異なる両性電解質の混合物と，試料としてのタンパク質との混合溶液をキャピラリーに満たし，リン酸水溶液のような酸を陰極溶液に用いて，キャピラリー両端に電圧を印加する．このとき，両性電解質全体の平均のpHよりも低いpIをもつ両性電解質は，負に帯電しているので陽極側へ向かって移動し，陽極側のpHを低下させる．逆に，両性電解質全体の平均のpHよりも高いpIをもつ両性電解質は，正に帯電しているので陰極側へ向かって移動し，陰極側のpHを上昇させる．こうして，キャピラリー内部になだらかなpH勾配が形成され，試料成分であるタンパク質はそれぞれの等電点に相当する位置まで移動して収束する．収束したタンパク質のゾーンは，化学的方法，加圧・吸引による方法あるいは電気浸透流を利用して検出セルの位置まで移動させる．

8.1.8 キャピラリー電気クロマトグラフィー

キャピラリー電気クロマトグラフィーは，高電場下で操作する液体クロマトグラフィーである．キャピラリー電気クロマトグラフィーでは，中空キャピラリーカラムおよび充填キャピラリーカラムが用いられる．電気浸透流を移動相の推進力としており，充填剤が存在してもフローパターンが栓流に近いため，液体クロマトグラフィーより高分離能が達成される．電気浸透流は充填剤表面およびキャピラリー内壁近傍で発生し，その大きさは充填剤の種類によって異なる．

中空キャピラリーカラムを用いた場合，式（8.3）のゴーレー式の第2項が$k^2 d_c^2 u / 16(1+k)^2 D_m$と液体クロマトグラフィーの場合と比べて小さくなるため，理論段高さの線流速依存性が小さくなる．

一方，充填カラムの場合は，多流路拡散に基づく寄与が小さくなり，高理論段数が達成できる．また，電気浸透流で移動相を推進しているので微粒子充填剤を用いても圧力損失が生じないため，$1\mu m$程度の充填剤を使用することができ，高い理論段数が達成できる．

キャピラリー電気クロマトグラフィーでは電荷をもたない成分については，液体クロマトグラフィーと同様，固定相との相互作用によって分離選択性が発現するのに対し，電荷をもつ成分については，このほかに電気泳動による分離選択性が加わる．

キャピラリー電気クロマトグラフィーでは，気泡の発生が問題であり，ジュール熱の発生が大きい場合や透過性のよくないフリット部において気泡が発生する．フリットを必要としないモノリスタイプ（ロッドカラムなど）のカラムが開発されている．

8.2 装　　　置

8.2.1 装置の構成

分離モードによって装置の構成は多少異なるが，高電圧直流電源，キャピラリーおよび検出器が主要な構成要素である．図8.8に装置のブロックダイヤグラムを示す．電源は出力電圧が$20\sim30\,kV$，電流$1\,mA$程度以下の高電圧直流電源を用いる．キャピラリーは，内径$5\sim100\,\mu m$，長さ$20\sim80\,cm$程度の溶融シリカ管を用いることが多い．ただし，キャピラリー等速電気泳動では，内径が$0.25\sim0.5\,mm$程度のテフロン管などのプラスチック製のキャピラリーを用いる．試料成分は，泳動方向の下流側で検出する．電気浸透流が陰極側へ向かうときは陰極側に検出器をセットする．紫外可視吸光検出器や蛍光検出器などの光学的検出器の場合，キャピラリーの一部を直接検出する．このほか，キャピラリーの出口で検出したり，噴霧して質量

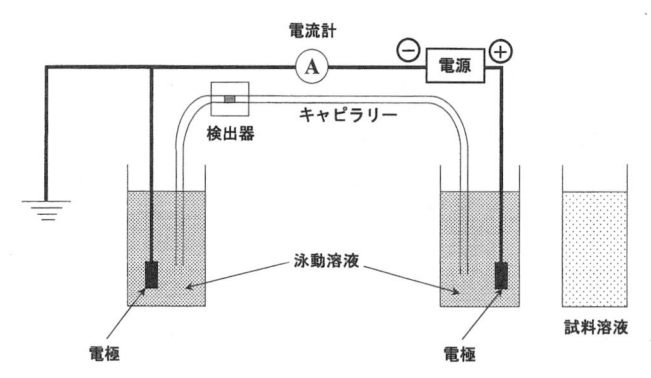

図8.8 電場を利用したキャピラリー分離法の装置の構成

分析計などで検出することもある.

8.2.2 試料の導入法と濃縮法
a. 試料導入法

キャピラリーに極微少量の試料を再現性よく導入するのは大変困難であるが,これまで試料導入法として加圧法,減圧法,電気的導入法,落差法などが利用されている.加圧法は,キャピラリー入口側を試料溶液に浸して試料溶液を加圧することによって導入する.これに対し,減圧法は,出口側を減圧することによって入口側から試料溶液を吸引導入する.電気的導入法は,キャピラリーの入口側を試料溶液に付け,この溶液に電極を挿入して高電圧を印加することによって電気浸透流および電気泳動により試料成分を導入するものである.この場合,導入される成分と実際の試料溶液成分と量的関係が異なることがあるので注意を要する.落差法は,サイホンの原理を利用するもので,入口側を試料溶液に浸した状態で落差を付けて導入する.これらの試料導入法は,分離モードによって適合しないものもあるので,適正な方法を選択しなければならない.

b. 試料濃縮法

電場を利用したキャピラリー分離分析法は,通常の液体クロマトグラフィーの場合と比較して濃度感度が低いので改善を図ることが肝要である.今速電気泳動,スタッキング,スウィーピングなどの方法により,キャピラリー中での濃縮が可能となっている.

8.2.3 検 出 器

キャピラリー電気泳動やキャピラリー電気クロマトグラフィーで利用されている検出器を表8.2に示す.

表8.2 電場を利用したキャピラリー分離分析法における検出法

検出器	検出位置*
紫外線・可視吸光検出器	オンキャピラリー
フォトダイオードアレイ紫外・可視吸光検出器	オンキャピラリー
レーザー励起蛍光検出器	オンキャピラリー
質量分析計	ポストキャピラリー
蛍光検出器	オンキャピラリー
電気化学検出器	エンドキャピラリー
電気伝導度検出器	エンドキャピラリー・オンキャピラリー
化学発光検出器	ポストキャピラリー

* オンキャピラリー:キャピラリーの一部を検出,エンドキャピラリー:キャピラリー出口において検出,ポストキャピラリー:キャピラリーから溶出後に別の場所において検出.

いずれの場合にも,高い分離能で分離された成分を検出部や連結部で拡散させないよう注意が必要である.そのために,キャピラリーの一部を直接検出する方法(オンキャピラリー検出)が多く採用されている.しかしながら,吸光検出器などの場合には光路長が短くなり,感度の低下を招く.キャピラリーを膨らませて検出部の光路長を大きくするなどの工夫もなされている(バブルセル).電気的検出法は,キャピラリーにかかった電場の影響を取り除くための工夫が必要であり,キャピラリーの出口で検出(エンドキャピラリー検出)することが多い.一方,化学発光検出器は,ポストカラムでの誘導体化反応を伴い,分離キャピラリー外部のフローセルで検出する方法(ポストカラム検出)をとっている.エレクトロスプレー(ESI)イオン化質量分析計との直結は,窒素ガスやシースフローなどの補助によって達成される.

8.3 データの解析

8.3.1 定性分析

キャピラリー等速電気泳動以外の分離モードでは、移動(または溶出)時間が定性情報を与えるが、電気浸透流を泳動液(または移動相)の推進力として積極的に利用しているキャピラリーゾーン電気泳動、動電クロマトグラフィーおよびキャピラリー電気クロマトグラフィーでは、ゼータ電位の変動によって移動時間の変動が起こりやすい。このような場合、試料にマーカー成分を添加し、マーカーに対する相対移動時間をとることによって再現性を高めることができる場合がある。また、標品をスパイクしピークの強度が増加することを確認することによって定性することも多い。

一方、キャピラリー等速電気泳動では、各イオンのゾーンが一定の電位勾配を与えるので、電位勾配から試料イオンを同定することができる。下式のように、先行イオン(L^-)の電位勾配を基準として、イオン i の電位勾配の終末イオン(T^-)の電位勾配に対する比率(PU_i)を比べることによってキャピラリーのサイズや電流値などによる変動を抑えることができる。

$$PU_i = \frac{PG_i - PG_{L^-}}{PG_{T^-} - PG_{L^-}} \quad (8.12)$$

ここで、PG は電位勾配を表している。

検出器として、フォトダイオードアレイ紫外可視吸光検出器や質量分析計を用いれば、それらのスペクトルから定性することができる。

8.3.2 定量分析

キャピラリー等速電気泳動以外の分離モードでは、ピーク高またはピーク面積から定量することができる。電場を利用したキャピラリー分析法では、再現性を高めるために移動度を一定に保つことが肝要である。試料導入体積が小さいことから、試料導入量の変動を低減化させるために内部標準法を採用するとよい。

一方、キャピラリー等速電気泳動では、定常状態におけるゾーン内の試料成分の濃度が常に一定に保たれるので、ゾーン幅から定量することができる。

8.4 応用例

図8.9に、キャピラリーゾーン電気泳動による糖の誘導体の分離を示す。糖は、通常の条件では電荷をもたないうえ、紫外領域の吸収も弱いので、紫外吸光検出器で感度よく検出するためには誘導体化が必要であ

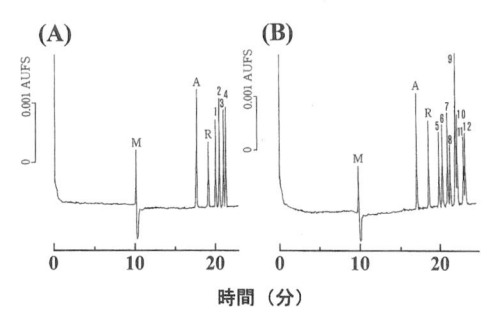

図8.9 キャピラリーゾーン電気泳動によるPMPで誘導体化したアルドペントース(A)およびアルドヘキソース(B)の分離
キャピラリー:溶融シリカ、50 μm×78 cm、有効長63 cm. 泳動液:200 mMホウ酸緩衝溶液(pH9.5). 印加電圧:15 kV. 検出:紫外吸光(245 nm). 試料:M=メタノール、A=アモバルビタール、R=試薬(PMP)、1=キシロース、2=アラビノース、3=リボース、4=リキソース、5=グルコース、6=アロース、7=アルトロース、8=マンノース、9=イドース、10=グロース、11=タロース、12=ガラクトース (S. Honda, S. Suzuki, A. Nose, K. Yamamoto: *Carbohydr. Res.*, **215**, 196, 1991).

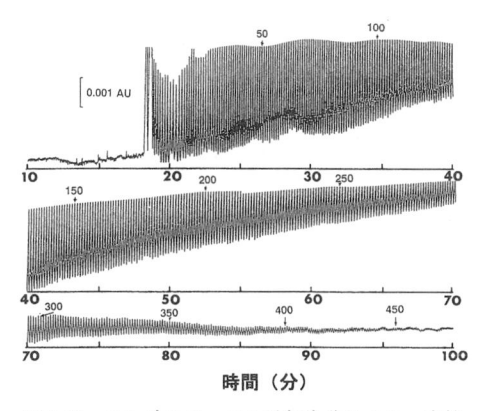

図8.10 キャピラリーゲル電気泳動による一本鎖DNA断片の分離
キャピラリー:ポリアクリルアミドゲル(5% T, 1.5% C)、100 μm×50 cm、有効長30 cm. キャピラリー温度:30℃. 泳動液:100 mMトリス-ホウ酸緩衝溶液+7M 尿素(pH 8.6). 印加電圧:10 kV. 検出:紫外吸光(260 nm). 試料:ポリアデニル酸(数字は塩基数)(Y. Baba, T. Matsuura, K. Wakamoto, Y. Morita, Y. Mishitsu, M. Tsuhako,: *Anal. Chem.*, **64**, 1224, 1992).

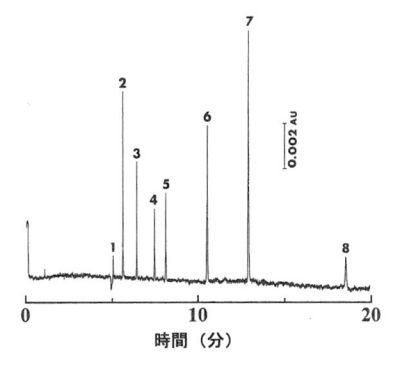

図8.11 動電クロマトグラフィーによる芳香族化合物の分離
キャピラリー：溶融シリカ，50 μm × 65 cm，有効長50 cm．キャピラリー温度：35℃．泳動液：50 mM SDSを含む100 mM ホウ酸-50 mMリン酸緩衝溶液（pH 7.0）．印加電圧：約15 kV．検出：紫外吸光（210 nm）．試料：1 = メタノール，2 = レゾルシノール，3 = フェノール，4 = p-ニトロアニリン，5 = ニトロベンゼン，6 = トルエン，7 = 2-ナフトール，8 = スーダンⅢ (S. Terabe, K. Otsuka, T. Ando : *Anal. Chem.*, **57**, 835, 1985).

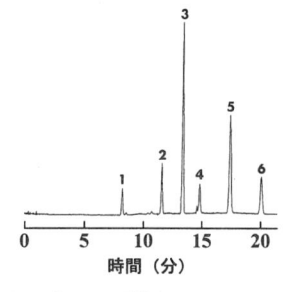

図8.12 キャピラリー電気クロマトグラフィーによる芳香族炭化水素の分離
キャピラリー：ODS（3 μm），50 μm × 30 cm．泳動液：アセトニトリル-4 mM ホウ酸緩衝溶液（pH 8.0）= 80：20．印加電圧：20 kV．検出：紫外吸光（254 nm）．試料：1 = ベンゼン，2 = ナフタレン，3 = ビフェニル，4 = フルオレン，5 = アントラセン，6 = フルオランテン (T. Tsuda (ed.) : Electric Field Applications in Chromatography, Industry and Chemical Processes, p. 71, VCH, 1995).

対象となる．

図8.12は，キャピラリー電気クロマトグラフィーによる芳香族炭化水素の分離例を示している．ここでは，3 μmのODSを充填した長さ30 cmのカラムによって5万段以上の大きな理論段数が達成されている．同一カラムを液体クロマトグラフィーのモードで用いた場合には，このような高い理論段数の達成は容易ではない（7.3節参照）．

8.5 電場を利用したキャピラリー分離分析法の展望

最近のマイクロマシーニング技術の発展により，キャピラリー分離分析法で必要とされるマイクロチャネルをガラスやプラスチックス上に形成できるようになった．光リソグラフィー/化学エッチング法やシンクロトロン放射光を利用すると，数 μm～100 μmのオーダーでチャネルの幅や厚みを制御することができ，そのチャネルを利用して，キャピラリー電気泳動が実現できるようになった．また，マイクロチャネルを複数並べることにより同時に多数の試料を高速に分析することも可能となった．

最近では，チップ上で前処理，化学反応，分離，検出などの化学分析操作を行うことが実現されつつあり，μTAS (miniaturized total analysis system) あるいは Lab-on-a-chip という化学分析の集積化の考え方が登場し，実用化に向けて研究が急速に進展している．

る．図8.9は，1-フェニル-3-メチル-5-ピラゾロン（PMP）で誘導体化したアルドペントースおよびアルドヘキソースの分離検出例を示している．泳動液にホウ酸緩衝溶液を用いると糖とホウ酸との間に陰イオン性の錯体が形成され，電気泳動度の差異に基づいて分離が達成されている．

図8.10は，キャピラリーゲル電気泳動による一本鎖DNA断片の分離を示している．ここで用いたキャピラリーには，ポリアクリルアミドゲル（5% T, 1.5% C）が充填されており，有効長30 cmのキャピラリーで5×10^6段程度の理論段数が達成されている．この例では，塩基数が10程度から470までのオリゴヌクレオチドが，1塩基のみの違いで完全に分離されていることがわかる．

図8.11に，SDSミセルを含む泳動液を用いた動電クロマトグラフィーによる芳香族化合物の分離を示す．用いたキャピラリーは，溶融シリカ管（50 μm × 65 cm，有効長50 cm）である．印加電圧は約15 kVで，ミセル動電クロマトグラフィーの高分離能が達成されていることがわかる．ここで，試料番号1および8のメタノールとスーダンⅢは，ミセルにほとんど分配しない成分および完全に分配する成分として添加されており，電荷をもたない成分はこの二つの成分の間で分離される．動電クロマトグラフィーでは，疑似固定相を適宜選択することによって，広範囲の溶質が分析の

参 考 文 献

1) 本田　進, 寺部　茂編：キャピラリー電気泳動―基礎と実際, 講談社, 1995.
2) T. Tsuda ed.：Electric Field Applications in Chromatography, Industry and Chemical Processes, VCH, 1995.
3) 梅澤喜夫, 澤田嗣郎, 中村　洋監修：最新の分離・精製・検出法―原理から応用まで―, pp.55-84, 695-706, 816-877, エヌ・ティー・エス, 1997.
4) 大塚浩二, J. P. Quilino, 寺部　茂：ミセル動電クロマトグラフィーの高感度化と高機能化, 分析化学, **49**, 1043-1061, 1999.

9

X 線 分 析 法

　1895年の，レントゲンによるX線の発見から1世紀余りを経ようとしている．レントゲンによるX線の発見は，X線が物質を透過する性質によるものであり，はからずもX線透過法の先駆けとなった．いわゆるX線分析は，Barklaによる特性X線の発見とvon Laueによる回折現象の発見をはじまりとすれば約95年の歴史をもっているといえ，機器分析法としては最も古く，かつ広く使われているものの一つである．

　特性X線の発見はMoselyによる波長と原子番号の関係の発見を経て蛍光X線分析法に進化した．X線による発光現象や蛍光現象を利用した元素分析（蛍光X線分析）はリチウムからウランまでの元素を対象にしており，主成分からサブppmあるいはpgオーダーの極微量まで定量する能力をもっている．また，回折現象の発見はすぐさま，von LaueやBragg親子の結晶構造解析に結びつき，現在では原子レベルから分子量数万の物質まで解析されており他の構造解析法の追随を許さない．一方，X線の物質による吸収の割合が元素とX線の波長に依存することからいわゆる吸収分析法も用いられているが，この方法はX線の吸収端近傍のスペクトルの構造と化学状態の関連が明らかにされるにつれて，X線吸収分析法として近年，著しい進歩をみた．

　X線分析法の最近の特徴は，発光X線スペクトルと吸収スペクトルから化学状態（酸化数，イオンの電荷数，配位数，近接元素情報など）を知る方法，すなわち状態分析法が著しく進歩したことである．発光X線のケミカルシフトから状態分析する方法は，すでにエレクトロンマイクロプローブ法などではルーチン化されている．ふつうX線分析法は非破壊分析であるといわれているが，X線の照射によって物質が変化することはよく知られている．しかしながら，少なくとも蛍光X線法で元素分析したり，X線回折法で結晶相の同定や構造解析するくらいでは試料の変化はごくわずかなので非破壊分析法といってもよいであろう．現在実用化されているX線分析法の主なものを一覧する．

（1）X線発光法：　蛍光X線分析法（X線で励起，元素分析），エレクトロンマイクロプローブ法（電子で励起，元素分析），粒子励起X線分光法（イオン線で励起，元素分析）．

（2）X線回折法：　単結晶によるX線回折法（結晶構造解析），粉末・多結晶体によるX線回折法（結晶相分析）．

（3）X線吸収法：　X線吸収法（元素分析），X線吸収微細構造解析法（化学状態分析）．

　この章では上記のX線分析法のうち，化学分析法として最も広く用いられている蛍光X線分析法とX線回折法について説明することにする．

9.1　X線の発生

　X線は$10^{-12} \sim 10^{-8}$ m（$0.01 \sim 100$ Å）の波長をもつ光であり，そのエネルギーはだいたい$1000 \sim 0.1$ keVに相当する．一つのX線光量子がもっているエネルギー（E）とその光の波長（λ）は次のような簡単な関係で表されている．この式は「1Åの波長のX線を発生させるためには12.4 kVの電圧が必要である」ということを示している．

$$E \text{ (keV)} = \frac{12.4}{\lambda(\text{Å})} \qquad (9.1)$$

X線の波長は原子や分子の大きさとほぼ同じであり，そのエネルギーは原子の内殻電子の結合エネルギーと同じくらいである．このことはX線と物質の相関を考えるうえできわめて重要である．

　X線はその取扱いによって，約20Åより長い波長のX線を超軟X線，約3～20Åのものを軟X線，3Åより短い波長のものを単にX線と呼んでいる．空気に

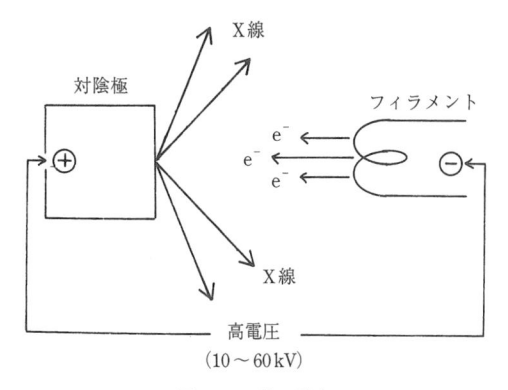

図9.1 X線の発生

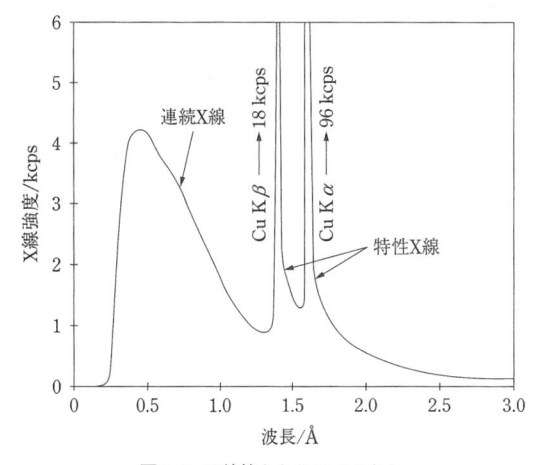

図9.2 X線管からのスペクトル

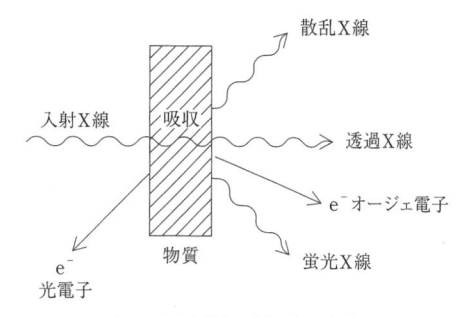

図9.3 X線と物質のかかわり

生する．このことは次節の蛍光X線の発生で詳しく説明する．

9.2 X線と物質のかかわり

9.2.1 X線の吸収

X線が物質に当たると，図9.3に示すような現象が起こる．X線が物質に当たるとまず吸収現象が起こる．吸収は光電子の放出と電子によるX線の散乱に基づいている．物質が薄い場合には一部は透過X線として通り抜けてしまう．X線の吸収は通常の光の吸収の場合と同様にランベルト－ベールの法則が成立している．

$$\ln \frac{I_0}{I} = \mu_{i\lambda} \rho t \tag{9.2}$$

ここで，I_0は入射X線の強度，Iはi元素からなる物質を透過したX線の強度，$\mu_{i\lambda}$は質量吸収係数で，物質1gあたりの吸収断面積（$cm^2 \cdot g^{-1}$）である．ρは物質の密度（$g \cdot cm^{-3}$），tは厚さ（cm）である．A_aB_bという化学式で表される物質の質量吸収係数は次式で計算することができる．

$$\mu_\lambda = \frac{am_A\mu_{A\lambda} + bm_B\mu_{B\lambda}}{am_A + bm_B} \tag{9.3}$$

ここで，m_Aとm_Bは元素AとBの原子量，$\mu_{A\lambda}$と$\mu_{B\lambda}$は波長λのX線に対する元素AとBの質量吸収係数である．

X線の波長に対して質量吸収係数を両対数プロットすると（図9.4），同一元素については波長が短くなるにつれて質量吸収係数が直線的に小さくなる．しかし，ところどころに鋸歯状の不連続が現れる．これはこの部分の吸収が各軌道電子の励起に消費されることによるものである．この部分は各殻に対応する吸収端と呼ばれている．たとえば，K殻の励起によって生じた吸

よる吸収を防ぐために，ふつう軟X線は真空中やヘリウム気流中で，超軟X線は真空中で取り扱う．

X線は高エネルギーの電子ビームやイオンビームを金属に当てることによって発生させることができる（図9.1）．通常，X線の発生に用いられているのは実験室レベルでは封入管と呼ばれているX線管と回転対陰極型X線発生装置である．X線管から発生するX線のスペクトルを図9.2に示す．X線管からのスペクトルはなだらかで連続した波長をもつ連続X線とX線管球の対陰極元素に固有な波長をもつ特性X線が重なり合ったものである．陰極で発生した電子は両極の間に加えられた電圧（10～60 kV）によって加速され対陰極と呼ばれる金属製の陽極に衝突する．この電気エネルギーの大部分は熱になってしまうが一部はX線として放出される．連続X線は電子が対陰極物質の原子の電子雲によって減速されたときに発生するもので，制動X線とも呼ばれる．一方，特性X線は固有X線とも呼ばれ，対陰極元素に固有の波長をもち，加速電圧が対陰極元素がもつ電子の束縛エネルギーを越えると発

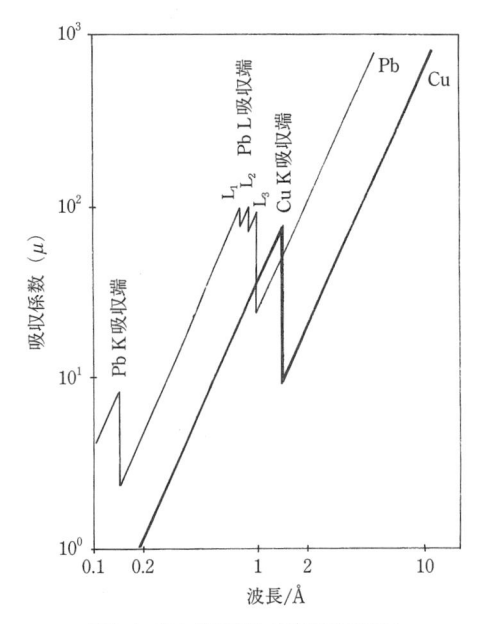

図9.4 銅と鉛の波長-吸収係数の関係

収端はK吸収端と呼ばれる．

9.2.2 X線の散乱と特性X線の発生

吸収の一部はX線が電子雲によって散乱されることによるが，散乱は弾性的（波長を変えない．トムソン散乱と呼ぶ）なものと電子に衝突してエネルギーを減ずる非弾性的（波長が長くなる，コンプトン散乱と呼ぶ）なものの二つがあり，前者は物質が結晶性の場合，干渉を起こし回折X線を生ずるので干渉性散乱とも呼ばれる．

吸収過程のもう一つは図9.5に示す光電効果である．たとえば，ある原子のK殻がもつエネルギーより大きいエネルギーのX線を吸収すると，K電子は核の束縛に打ち勝って原子外に飛び出す．この電子は光電子と呼ばれる．K殻にできた空孔に対して，ただちにL殻，M殻の電子の遷移が起こり，K殻とL殻のエネルギー差，に相当する特性X線（K_αX線，KL II III X線とも呼ぶ．この特性X線はX線を照射した場合だけ蛍光X線と呼ばれる）およびK殻とM殻のエネルギー差に相当する蛍光X線（K_βX線，KM II III X線）を放出する．このエネルギー差が他の電子，たとえばL電子に与えられるとL電子はKLLオージェ電子となって原子外に飛び出す．蛍光X線の発生過程はオージェ電子の発生過程と競合的である．光電子の放出までの過程は励起過程と呼ばれ，蛍光X線やオージェ電子の放出の過程は緩和過程と呼ばれる．この励起・緩和

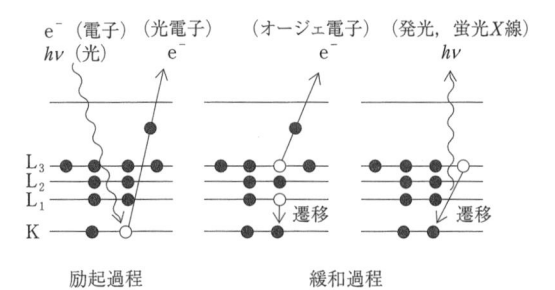

図9.5 光電効果と蛍光X線の発生

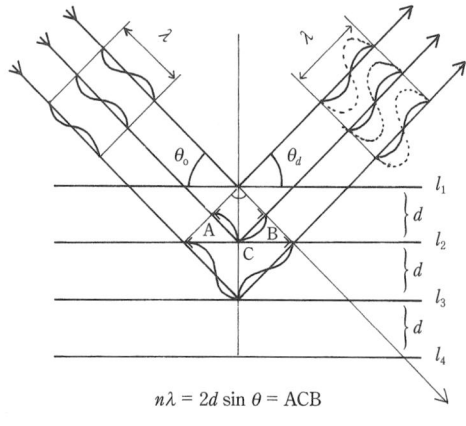

$$n\lambda = 2d \sin\theta = ACB$$

図9.6 結晶面によるX線の回折

過程で発生する光電子は光電子分光法として，オージェ電子はオージェ電子分光法として元素分析や化学状態分析に用いられている．一方，発生した蛍光X線を分光する蛍光X線分析法は代表的な元素分析法として広く用いられている．

9.2.3 結晶によるX線の回折

X線が結晶性の物質に当たると発生する，弾性散乱は互いに干渉しあって強めあい，特定の角度に回折X線と呼ばれる強い反射を示す．図9.6はこの様子を示したもので，結晶のある格子面（間隔d(Å)）に波長λ_0(Å)のX線がθ_0の角度で入射すると，X線は格子面l_1上に規則的に配列した原子の電子によって弾性散乱する．X線はさらに下にあるl_2面，l_3面でも弾性散乱を引き起こす．このときl_1面でθ_d方向に散乱したX線とl_2面でθ_d方向に散乱したX線の行路差$2D$（$2d\sin\theta$）が波長の整数倍（$n\lambda_0$）のとき，各格子面からθ_d方向（ブラッグ角）に散乱したX線の振動の位相が一致し，互いに強めあった回折X線λ_dが現れる．この関係はブラッグ条件と呼ばれる次式で簡単に表せる．

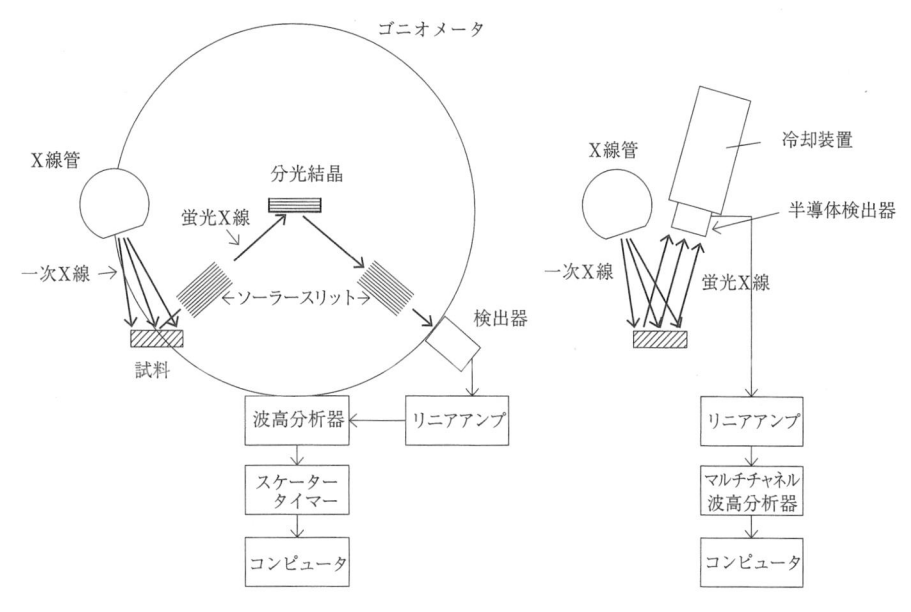

a. 波長分散型蛍光X線装置   b. エネルギー分散型蛍光X線分析装置

図9.7 蛍光X線分析装置

$$n\lambda = 2d\sin\theta \quad (9.4)$$

ここで，nは回折の次数，λはX線の波長で，弾性散乱しているので$\lambda_0 = \lambda_d$である．dは格子面間隔（Å），θは回折が起こる角度で$\theta_0 = \theta_d$であり，回折角と呼ばれる．式（9.4）はX線の分光や回折の基礎となる重要な関係である．蛍光X線分析法では，試料から発生した蛍光X線の波長（λ）を知るために適当な格子面間隔（d）をもつ分光結晶を用いて回折角（θ）を測定し，波長（λ）を求めている．一方，X線回折法では単色のX線（波長がわかった）を未知の結晶に当て回折角（θ）を測定し，格子面間隔（d）を求めている．

9.3 蛍光X線分析法

物質にX線を照射すると，物質を構成する元素に固有な波長の蛍光X線を発生することはすでに前節で述べた．この蛍光X線をブラック条件を用いて分光するか，半導体検出器を用いて検出後，波高分析器で電気的に分光し，蛍光X線スペクトルの波長（エネルギー）を求めて元素分析しようとするのが蛍光X線分析法である．また，蛍光X線の強度から元素の濃度を求めることも可能である．前者を波長分散型蛍光X線分析法といい，後者をエネルギー分散型蛍光X線分析法という．

9.3.1 蛍光X線分析装置

図9.7a,bは平板の分光結晶を用いた波長分散型蛍光X線分析装置（WDS）とエネルギー分散型蛍光X線分析装置（EDS）の概念図である．WDSでは試料と分光結晶・検出器はブラッグ条件を満足する光学系を構成している．X線源は主としてX線管が用いられている．対陰極金属はスカンジウム，クロム，モリブデン，ロジウム，タングステンなどで，このうちスカンジウム，クロム，モリブデン，ロジウムは連続X線と特性X線の両方が励起源として，タングステンは連続X線のみが励起源として用いられている．

試料から発生するX線は分光結晶で分光され，スリットを通ってシンチレーション検出器やガスフロー型比例計数管で検出される．分析対象元素と分光結晶，検出器の組合せを表9.1に示す．検出器から出たシグナルは増幅され，波高分析器でノイズや不必要なシグナルを取り除いてからデータ処理・分析用のコンピュータに送られる．

一方，エネルギー分散型の装置はX線の検出効率を上げるようにX線源と試料，半導体検出器をできるだ

表9.1　分光結晶と検出器の組合せ

分光結晶	化学式と反射面	2d (Å)	測定元素の範囲	検出器
フッ化リチウム	LiF (200)	4.0273	Ti～U	SC*
ペンタエリトリトール(PET)	C(CH$_2$OH)$_4$(002)	8.76	Al～Ti	F-PC**
ゲルマニウム	Ge(111)	6.5327	P～Ca	F-PC
フタル酸タリウム(TAP)	TlHC$_8$H$_4$O$_4$(001)	25.763	O～Mg	F-PC
人工累積膜	自由に選択できる		Li～	F-PC

*シンチレーションカウンター
**ガスフロープロポーショナルカウンター

け近くに配置している．検出器から出たシグナルは増幅後，マルチチャネル波高分析器によってエネルギー別に分光されデータ処理・分析用のコンピュータに送られる．

9.3.2　試料の調製

金属やセラミックス，プラスチックスなどのように比較的均質な組成と十分な厚さ（5 mm以上）をもつ固体試料は表面を平坦かつ清浄にして測定に供することができる．

粉体や不均質な固体試料は十分に均一になるまで粉砕してから加圧成型して測定に供する．粉末ブリケットの大きさは試料の量と試料ホルダーのマスクの内径に合わせて調節するとよい．固体や粉体用の試料ホルダーのマスクの内径は3～40 mmのものが用意され

ている．さらに均一化を図り，吸収効果や励起効果などを低減するために無水ホウ酸リチウム中に試料粉末（10～30 mass％）を混合し，加熱融解してガラスディスク化する方法もよく用いられており，専用の装置も市販されている．

液体試料は専用の液体試料容器に入れて測定に供するが，測定中に気泡の発生や沈殿の生成などの化学反応が起こらないように注意する．液体試料を直接測定することが困難な場合は，濾紙上に液体試料を滴下乾燥する濾紙点滴法[1]や微量金属をDDTCなどで沈殿にしてから濾紙上に捕集する沈殿法[2]，イオン交換樹脂やイオン交換濾紙でイオンを捕集する方法[3]などで，平坦な試料を作成し測定に供する．

定性分析，定量分析ともに上述の方法で試料を作成するが，定性分析の場合は十分な強度が得られるならば試料の均一性や平坦さを厳密にする必要はない．

9.3.3　蛍光X線スペクトルの解析

WDSとEDSで得られたスペクトルを図9.8a, bに示す．また，いくつかの元素の蛍光X線の波長とエネルギーを表9.2に示す．表9.2から明らかなように各元素のスペクトルの数は各元素がもつ電子状態の数に依存しているのできわめて少ないといえ，スペクトルは単純である．現在市販されている装置は自動定性分析の機能をもっているが，スペクトルの同定は次のよう

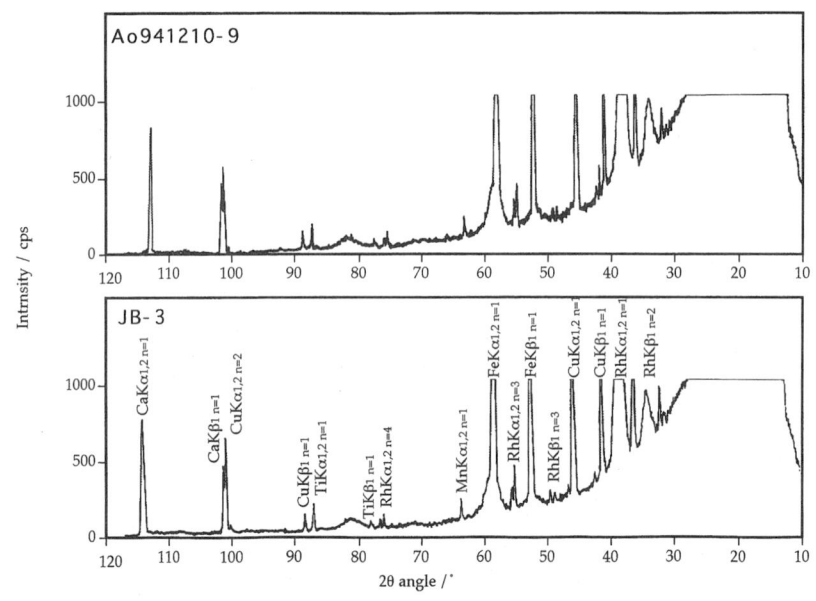

図9.8a　岩石標準試料JB-3と富士火山青木ケ原溶岩（Ao 941210-9）の蛍光X線スペクトル

表9.2 いくつかの元素の特性X線スペクトルの波長とエネルギー

原子番号	元素記号	Kα₁ λ(Å)	Kα₁ E(keV)	Kβ₁ λ(Å)	Kβ₁ E(keV)	Lα₁ λ(Å)	Lα₁ E(keV)	Lβ₁ λ(Å)	Lβ₁ E(keV)
11	Na	11.91	1.041	11.62	1.067				
12	Mg	9.889	1.254	9.558	1.297				
13	Al	8.337	1.487	7.981	1.553				
14	Si	7.125	1.740	6.768	1.832				
15	P	6.155	2.015	5.804	2.136				
16	S	5.372	2.308	5.032	2.464				
17	Cl	4.728	2.622	4.403	2.815				
18	Ar	4.192	2.957						
19	K	3.741	3.313	3.454	3.589				
20	Ca	3.358	3.691	3.090	4.012		0.341		0.344
21	Sc	3.031	4.090	2.780	4.496		0.395		0.399
22	Ti	2.748	4.510	2.514	4.931		0.452		0.458
23	V	2.503	4.952	2.284	5.427		0.510		0.519
24	Cr	2.290	5.414	2.082	5.946	21.71	0.571	21.32	0.581
25	Mn	2.102	5.898	1.910	6.490	19.49	0.656	19.16	0.647
26	Fe	1.936	6.403	1.757	7.057	17.60	0.704	17.29	0.717
27	Co	1.789	6.930	1.621	7.649	16.00	0.775	15.70	0.790
28	Ni	1.658	7.477	1.500	8.264	16.69	0.849	14.31	0.866
29	Cu	1.541	8.047	1.392	8.904	13.36	0.928	13.08	0.948
30	Zn	1.435	8.638	1.295	9.571	12.28	1.009	12.01	1.032

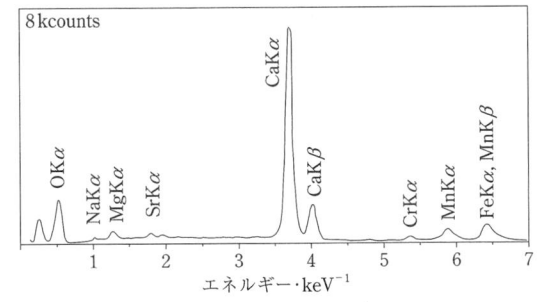

図9.8b 炭酸カルシウムスケールのエネルギ分散蛍光X線スペクトル

な手順で行われる.

(1) X線管の対陰極物質の特性X線を探し出しておく.

(2) 最強ピークの横軸を読みとりスペクトル表[4〜6]を用いて, 同定する. Kαスペクトルが同定されたら, Kβスペクトルが必ず存在しているはずである. Kβがみつからない場合は最強線をKαと同定したのは誤りである.

(3) Lスペクトルが現れる場合は, Lαについて(2)と同様の操作を行う.

(4) 同定された特性X線とそれに付随するX線のピークの帰属をすべて明らかにする.

(5) 帰属が明らかにならないピークがある場合は(2)の操作をやり直す.

蛍光X線スペクトルを読むときにはいくつか注意しておかなければならないことがある.

(1) WDSのスペクトルを読むときは主成分元素の高次線 (nが2以上のスペクトル) の存在に注意を払う.

(2) EDSのスペクトルではエスケープピークやサムピークが強いスペクトルに付随して現れることがある.

(3) 試料以外のスペクトルの存在を確認するためにブランク試料の測定をしておいたほうがよい.

9.3.4 定量分析[7〜9]

蛍光X線分析法は元素の定量分析法としては最も精度のよい機器分析法であり, 多くの方法がJIS規格に取り入れられている. 定量方法は検量線法あるいは検量線法に吸収効果などの補正を加えたものと理論計算を用いたファンダメンタルパラメーター法に大別できる. 分析に供することができる試料は原則的には均質なものに限られるが, 不均質な試料の分析には, 試料を十分に細かい粉末にしたうえで検量線法を用いるべきである. また, 検量用試料は, 試料と組成や状態が近似するようにしなければならない.

a. 検量線法

この方法は他の機器分析法の場合と同様にあらかじめ分析元素の濃度とその蛍光X線強度の関係線 (検量線) の数式をつくっておき, ここに試料中の分析成分

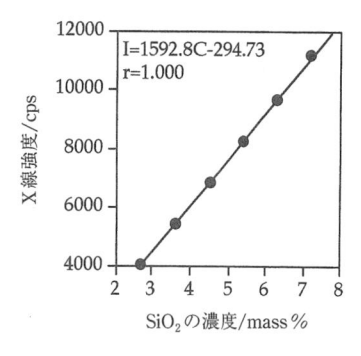

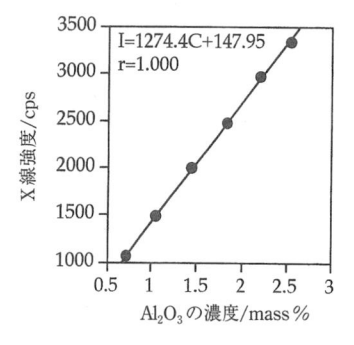

図9.9 ホウ酸リチウムガラスビード法によるSiO₂とAl₂O₃の検量線

表9.3 岩石標準試料JB-1aとJB-3の分析結果

成分	JB-3 既報の分析値	JB-3 実際の分析値	JB-1a 既報の分析値	JB-1a 実際の分析値
主成分 (mass%)				
SiO$_2$	51.04	50.48	52.16	52.71
TiO$_2$	1.45	1.44	1.30	1.24
Al$_2$O$_3$	16.89	16.76	14.51	14.38
Fe$_2$O$_3$*	11.88	11.93	9.10	9.32
MnO	0.16	0.17	0.15	0.150
MgO	5.20	5.14	7.75	7.81
CaO	9.86	9.67	9.23	9.27
Na$_2$O	2.82	2.56	2.74	2.69
K$_2$O	0.78	0.73	1.46	1.42
P$_2$O$_5$	0.29	0.28	0.26	0.26
微量成分 (mass ppm)				
Rb	13	13.38	41	39.49
Y	28	24.24	25	25.73
Sr	395	393	443	467.97
Zr	99.44	87.12	144	154.40
Cr	60.4	63.46	415	—
Zn	106	88.92	82	86.95

* 総FeをFe$_2$O$_3$で示す.

の蛍光X線強度を代入して濃度を求める．検量線は吸収効果などのために直線にならないこともあるが，多くの場合，二次曲線ならば検量線が描けることが多い．検量線が著しく湾曲したりして，共存元素の影響が無視できない場合には補正計算[10〜13)]をすることもある．図9.9は図9.8aに示した岩石試料を分析するための二酸化ケイ素と三酸化二アルミニウムの検量線で，9.3.2項で述べたホウ酸リチウムのガラスディスクで検量線を描いた．検量線はホウ酸リチウムの希釈効果により，よい直線性を示した．表9.3に示す分析結果も既報の分析値とよい一致を示した．

b. 内標準法

溶液試料や粉末試料のように内標準物質の添加が可能な場合には内標準法を用いることができる．一定量の内標準元素を含む濃度既知の検量用試料を作成し，分析元素の蛍光X線強度と内標準元素の蛍光X線強度の比を求め，分析元素の濃度との関係線（検量線）を作成する．試料にも内標準元素を同量加えておき，強度比を求め，検量線から濃度を計算する．コンプトン散乱などのX線強度を内標準に用いることもできる．

c. 標準添加法

測定試料に分析元素を段階的に添加し，添加量と蛍光X線強度の関係線の切片から分析元素の濃度を求める．この方法は試料ごとに検量線を必要とし，検量線が直線で原点を通り，検量線の範囲が定量値の3倍以上必要であるなどの制限が多いが，試料のマトリックス組成が不明なときには有効である．

d. ファンダメンタルパラメーター法

一次X線のスペクトル分布，試料の組成と厚さ，質量吸収係数などの数値（ファンダメンタルパラメーター）で計算した理論蛍光X線強度が，試料の蛍光X線強度と一致するように逐次近似計算によって試料の組成を求める方法[14,15)]である．理論X線強度と測定X線強度の関係はあらかじめ元素ごとに組成既知の試料一点以上で求めておく．この方法は均一な組成をもつ試料について適応できるが，組成と厚さ[16)]の両方を求めることができるので非常に有効である．

9.3.5 状態分析

蛍光X線は内殻電子の遷移に基づいて発生するものであるから，化学結合の影響はわずかしか受けないが，

図9.10 X線回折装置

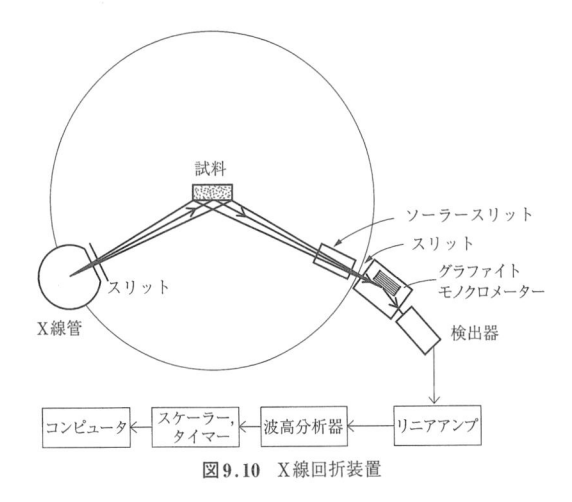

スペクトルを詳細にみるとエネルギーがわずかに異なっていることがわかる．たとえばアルミニウム化合物ではアルミニウムの配位数が大きくなるにしたがってAlKαX線のエネルギーが大きくなり，配位数と一定の関係があること[17]，置換ベンゼンスルホン酸塩の置換基とSKα，SKβの間には一定の規則性がある[18]など数多くの報告があり，非破壊で化学状態を知ることができる有力な方法である．

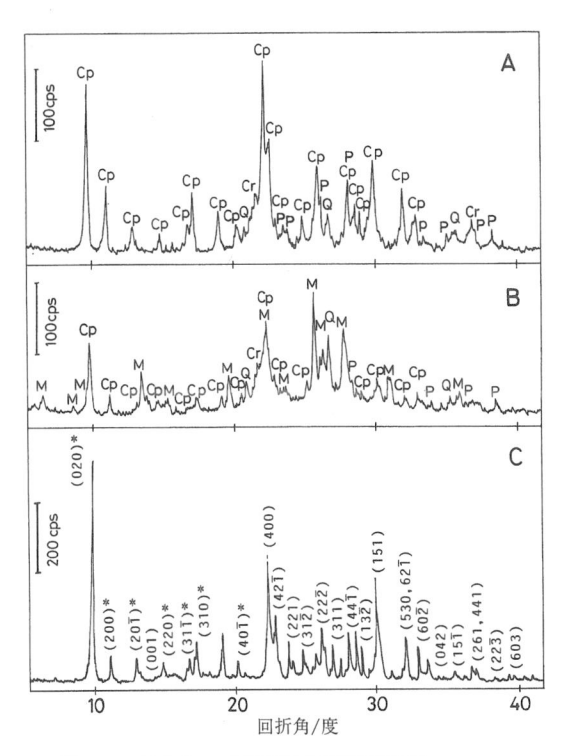

図9.11 日本産フッ石凝灰岩のX線回折図形
A：二つ井産，B：板谷産，C：斜プチロル沸石（純品）．

9.4 X線回折法

X線回折法は結晶情報を得るための方法として，古くから物理・化学を問わず多くの分野で，研究だけでなく現場の品質管理などにも広く用いられてきた．先に述べたようにX線回折法には，単結晶の評価や構造解析をするためのX線単結晶回折法と，粉体や多結晶体・非晶質などの評価や分析に使われる粉末X線回折法がある．ここでは粉末X線回折法を用いた結晶性物質の定性分析と定量分析について述べる．

9.4.1 X線回折装置

X線回折装置の基本的な構成（図9.10）は先に述べた蛍光X線分析装置（図9.7a）と同様である．X線管からのX線は発散スリットを経てゴニオメーターの中心にある試料に当たる．ブラッグ条件を満足する角度で回折したX線は，モノクロメーターやKβフィルターでKα成分のみに単色化され，シンチレーション検出器で計数される．検出器から出たシグナルは増幅され，波高分析器でノイズや不必要なシグナルを取り除

いてからデータ処理・分析用のコンピュータに送られる．

9.4.2 試料の調製

金属やセラミックス，プラスチックスなどのように比較的均質な結晶組織と十分な厚さ（5 mm以上）をもつ固体試料は表面を平坦かつ清浄にして測定に供することができる．

粉体や不均質な固体試料は十分に均一になるまで粉砕してから粉末試料ホルダーに測定面が平滑になるように手で詰める．このとき試料粉末の粒径が細かいほど再現性のある結果を与えるが，過度の粉砕は非晶質化などを引き起こすので注意が必要である．X線に照射される面積内に，それぞれの結晶成分について回折に寄与する結晶子が400個以上ないとなだらかな回折図形を与えないので注意しなければならない．

9.4.3 回折図形の解析（定性分析）

X線回折図形は横軸が回折角（2θ），縦軸がX線強度（cps）で表されている．回折ピークの位置を0.01°の精度で読み取り，ブラッグ条件に代入して格

子面間隔（d Å）を求める．最大ピークの強度を100に規格化して，各回折ピークの強度を計算する．格子面間隔と強度比の組合せ，たとえば強いもの3本の組合せに該当する物質を粉末X線回折データベースから選び出す．データベースの最も代表的なものはICDDのPDF（Powder Diffraction File of International Center for Diffraction Data）であり，現在無機物約5万種類，有機物2万種類が登録されている．以上の，データの読取りとデータ検索（結晶の同定）の作業は多くの場合，付属のコンピュータでできるようになっている．図9.11に日本産沸石凝灰岩の分析結果[19]を示す．二つ井産のものが斜プチロル沸石を主成分とするのに対して，板谷産のものは斜プチロル沸石とモルデン沸石の両者を含むことがわかる．

9.4.4 定量分析

X線回折法による結晶相の定量は結晶の濃度（量）と回折X線強度が比例することを利用して，試料中の結晶濃度を求めるものであるが，特別な場合を除いて，分析成分とマトリックスの元素組成が異なるので吸収効果のために回折X線強度と濃度の間には直線関係は成立しない[20]．内標準法[21]や標準添加法[22]で分析しなければならないが，検量用試料のマトリックスの組成を試料のマトリックスと近似させると直線の検量線を描くことができる[19,23]．検量線を作成せずに吸収補正する回折吸収法[9,24]や，マトリックスフラッシング法[9,25]は非常に簡便であり，正確度も高い．

9.4.5 その他の方法

粉末X線回折法の応用分野はきわめて広く，あらゆる分野に及んでいる．すでに述べた結晶相の同定や定量のほか，格子定数の精密測定や結晶子径の測定，不均一ひずみの測定，結晶化度の測定，配向性の測定，残留応力の測定，動径分布の測定など枚挙にいとまがない．特に最近頻繁に用いられるようになってきたリートベルト法[26〜28]は，合成した粉末回折図形と実測の回折図形が一致するように結晶構造パラメーターを精密化する方法で，ある程度の結晶構造パラメーターがわかっていれば簡単に結晶構造を精密化できるので，単結晶を合成できないような物質の結晶構造を知りたいときには便利である．

参考文献

1) 中村利廣, 早川哲司, 目崎浩司：温泉工学, **22**, 1, 1988.
2) 貴家怒夫, 戸田裕之, 中村利廣：X線分析の進歩, **9**, 63, 1977.
3) 劉家煒, 宇井卓二, 鎌田仁, 合志陽一：日化, 1721, 1981.
4) J. A. Bearden：X-Ray wavelength, U. S. Atomic Energy Commission Report, NYO-10586, 1964.
5) E. W. White and G. G. Johnson,Jr.：X-Ray Emission and Absorption Wavelengths and Two-Theta Tables, ASTM Data Series DS-37A, ASTM, 1970.
6) 蛍光X線分析 2θ 表, 理学電気工業, 1985.
7) R. Tertian and F. Claisse：Principles of Quantitative X-Ray Fluorescence Analysis, Heyden, 1982.
8) G. R. Lachance and F. Claisse：Quantitative X-ray Fluorescence Analysis, John Wiley, 1994.
9) 大野勝美, 川瀬晃, 中村利廣：X線分析法, 共立出版, 1987.
10) G. R. Lachance and R. J. Trail：*Can. Spectroscopy*, **11**, 43, 1966.
11) S. D. Rasberry and K. F. Heinrich：*Anal. Cham.*, **46**, 81, 1974.
12) F. Claisse and M. Quintin：*Can. Spectroscopy*, **12**, 129, 1967.
13) 安部忠廣, 成田正尚, 佐伯正夫：X線分析の進歩, **17**, 143, 1986.
14) J. Sheman：*Spectrochem. Acta*, **1**, 283, 1955.
15) T. Shiraiwa and N. Fujino：*Jp. Appl. Phys.*, **5**, 886, 1966.
16) D. Laguitton and M. Mantler：*Adv. X-Ry Anal.*, **20**, 515, 1977.
17) 福島整, 白友兆, 飯田厚夫, 合志陽一：X線分析の進歩, **17**, 1, 1986.
18) 高橋義人, 斉文啓, 榎本三男, 野島晋, 河合潤, 合志陽一：X線分析の進歩, **17**, 37, 1986.
19) T. Nakamura, M. Ishikawa, T. Hiraiwa and J. Sato：*Anal. Sci*：**8**, 539, 1992.
20) L. E. Alexander and H.P. Klug：*Anal. Chem.*, **20**, 886, 1948.
21) 中村利廣, 貴家恕夫：分析化学, **22**, 47, 1973.
22) T. Nakamura, K. Sameshima, K. Okunaga, Y. Sugiura and J. Sato：*Powder Diffraction*, **4**, 9, 1989.
23) T. Nakamura：*Powder Diffraction*, **3**, 86, 1988.
24) J. Leroux, D. H. Lennox and K. Kay：*Anal. Chem.*, **25**, 740, 1953.
25) F. H. Chung：*J. Appl. Cryst.*, **7**, 519, 1974.
26) H. M. Rietveld：*J. Appl. Cryst.*, **2**, 65, 1969.
27) 泉富士夫：日本結晶学会誌, **27**, 23, 1985.
28) 渡辺鏡子, 浅川浩, 藤縄剛, 石川謙二, 中村利廣：X線分析の進歩, **29**, 137, 1998.

10
原子発光法

ドイツの科学者BunsenとKirchhoffにより原子発光法の基礎が築かれたのは，19世紀半ばのことである．その後，有力な多元素同時定量法として基礎および応用の両方面から多くの研究がなされてきた．原子の励起発光には，アーク放電，スパーク放電，フレームなどが用いられてきたが，原子吸光分析の出現により原子発光法の地位は大きく後退した．この状況を一変したのが誘導結合プラズマ（inductively coupled plasma：ICP）の出現であり，これを発光分光分析のルネサンスと呼ぶことがある．今日，ICP光源とポリクロメーターまたは波長走査型逐次検出器を組み合わせたICP-発光分光分析（ICP-atomic emission spectrometry：ICP-AES）の活躍する分野は大きい．

さらにICPは質量分析計のイオン源としてもその威力を発揮しており，このICP-質量分析（ICP-mass spectrometry：ICP-MS）についてもここで触れることにする．

溶液試料は，ネブライザー（10.2.1項参照）により霧状にし，キャリヤーガスにより図10.1に示す石英ガラス製トーチに導入される．固体試料は，あらかじめ化学的に分解して溶液とするか，あるいは試料表面をレーザーで照射し，表面の一部を剥離・気化したのち，キャリヤーガスでトーチに運ばれる．

ICPトーチは同心三重管構造になっており，試料を搬送するキャリヤーガスのほかプラズマ形成の主役となる外側ガス，プラズマを少し浮かせてトーチが溶けないようにする中間ガスが流れている．いずれも通常は，アルゴンガスが用いられる．プラズマフレームの中心はドーナツ状に穴があいており，試料のエアロゾルはプラズマ中にきわめて効率よく導入される．

高温のプラズマ内で試料は解離・原子化され，一部はさらにイオン化される．これらは励起され，それぞれに固有の波長の光を放射し，エネルギー準位の低い状態に移っていく．したがって，これらの発光を回折格子などを用いた分光器でスペクトルに分け，それらの波長を調べれば元素を同定することができる．また，スペクトル線の発光強度によりそれらの濃度を知ることができる．

図10.2に，220～280 nmにおける鉄，カドミウム，マンガンの発光スペクトルを示す．カドミウムやマンガンのスペクトルが単純であるのに対し，鉄のスペクトル線数はきわめて多く，それらの強度も大きい．したがって，試料中に鉄が共存すると他の微量元素の定量を妨害する場合があり，定量に先立ち，鉄を分離除去することがしばしば要求される．

プラズマ中での発光を計測するのがICP-AESであるのに対し，プラズマ中で生成したイオンを計測するのがICP-MSである．大気圧のプラズマから質量分析計の真空領域にイオンを引き込むために，2段また

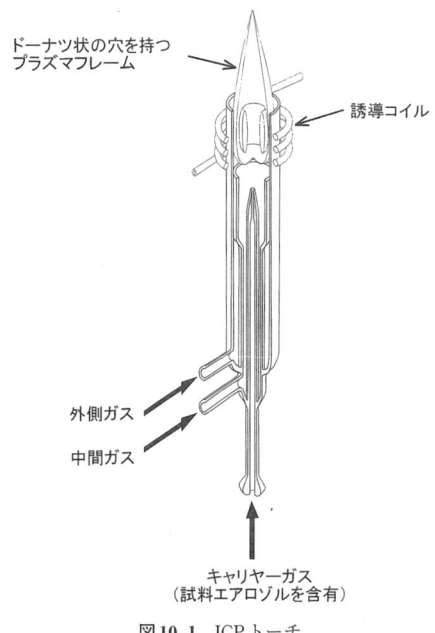

図10.1　ICPトーチ

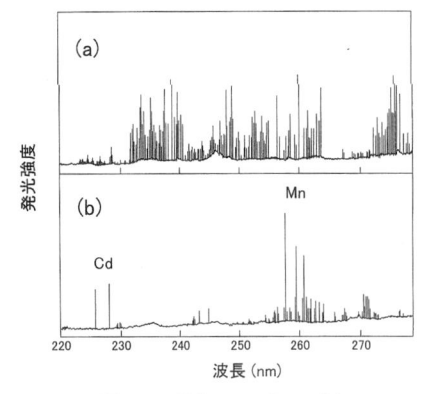

図10.2 発光スペクトルの例
(a) 鉄，(b) カドミウムとマンガン．

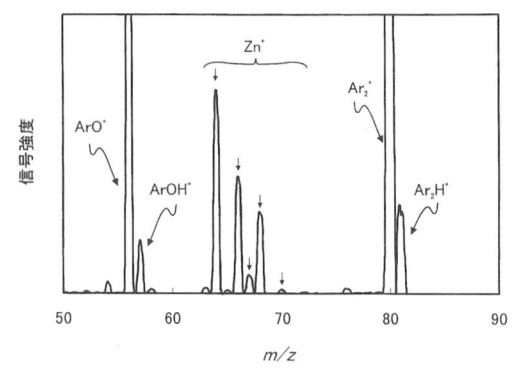

図10.3 亜鉛のICP質量スペクトル

は3段の差動排気系が用いられる．四重極質量分析計を組み込んだICP-MSが一般的であり，得られた質量スペクトルの質量mと電荷zの比（m/z）から定性分析が，イオン電流強度から定量分析が達成できる．ICP-AESより高感度な多元素同時定量法であり，同位体比も測定できる特長をもっている．

図10.3に，亜鉛を含む水溶液のICP質量スペクトルを示す．亜鉛には^{64}Zn, ^{66}Zn, ^{67}Zn, ^{68}Znおよび^{70}Znの同位体があるが，これらに対応する5本のスペクトル線を見いだすことができる．また，ICPトーチには多量のアルゴンガスと水が供給されているため，ArO$^+$, ArOH$^+$, Ar$_2^+$, Ar$_2$H$^+$などの二～三原子分子イオンも多量に生成する．これらが微量元素の質量スペクトルと重なり，定量を妨害する場合もある．

10.1 原　　理

原子がフレームや放電など何らかの方法で励起されると，その原子を構成している軌道電子は安定な基底状態からより高いエネルギー準位に遷移する．この励起状態は不安定であり，およそ10^{-8}秒後にはより低いエネルギー準位に移り，その際両準位のエネルギー差（ΔE）を振動数ν（ただしhをプランクの定数とすると$\Delta E = h\nu$の関係がある）の光として放出する．元素はそれぞれが固有のエネルギー準位をもっており，この数がきわめて多い鉄，コバルトや希土類元素ではおびただしい数のスペクトル線が観測される．一般に原子発光法では200～800 nmの波長領域を分析に用いるが，さらに短波長の真空紫外域（酸素，窒素などによる光の吸収があるため，光学系の光路を真空に保持）を使う場合もある．なお，原子がイオン化エネルギー以上のエネルギーで励起されると原子はイオンとなり，そのイオン固有のエネルギー準位に応じた線スペクトルを生じる．原子およびイオンに起因するスペクトル線を，それぞれ中性原子線およびイオン線と呼ぶ．もし発光ガスが熱的に平衡（ガスを構成する分子，原子，イオン，電子などの間で衝突が起こり，エネルギーの交換が十分行われることにより，温度が等しくなった状態）であるならば，そのガスから放射されるスペクトル線の強度は，ガス中の原子の密度に比例し，温度の増加とともに急激に大きくなる．ガス温度がさらに上昇すると原子のイオン化が起こり，中性原子線の強度は減少し，逆にイオン線の強度は増大する．

ICPは励起光源の一つであり，もともとは溶液試料分析のために開発されたが，現在では高感度・高精度の光源として揺るぎない地歩を占めている．石英ガラス製トーチに流れるアルゴンに，誘導コイルを通して高周波電力を導き，テスラーコイルで放電を開始する．プラズマはきわめて安定でフレーム状を呈し，プラズマ内のドーナツ状の穴に，霧化された試料が効率よく導入される．プラズマは気体イオンと電子が共存し，電気的にほぼ中性を保った状態のもので，最高温度は10000 Kにも達するといわれる．試料は構成原子にまで分解され，さらにそれらの多くは高度にイオン化される．

ICP-AESがプラズマ中で生じる原子スペクトル線を使うのに対し，ICP-MSでは高温プラズマ中で生成したイオンを計測する．この場合，ICPは大気圧で作動しているのに対し，質量分析計は高真空に保たれているため，両者の結合には種々の工夫が凝らされて

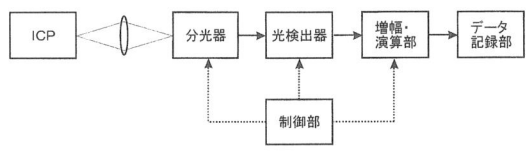

図10.4 ICP-AESの構成

いる（10.2.5項参照）．m/zで弁別することにより高感度な多元素同時分析法となるが，ICPトーチに流れるアルゴンガスや試料溶液の液性などにより大きなバックグラウンドピークが生じ，微量元素の定量を妨害する場合がある．たとえば，$^{40}Ar^+$，$^{40}Ar^{16}O^+$，$^{40}Ar^{40}Ar^+$はそれぞれ$^{40}Ca^+$，$^{56}Fe^+$，$^{80}Se^+$のスペクトル位置に重なってくる．また塩酸溶液では$^{35}Cl^{16}O^+$，$^{35}Cl^{16}O^1H^+$，$^{40}Ar^{35}Cl^+$などのイオンが生成し，$^{51}V^+$，$^{52}Cr^+$，$^{75}As^+$などの定量を妨害する．なお，質量分析の原理については，11章を参照されたい．

10.2 装　置

ICP-AESのための装置は，基本的には図10.4に示すようにICP，分光器，光検出器，増幅・演算部，データ記録部ならびに制御部から構成される．以下に装置の各構成要素について述べる．

10.2.1 ICP

ICPの生成には，トーチ，電源部（高周波電源およびマッチング回路）などの装置に加え，プラズマへの試料導入系が必要となる．

a. トーチ

トーチは，プラズマの点灯のしやすさに加え，ICPの特徴であるドーナツ状のプラズマを容易かつ安定に生成しうることが必要で，図10.1に示したような三重管構造のものが今日広く使われている．またプラズマの対称性も放電を安定に維持するのに重要であるため，トーチは三重管が同軸であり，各管の形状のゆがみや管壁に凹凸の少ないことが求められる．

トーチに流される外側ガスはトーチの冷却も兼ねており，20 $l\cdot min^{-1}$近くの流量を必要とする．このため，外側ガスの消費量を抑えるための工夫もなされている．図10.5にその一例を示す．このトーチは，外側管の管壁を水で冷却することにより，従来のトーチと同程度の性能を維持したまま，外側ガスの流量を数$l\cdot min^{-1}$程度に低減している．

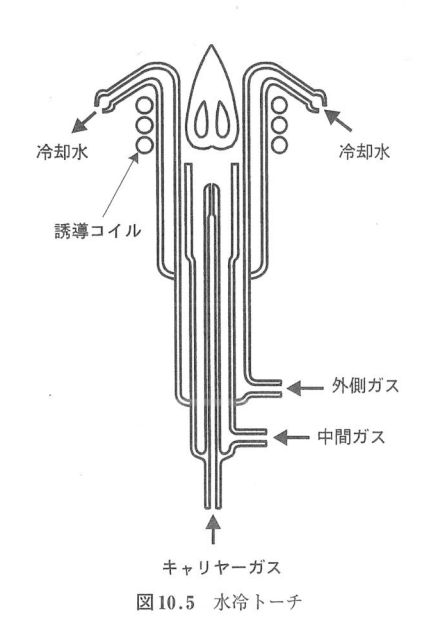

図10.5 水冷トーチ

b. 電源部

電源部における最も重要な点は，高周波電源の出力の安定性である．これは，出力の変動によってスペクトル線の発光強度が変化するためである．市販のICP-AES装置では，2 kW程度の出力の電源がよく用いられるが，電源本体を冷却するなど出力の安定化が図られている．また，マッチング回路の調整を自動化することにより，プラズマに供給される電力の変動を少なくしている．

電源の周波数については，1～50 MHzなどの広い範囲にわたってこれまで検討されてきた．高周波には，周波数が高いほど導電体の表面を流れやすいという性質がある（表皮効果）．ICPがドーナツ構造をとるのは，この表皮効果によってプラズマ内における高周波の電流密度の分布が中心よりも外周部に偏るためである．したがって，初期には高い周波数が望ましいとされていたが，10 MHz程度の低い周波数でも電力が高ければドーナツ構造のプラズマが得られるため，現在では工業的に許された周波数帯の一つである27.12 MHzが広く用いられている．

高周波電源からの電力は，図10.6に示すようなマッチング回路を介して誘導コイル（通常，3 mm径程度の銅管を3～4巻きして水冷したもの）に送られる．マッチング回路は，電源の出力インピーダンスが50 Ωであるのに対しICPのインピーダンスが1Ω程度と

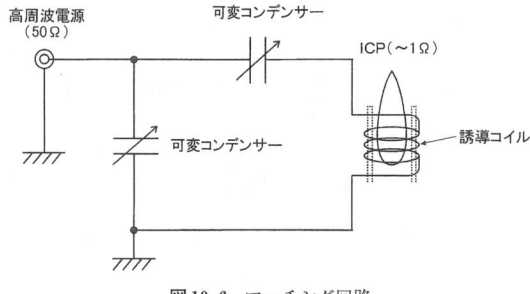

図10.6 マッチング回路

低いため,両者間でインピーダンスを整合してICPに効率よく電力を供給するために使用される.マッチング回路の調整は自動化されており,ICPの点火から点灯中を通し,常にプラズマのインピーダンスの変化に迅速に対応できるようになっている.

c. 試料導入系

ICPは溶液試料が対象であるため,図10.7に示すようなネブライザー(ニューマティックネブライザーと呼ぶ)とスプレーチェンバーとを組み合わせた溶液噴霧法が一般的である.ニューマティックネブライザーは,霧吹きと同様の原理を応用して試料溶液を吸引,噴霧するもので,2本の細いガラス管が同軸となるように配置されている.ICPにおける通常のキャリヤーガス流量($1 l \cdot min^{-1}$程度)で微細な霧をつくるには,内側の毛細管の内径ならびに外側ガラス管との隙間を狭くする必要がある.したがって,高濃度の塩類溶液を長時間噴霧すると,ネブライザーの先端に塩が析出し,目詰まりが起こることがある.また,このネブライザーの一般的な試料吸い上げ量は$2 ml \cdot min^{-1}$前後であるが,粘性の高い溶液の場合には吸い上げ量が減少する.

ニューマティックネブライザーにより生成する試料溶液の霧には比較的大きな液滴も含まれる.このような液滴がICPに導入されると,プラズマの温度が下がったり,放電が不安定になる.このため,大きな液滴

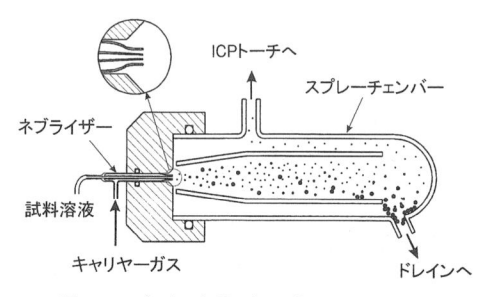

図10.7 ネブライザーとスプレーチェンバー

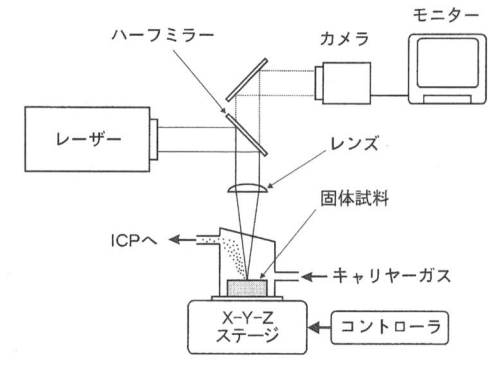

図10.8 レーザーアブレーション

の除去にスプレーチェンバーが用いられる.スプレーチェンバーは,ネブライザーにより生成した霧の中で比較的小さな液滴のみをICPに導入し,大きなものはドレインへ捨てる役割を果たしている.現実には,ネブライザーにより吸引された試料溶液のうち,ICPに導入されるのは2～3%程度にすぎず,多くはドレインへ捨てられている.このようなことから,導入効率の改善を目的とし,超音波ネブライザーが使用される場合がある.超音波ネブライザーは,加湿器で使われているような超音波振動子により霧を生成するもので,ニューマティックネブライザーよりも微細な液滴を生成することができる.しかし,多量の霧がICPに直接導入されるとプラズマの温度が低下するため,脱溶媒装置を接続して液滴から溶媒を除去する必要がある.超音波ネブライザーを用いると,ニューマティックネブライザーの場合に比べICPへの試料導入効率が向上し,検出下限が改善される.

また,ICPに微少量試料を導入するために,原子吸光法で使われるような電気的加熱気化装置も市販されている.さらに,試料導入系などの工夫によりICPを固体試料の直接分析に適用する試みもなされている.その代表的な例を図10.8に示す.これは,レーザー光を固体試料の表面に照射し,生成した試料微粒子をキャリヤーガスによりICPに直接導入する方法で,レーザーアブレーション(laser ablation)と呼ばれている.

10.2.2 分光器

ICP-AESでは,プラズマ中で種々の元素が同時に発光するため,目的とする分析線を正確に選択する必要がある.さらに,他の発光線による妨害(分光干渉

という）をできるだけ受けないようにして分析線の発光強度を測定しなければならない．この役割を担うきわめて重要な装置が分光器である．光を分散させる光学素子に回折格子を用いた分光器（モノクロメーターもしくはポリクロメーター）がICP-AESに利用されている．

a. 回折格子

回折格子は，平面鏡または凹面鏡の表面に多数の平行な溝を等間隔に刻んだものである．回折格子には超精密加工によるものとホログラフィーを応用してつくられたもの（ホログラフィック回折格子）がある．超精密加工の場合には，ガラス基板上にアルミニウムなど軟金属を蒸着し，その表面をルーリングエンジンとダイヤモンド工具を用いて機械的に刻線する．このような回折格子は高価であるため，これをマスターとしてレプリカが製作される場合もある．またホログラフィーを用いる方法では，ガラス基板上に一定の厚さでフォトレジストを塗布したものに，2本のレーザーの平行ビームでつくった干渉縞を記録する．これを溝が適当な深さになるように現像し，表面をアルミニウムでめっきして回折格子が製作される．

ICP-AESのための分光器は，波長選択における正確さと分光干渉を避ける必要性から高分解能が要求される．そのため，回折格子は刻線数の多いものが望ましく，1m程度の焦点距離の分光器の場合で2400本・mm^{-1}のものがよく使用される．さらに高分解能を得るため，3600本・mm^{-1}の回折格子が使われることもある．

b. モノクロメーター

モノクロメーターは平面回折格子を用いる分光器で，種々の光学的配置のものがある．その中の一例を図10.9に示す．この分光器はツェルニー-ターナー（Czerny-Turner）型と呼ばれるもので，2枚の凹面鏡を配置した光学系をとっている．波長の走査・選択は，回折格子を回転させ，入射光との角度を変えることに

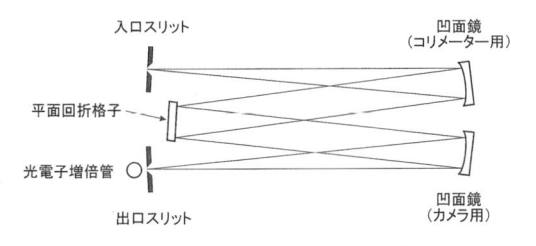

図10.9 モノクロメーターにおける光学系の例

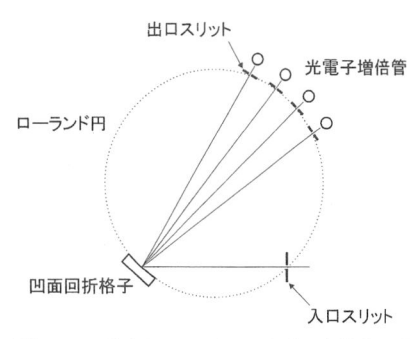

図10.10 ポリクロメーターにおける光学系の例

より行う．モノクロメーターの場合，多元素のスペクトル線を同時に測定はできないが，市販の装置では波長の走査・選択をコンピュータ制御で高速に行い，逐次多元素定量を可能にしている．ポリクロメーターに比べてモノクロメーターは安価で小型であり，波長選択時の自由度が大きいことなどが特長である．

c. ポリクロメーター

ICP-AESで使用されるポリクロメーターとしては，図10.10に示すような直読式のパッシェン-ルンゲ（Paschen-Runge）型が一般的である．この分光器では凹面回折格子が用いられ，その格子面の曲率半径を直径とする円（ローランド円という）の円周上に入口スリットや出口スリットが配置される．ポリクロメーターは，多元素同時測定が可能なため，管理分析などの日常分析に用いられる．しかし，測定波長が固定されており，波長選択における自由度がないため，他の分析線もある程度選択できるように移動可能な検出器が組み込まれることが多い．市販の装置では，多数の光電子増倍管からの信号の測定・処理にコンピュータを利用し，分析の迅速化が図られている．

10.2.3 光検出器

光の検出は，古くは感光材料による写真測光が使われていたが，現在では光を電流に変換する光電測光方式がとられている．光電測光のための代表的な検出器としては，光電子増倍管が広く使われている．また，近年では半導体検出器が注目されている．

a. 光電子増倍管

固体に外部から電子が入射した場合，その運動エネルギーによって固体内から放出される電子を二次電子という．この二次電子の放出数が入射電子の数よりも多ければ増幅が行われることになる．図10.11に示す光電子増倍管は，ダイノードと呼ばれる複数の二次電

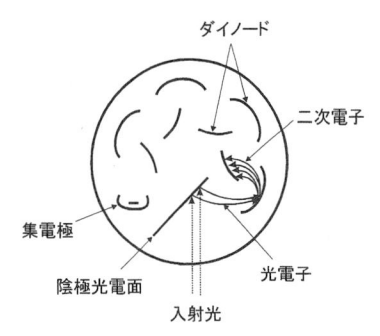

図10.11 光電子増倍管の構造

子放射電極によって光電子を増倍し，出力するようにしたものである．光電子増倍管は，陰極光電面，ダイノード，集電極などから構成される．ダイノードは，標準的な光電子増倍管の場合で8〜12段配置される．電極間は，光電子増倍管全体にかけられた500〜1000Vの電圧を抵抗によって分配し，少しずつ電圧差が付けられている．

光電子増倍管は，通常分光器の出口スリットの直後に配置される．出口スリットを出た光は，光子として陰極光電面に衝突し，光電子が放出される．次いで光電子はダイノードに入射し，二次電子を放出する．二次電子は，2段目以降のダイノードによってさらに増殖し，最終段の集電極に収束する．最終的な増幅率は10^6倍程度となる．

b. 半導体検出器

近年，二次元的な受光面をもった半導体検出器が注目されている．これらは，ビデオカメラなどで用いられるCCD (charge coupled device) あるいはCID (charge injection device) の一種で，AES用の検出器として特別に設計・製造されたものである．光電子増倍管に比べ量子効率が高く，感度が優れているのが特長である．これらの検出器の二次元的な受光面と特殊な回折格子を組み合わせることで，多元素同時測定が可能な小型かつ高性能な分光器が開発され，徐々に普及している．これらの半導体検出器の中には，将来光電子増倍管に取って代わる可能性のあるものもある．

10.2.4　データ演算・記録部/制御部

現在のICP-AESにおいて，パーソナルコンピュータはデータの演算や記録などの処理に不可欠である．測定した発光スペクトルのディスプレー上への表示，検量線の作成や測定試料に対する濃度換算，ならびに実験結果の印刷など，コンピュータの利用によって測定の迅速・簡便化が図られている．また，装置の制御においてもコンピュータが活用されている．たとえば市販の装置の場合，ICPの点火から分光器の波長の走査・選択ならびに発光強度の測定に至るまで，装置全体がコンピュータ制御されている．

10.2.5　ICP-MS

代表的なICP質量分析計の概略を図10.12に示す．ICP-AES用のトーチをそのままMSに用いることができるが，位置は水平にして使用する．また，試料導入系もAESの場合とほぼ同様のものを用いることができる．ICP-MSでは光ではなくイオンを検出するため，質量分析計とイオン検出器が用いられる．ICPが大気圧で生成されるのに対し，質量分析計が減圧下に置かれる必要があることやICPがきわめて高温なことから，ICPと質量分析計を結合するインターフェースはICP-MS装置において最も重要な構成部位の一

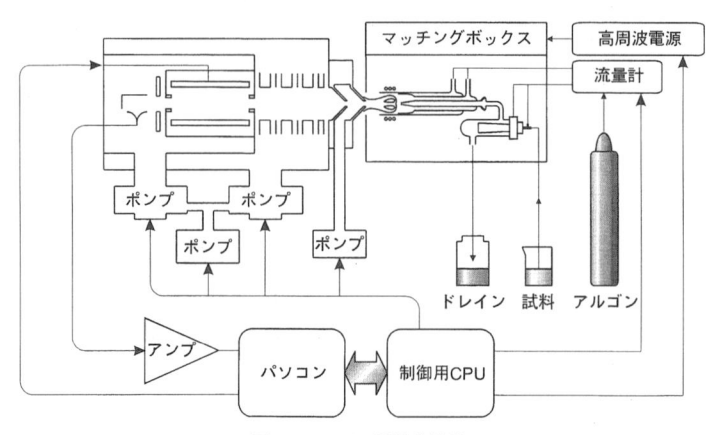

図10.12　ICP質量分析計

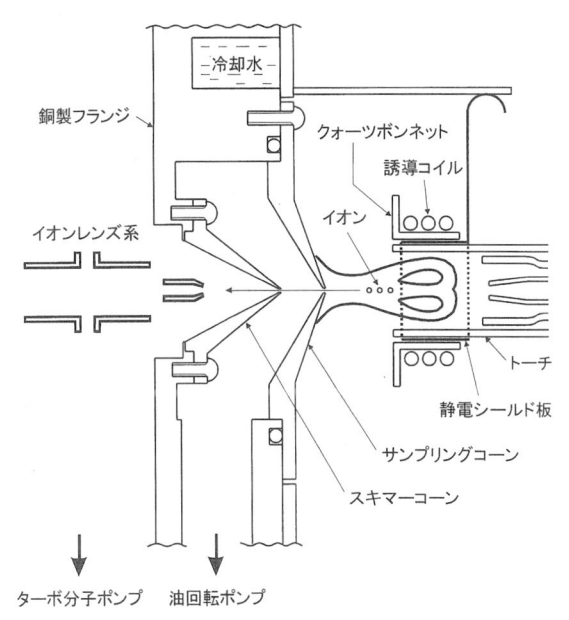

図10.13 ICP-MSのインターフェース部

つである。また，ICP-AESの場合よりも信号の計測や装置の制御が複雑になるため，システムにはコンピュータが必須である。ICP-MSに特徴的なインターフェース，質量分析計，イオン検出器などについて以下に記す。

a. インターフェース

ICP-MSでは，ICPが生成する大気圧から質量分析計の置かれている減圧下まで，いくつかの真空ポンプ（通常は，1台の油回転ポンプおよび2台のターボ分子ポンプ）を用いて装置の真空度を段階的に上げていく排気法（差動排気という）がとられている。これにより，初段のインターフェース部で約1 Torr，イオンレンズ系のある2段目が約10^{-4} Torr，四重極質量分析計の置かれている3段目で10^{-6} Torr程度の真空度が得られる。

インターフェース部の概略を図10.13に示す。インターフェースは，円錐形の先端部に直径0.5～1 mm程度の穴（オリフィス）を開けたサンプリングコーンならびにスキマーコーンからなる。サンプリングコーンは，高温のICPから直接イオンをサンプリングするためのもので，熱伝導性の高い金属を用いてつくられる。水冷している銅製のフランジに密着させてサンプリングコーンを冷却し，プラズマの熱に耐えられるようにしている。スキマーコーンは，サンプリングされたイオンを，流れを乱さずにより高真空の領域に引き込むためのもので，主として銅を用いてつくられる。二つのコーンの形状や両者の間隔などは装置の性能を大きく左右するため，その最適化が重要である。スキマーコーンを通過したイオンは，電界型のイオンレンズ系により質量分析計に導かれる。なお，プラズマからの直接光や散乱光がイオン検出器に入るとバックグラウンド増大の原因となる。そのため，インターフェース部分の中心軸と質量分析計の軸をずらし，イオンレンズ系によってイオンの軌道のみを質量分析計の前で大きく曲げている。

トーチ・誘導コイル間に挿入された静電シールド板（1～2 mm幅のスリットの入った円筒状の耐熱性金属板）は，二次的放電を抑制するためのものである。二次的放電は，ICPとサンプリングコーンの間で生じる放電で，ICPと誘導コイルが容量的に結合してプラズマが電位をもつことにより生ずる。二次的放電が発生すると，サンプリングコーンのオリフィス付近でスパッタリングが起こり，コーンの消耗やコーン材料からのイオン（たとえばCu^+）の生成，二価イオンの増大や一価イオンの減少など，いくつかの問題が生ずる。静電シールド板を接地することにより，ICPと誘導コイル間の容量的な結合が弱まり，結果的に二次的放電が抑制される。この方法は，二次的放電の抑制に有効な手段の一つとして知られている。なお，クォーツボンネットは石英ガラスでつくられており，誘導コイル

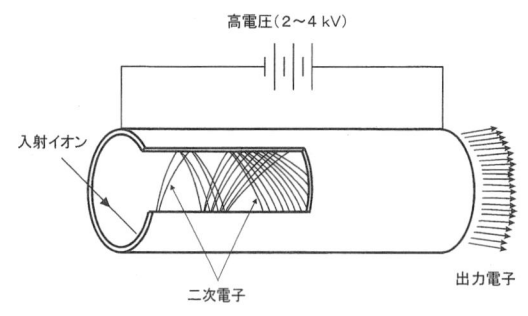

図10.14 チャネル型二次電子増倍管の概要

とICPおよび静電シールド板の間でのアーク放電の防止に役立っている．

b．質量分析計

ICP-MSのための質量分析計としては，1980年の開発当初から四重極型が多く用いられてきた．マスフィルターとも呼ばれた四重極質量分析計は，平行な4本の棒状電極を正方形の各頂点の位置に配置したものである．四重極型の場合，同重体イオンが分けられないなど分解能は必ずしも十分ではないが，比較的安価，操作が簡便，高速な質量走査が可能などの特長がある．

c．イオン検出器

イオンの検出には，主として図10.14に示すようなチャネル型の二次電子増倍管が利用される．チャネル型は特殊なガラスやセラミックスの管でつくられており，2～4 kVの電圧をかけて使用する．イオンが管内壁に衝突することによって放出された電子がさらに管壁への衝突を繰り返し二次電子を増倍させたのち，最終的に陽極側に到達する．チャネルトロンと呼ばれる二次電子増倍管では，10^8に達する電子増幅率が得られる．

二次電子増倍管からの出力信号の計測には，高感度なパルス計数方式が主として用いられる．パルス計数方式では，一定高さ以上のパルスのみを計数するため，ノイズに起因するバックグラウンドが減少する．また検出器の配置についても，バックグラウンドを抑制するため，散乱イオンやプラズマからの散乱光の入射をできるだけ防ぐような配慮がなされている．

d．計測系と制御系

ICP-MSでは，装置の計測系や制御系が複雑であるため，ICP-AES装置の場合よりもコンピュータがさらに有効に活用されている．計測系では，コンピュータ制御によって四重極質量分析計を走査し，それに同期させて多様な測定を行うことができる．その動作モードには，全質量範囲の高速走査，特定質量範囲のみの走査，特定の質量数のみの測定などがある．また，質量分析計の走査に同期して各チャネルごとの計数値を得たり，繰り返し走査などによる各チャネルごとの計数値の積算も可能である．データ処理では，測定した質量スペクトルのディスプレー上への表示，検量線の作成や測定試料に対する濃度換算，ならびに分析結果の印刷などが行われる．

制御系では，真空排気やICPの点火とモニターなど装置全体にわたってコンピュータが活躍しており，その状況がモニターできるようになっている．また，予期せぬ事態が発生した場合には，トーチや装置本体の安全を速やかに確保するようコンピュータによるフェイルセーフ機構が組み込まれている．最新の装置では，各ガス流量の設定やイオンレンズ系の電圧の最適化もコンピュータを通して行うことができ，装置の立ち上げから測定に至るまでかなりの部分で自動化が進んでいる．

10.3 測定法

ICP-AESおよびICP-MSにおける測定条件の最適化，ならびに定性および定量分析の一般的な方法について以下に記す．

a．測定条件の最適化

個々の条件を細かく変化させて測定条件を最適化するのは，多大な労力を要する．信号強度に直接的に影響するプラズマの操作条件を例にとっても，キャリヤーガス流量，高周波出力，測光高さ（ICP-MSの場合にはサンプリング深さ，すなわち誘導コイルとサンプリングコーン先端間の距離）などがある．しかもこれらの因子は互いに独立ではなく，一つの条件が変われば他も変化する．また，測定元素や共存物質などによっても変わってくる．

そこで，現実には文献や使用装置の推奨条件などを基準に予備実験を行い，最適条件を求める．この際信号強度だけではなく，バックグラウンド強度の変化も調べることが重要である．これは，発光強度が高くてもバックグラウンドが大きければ，検出下限や測定精度が劣るからである．一般に最適な測定条件は，信号対バックグラウンドの強度比（SB比）が最大のとき

10.4 応用例

とされている．ただし，最適条件が定量目的元素間で少しずつ異なっている場合は，妥協できる条件で多元素同時測定を行うこともある．なお，ICP-MSの場合もほぼ同様に測定条件の最適化が行われる．

b. 定性分析

ICP-AESにおいては，コンピュータ制御モノクロメーターを使用し，広い波長範囲を一定速度で走査しながら発光スペクトルを測定する．得られた発光ピークの波長から元素を同定する．同一元素から放射される複数の発光線の波長および強度比を確認することにより，信頼性の高い定性分析が達成できる．

ICP-MSにおいては，四重極質量分析計を高速で走査しながら広い質量範囲にわたって質量スペクトルを測定し，ピーク位置から元素の同定を行う．安定同位体が存在する元素では，同位体存在比とおのおののピークの強度比を比較することにより，元素をより正しく確認することができる．

c. 定量分析

ICP-AESならびにICP-MSいずれの場合も，目的微量元素を含んだ各種濃度の標準溶液を用いて検量線を作成し，定量を行う．ICPへの試料導入量や高周波電力などの変動がある場合には，内標準法を用いる．定量目的元素の濃度に対し，目的元素と内標準元素の発光強度比をプロットして検量線を作成する．内標準元素には，発光強度の大きいコバルトやイットリウムがよく用いられ，実験条件変動の補正と分析精度の向上に大いに役立っている．

10.4 応用例

ICP-AESを水分析に適用する場合，定量目的元素をあらかじめ濃縮する場合がある．海水試料の場合には，共存する多量の塩類（$NaCl$, $MgCl_2$ など）から分離することも必要である．このような場合，ミリグラム量のインジウムイオン（担体元素という）を添加し，水酸化ナトリウム溶液でpH 9に調節すれば綿状の水酸化インジウム沈殿が生成する．この際，多種類の微量重金属元素が沈殿に捕集され，一方，アルカリ・アルカリ土類元素は溶液中に残存する．この現象を共沈と呼び，機器分析のための有力な前処理法である．沈殿は遠心分離したのち酸に溶解し，ただちにICP-AESで多元素同時定量を行う．この際，インジ

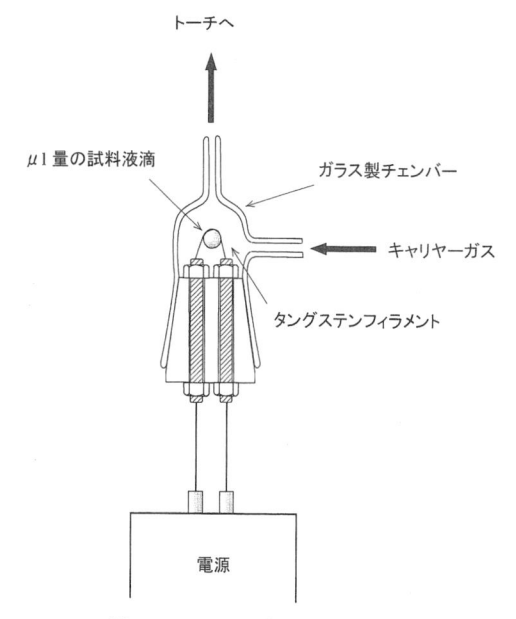

図10.15 ICPへの微少量試料の導入

ウムは強い発光スペクトル線が少ないため，微量元素の定量を妨害しない．インジウムの代わりに鉄（Ⅲ）イオンも担体元素として古くから使用されているが，発光スペクトル線がきわめて多く，定量に先立ち分離除去する必要がある．オキシンやジチゾンを用いるキレート抽出も優れた分離濃縮法であるが，定量目的元素が有機溶媒中に移行するため，有機溶媒によりプラズマが不安定になったり，消灯したりする．したがって，逆抽出により有機溶媒中の微量元素を再び清浄な水相に移すことが行われる．

ICPは，通常試料溶液を $2\,ml\cdot min^{-1}$ 程度消費するため，生体試料や貴重試料などのように，試料量がきわめて少量に限られる場合には不向きである．このような場合，図10.15のようなタングステンフィラメントを用いた試料導入法は有用である．μl 量の試料をフィラメントに載せ，電流を流して溶媒の蒸発，次いで残留物の分解・気化を行う．キャリヤーガスによりICPトーチに搬送し，そこで生成したイオンを質量分析計で計測する．得られるスペクトルは鋭く過渡的であり，計測ならびにデータ処理に工夫を要するが，本法によればきわめて少量の生体試料，たとえば頭髪1本を対象とした微量成分分析も可能である．

参 考 文 献

1) 日本分析化学会編：原子スペクトル分析（上・下），

丸善, 1979.
2) 高橋 努, 村山精一編：液体試料の発光分光分析—ICPを中心として, 学会出版センター, 1983.
3) 原口紘炁：ICP発光分析の基礎と応用, 講談社, 1986.
4) 河口広司, 中原武利編：プラズマイオン源質量分析, 学会出版センター, 1994.

11
質 量 分 析 法

　質量分析計は，気相にある種々のイオンを真空下でおのおのの m/z（m：イオンの質量，z：電荷数）に分ける装置である．この測定により，物質の分子量，構造，あるいは反応性に関する情報が得られる．質量分析法は原子・分子の質量を測定できる唯一の方法であることから，きわめて多くの分野において，必要不可欠な方法として広く普及している[1~4]．

　図11.1はn-ブチルベンゼンを，広く使われてきたイオン化法である電子イオン化法によりイオン化したときの質量スペクトル例である．横軸は生成したイオンのm/z値，縦軸は最も大きいイオン，$m/z = 91$の強度を100としたときのすべてのイオンの相対強度を示している．

　このスペクトルには分子量，化学構造による情報が含まれている．

　質量分析法の端緒は，1897年のトムソンによる電子の発見にさかのぼる．その後わずか100年余の間に質量分析法はめざましい発展を遂げた．装置では，磁場型質量分析計，四重極型質量分析計，イオントラップ，フーリエ変換イオンサイクロトロン共鳴(FTICR)質量分析計，飛行時間型質量分析計などが機能の完成度を高めている．これらの装置が，新しく開発されたイオン化法：化学イオン化，表面イオン化，電界イオン化，電界脱離イオン化，高速原子衝撃/二次イオン質量分析（FAB/SIMS），レーザー脱離イオン化，エレクトロスプレー，誘導結合プラズマ，などと多次元的に組み合わされ，究極の計測技術として，バイオ，医・薬学，天文学，同位体地球科学，環境科学，原子物理学などの分野で欠くことのできない手段として定着した．たとえば，エレクトロスプレー法で10万，100万u（u：原子質量単位）の質量をもった生体高分子イオンを液相から気相へ抽出することが可能となり，質量測定に上限がない飛行時間型質量分析計の長所が，いかんなく発揮されるようになった．また，FTICRでは超伝導マグネットを使用して20テスラ以上の高磁場を発生させることにより分解能が1億以上の超高分解能測定が可能になった（分解能：任意の質量 $m/z = M$ と $m/z = [M + \Delta M]$ の2本のピークは分離できるが，m/z の差が ΔM より小さいとき，$R = M/\Delta M$ をこの装置の分解能という）．そして，生命の神秘の解明を目指す分子生物学では，質量分析法が枢要な手段として急浮上してきた．宇宙天文学では，人工衛星に積み込まれた質量分析計が，宇宙の進化解明に活躍している．このような時代において，質量分析法を自在に駆使するためには，まず質量分析装置の原理および各種イオン化法のメカニズムをよく理解しておくことが必要である．本章では，装置およびイオン化法の基礎を解説する．

11.1　質量分析装置

11.1.1　磁場型質量分析計

　強度Bの磁場中で，磁場と垂直に速度vで運動するイオン（質量m，電荷q）は，磁場および速度に対し

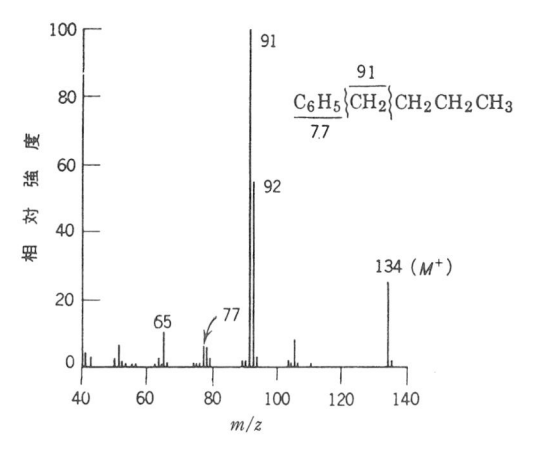

図11.1　n-ブチルベンゼンの質量スペクトル

て垂直の力を受ける．この力 F をローレンツ力という．

$$F = qvB \quad (11.1)$$

磁場中でローレンツ力を受けたイオンは円運動（半径 r）をする．円運動により生じる遠心力とローレンツ力は等しい．

$$qvB = \frac{mv^2}{r} \quad (11.2)$$

ここで，r（m：メートル），B（T：テスラ），m（u），イオンの運動エネルギーを U（eV），イオンの価数 z とすれば，

$$Br = 1.44 \times 10^{-4} \left(\frac{mU}{z}\right)^{\frac{1}{2}} \quad (11.3)$$

と表すことができる．これより，同じ運動エネルギーをもち，［質量/電荷］比 m/z が異なるイオンは，一様磁場内で異なる半径 r をもって円運動する．この性質を利用して異なる m/z をもつイオンを分離することができる．現在の磁場型質量分析計は r を固定し磁場の強さ B を変化させて質量の走査を行うものが一般的である．このような磁場のみを用いる装置を単収束質量分析計という．

イオン源で生成されるイオンには，多少なりとも運動エネルギーの広がりが生じる．磁場のみを用いる質量分析計では，このエネルギー広がりによって分解能が低下する．これをエネルギー収差という．エネルギー収差は，図11.2のような静電場エネルギー分析器（飛行するイオンを放射状電場でエネルギー分析する分析器）との組合せにより取り除くことができる．電場と磁場を調節して特定の条件を満足させることにより，エネルギーの広がりをもつ同一質量のイオンを一点に収束させることができる（エネルギー収束）．

イオンはイオン源から異なる角度で質量分析計に入射するが，一様な磁場は 異なる方向のイオンを収束する作用をもつ（方向収束）．方向収束とエネルギー収束を同時に行う図11.2のような装置を二重収束質量分析計という．これにより質量（原子質量単位：u）を小数点以下3桁まで決定できる．

11.1.2 四重極型質量分析計

四重極型質量分析計（quadrupole mass spectrometer：QMS）の原理は，1953年にドイツの Paul によって発明された．QMS は以下のような特長をもつ．① 小型軽量，② 価格が手ごろ，③ m/z を高速走査することが容易で，コンピュータとの結合により幅広い応用が可能，④ 比較的高い圧力（10^{-4} Torr）でも作動可能なので，ガスクロマトグラフィー/質量分析（GC/MS），液体クロマトグラフィー/質量分析（LC/MS）などへの応用に適する，⑤ イオンが m/z に対して等間隔に現れるので，質量数の読み取りが容易．

QMSは，図11.3のような4本の双極面をもつ金属柱（あるいは円柱）からなる．図に示すように，対向する電極対に極性を逆にした直流電圧と高周波電圧を重ね合わせた $\pm(V_d + V_a \cos\omega t)$ を印加し，z 軸に沿って10 eV程度に加速したイオンを入射させる．入射イオンは電場の影響を受けて振動しながら z 方向へ進む．このとき，特定の m/z をもつイオンのみが通過でき，残りは x，y 方向に発散して電極に衝突して中性化する．このように，QMSは特定の m/z をもつイオンのみを選別して検出するので，マスフィルターとも呼ばれる．質量 m（一価イオンとする）のイオンを発散させずに安定に振動させて検出するには，式(11.4)で表した a と q の値を図11.4の斜線の領域に設定すればよい（r_0：中心軸と電極間の距離）．

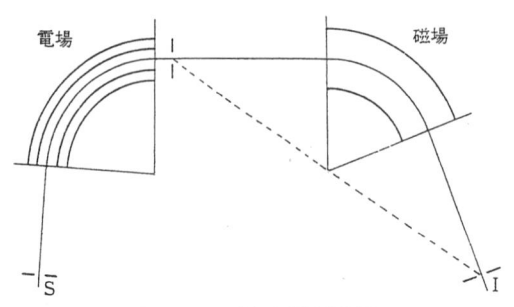

図11.2 二重収束質量分析計
S：イオン源スリット，I：イオン検出用スリット．

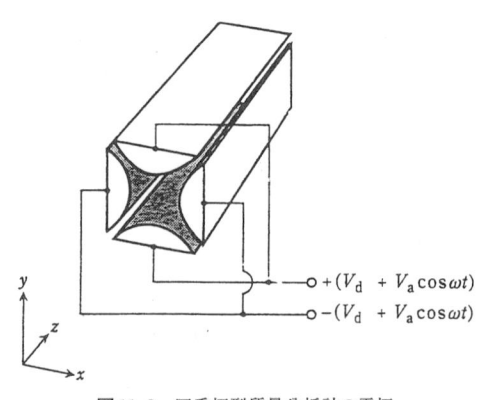

図11.3 四重極型質量分析計の電極

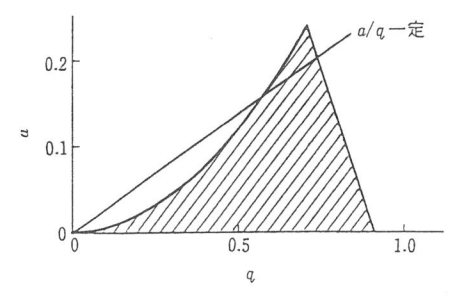

図11.4 四重極型質量分析計におけるイオン検出の安定条件

$$a = \frac{8eV_d}{mr_0^2\omega^2}, \quad q = \frac{4eV_a}{mr_0^2\omega^2} \quad (11.4)$$

安定領域の頂点では $a = 0.237$, $q = 0.706$ となる．高周波の周波数 ω を一定にして，V_d/V_a の比を一定に保ちながら V_d と V_a をゼロから増加させていくと，a と q は図11.4の直線に沿って増加し，この直線が安定領域にあるときだけ質量 m のイオンが検出される．また，特定の a（または q）に対して，m は V_d（または V_a）に比例するから，電圧 V_a と V_d をゼロから増加させると，イオンは低質量から高質量にわたって順次検出され，質量スペクトルが得られる．これが QMS の原理である．図11.4からわかるように，QMS の分解能は a/q の直線が安定領域の頂点を通るときに最大となり，勾配が小さくなるにつれて低下する．V_a/V_d が5.96のとき，分解能が最大となる．分解能を上げるとイオンの透過効率が下がり，特に高質量側のイオンの検出感度が低下するので，適当に V_a/V_d を調節してイオン強度と分解能の最適条件を設定する必要がある．QMS ではあまり高い分解能は期待できないが，全質量域（最高2000～3000 u）にわたって単位質量を分解することは可能である．電極の入口と出口の電場の乱れが分解能や感度に影響するので，入口と出口に補助電極を用いて性能向上を図る工夫がなされる．

11.1.3 イオントラップ型質量分析計

四重極型質量分析計の原理を発明した Paul は，1956年に電場だけを用いてイオンを小さな空間に閉じこめる装置を考案した．これを，彼の名にちなんでポールトラップあるいはイオントラップという．図11.5に示すように，イオントラップは断面が双曲線で表される三つの電極からなる．中央の電極をリング電極，上下の二つの電極をエンドキャップ電極という．イオントラップは，四重極型質量分析計の原理（二次元）を三次元に拡張したものである．通常，リング電極とエンドキャップ電極の間に直流電圧 V_d と高周波電圧 $V_a \cos\omega t$ を同時に印加する．V_d の大きさにより z 軸と r 軸方向のポテンシャルの深さが調節できる．電極中央に不均一なポテンシャルが生じてイオンが装置の中心からの距離に比例する力を受け，イオンが中央の空間内に閉じこめられる．

マススペクトルの測定においては，高周波電圧 V_a を増加させてイオンの振幅を大きくすることで，エンドキャップ電極の中央に開けられた穴を通して低質量から高質量にわたるイオンを順次追い出し，これらを二次電子増倍管により検出する．二次電子増倍管とは，金属面にイオンを衝撃して二次電子をたたき出し，放出された電子を加速して次段の電極に当ててさらに多くの二次電子を放出させる，ということを繰り返して電流を増幅する検出器のことをいう（図10.11，図10.14参照）．イオントラップでは，特定の m/z をもつイオンのみをセル内に質量選別し（他のイオンは排除する），このイオンを高周波電場で励起して運動エネルギーを与えて希ガスなどの中性ガスとの衝突により衝突誘起解離させることができる．衝突誘起解離（collision-induced dissociation：CID）とは，運動エネルギーをもったイオンがターゲットガスと衝突し，衝突エネルギーの一部が内部エネルギーに変換され励起することでイオンの解離が起こる現象をいう．この衝突誘起解離の操作を次々と繰り返して行うことにより（n 回繰り返した場合，これを MS^n と呼ぶ），親イオンの構造情報を得ることができるため，特に生体関連物質の構造解析に威力を発揮している．Paul の業績に対して，1989年にノーベル物理学賞が与えられた．

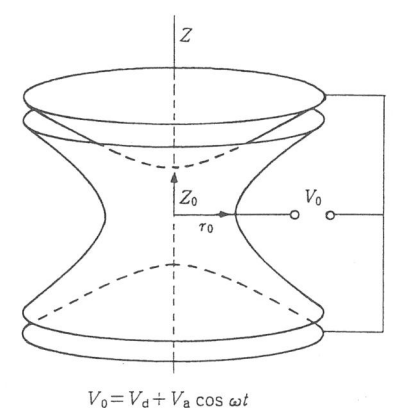

$V_0 = V_d + V_a \cos\omega t$

図11.5 イオントラップの構造

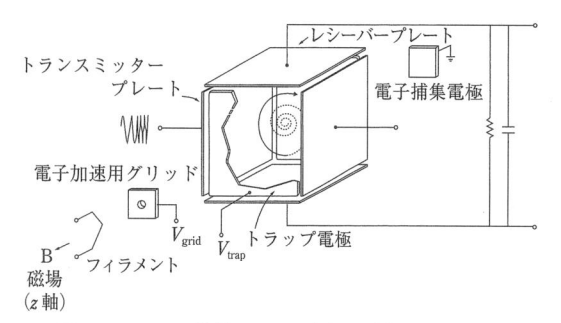

図11.6 FTICR装置のセル（中川秀樹：*J. Mass Spectrom. Soc. Jpn.*, **44**, 415, 1996）

11.1.4 FTICR質量分析計

イオンサイクロトロン共鳴（ion cyclotron resonance：ICR）質量分析法の原理は，磁場中でのイオンの回転運動に基づく．磁場（B）に垂直方向の速度をもつイオン（質量m）は，磁場に垂直な平面内で等速円運動をする．この円運動の角周波数はサイクロトロン共鳴周波数ω_cと呼ばれ，式（11.5）で表される．

$$\omega_c = 2\pi\nu_c = \frac{qB}{m} \quad (11.5)$$

ここで，ω_c (rad·s^{-1}), ν_c (Hz), q はイオンの電荷 (C), B (T：テスラ), m (kg) である（MKS単位系）．式（11.5）から，ν_cを測定すればイオンの［質量/電荷］比が求められる．これがICR質量分析法の原理であり，周波数解析にフーリエ変換法を用いたものがFTICR質量分析計である．図11.6にFTICR装置のセルの構造を示す．磁場が印加されているz軸に対して回転しているイオンは，螺旋運動をしながら両サイドのトラップ電極に向かって移動する．ここで，トラップ電極にイオンと同じ極性の電圧（V_{trap}）をかけ，イオンをセル内にトラップすることができる．これによりイオンはz軸上を往復運動する．トランスミッタープレートにイオンのサイクロトロン共鳴周波数ν_cと同じ周波数の交流電圧をかけると，イオンが交流電場に共鳴して加熱されて速度を増し，回転半径が大きくなる．回転半径の大きくなったイオンは，レシーバープレートに誘導電流を発生するので，これを増幅し記録する．イオン加熱用の周波数を掃引することにより，マススペクトルが得られる．また，イオン加熱用発振器を用いて特定のイオンのみを強制加熱してイオンを中性ガスと衝突させて分解し（衝突誘起解離），イオンの構造情報を得ることもできる（(MS)^{n}操作）．

式（11.5）を微分すれば式（11.6）が得られる．

$$\frac{m}{\Delta m} = -\frac{\Delta\omega}{\omega} = -\frac{qB}{m\Delta\omega} \quad (11.6)$$

FTICRは質量分析計の中で最も高い質量分解能をもつことで知られている．式（11.6）よりFTICRの質量分解能はイオンの質量に反比例するので，高質量のイオンを高分解能で計測するためにはより強い磁場を用いる必要がある．超電導マグネットを用いて20 T以上の磁場が発生できるようになり，低質量領域において1億以上，高質量領域においても1千万もの高分解能が得られている．このような超高分解能測定で，従来不可能であったイオンの区別が可能となり，これが新しい基礎および応用研究を発展させている．

11.1.5 飛行時間型質量分析計

飛行時間型質量分析計（TOFMS）はイオンの飛行時間（time of flight）の相違によって質量分析を行う．イオンの飛行時間を精密に測定するという原理に基づくため，できるだけ短いパルスでイオンを生成する必要がある．パルス技術を基本とするので，磁場型質量分析計や四重極型質量分析計に比べて経時変化を伴う過渡的な現象の解析などにも威力を発揮する．TOFの特長として，① 短時間（数～数百 μs）で全質量範囲のマススペクトルが測定できる，② 生成したすべてのイオンを時間の関数として検出できる，③ イオンの透過率が高い（イオン光学系が明るい）ので検出感度に優れ，微量分析に適する，④ 測定可能な質量範囲に上限がない，などが上げられる．とくに，④は他の質量分析法にはないTOF唯一の特長といえる．TOFの欠点は，その分解能の低さにあったが，近年分解能向上に関して種々の改良が加えられ，優れた方法論として確立された．

図11.7に線形飛行時間型質量分析計の構成を示す．イオン源で電子線パルスやレーザーパルスによって生成したイオンは，電場により一定の運動エネルギーに加速され，長さlの無電界空間を飛行したのち，イオン検出器（二次電子増倍管の一種のマルチチャネルプレートが使用される）に到達する．質量mをもつイオンの飛行時間tは，式（11.7）で与えられる．

$$t = l\left(\frac{m}{2E}\right)^{\frac{1}{2}} \quad (11.7)$$

tはmの平方根に比例するので，大きなmの測定になるほど高い分解能が要求される．分解能に影響を与える2大因子は，イオン生成領域の空間幅，および生成

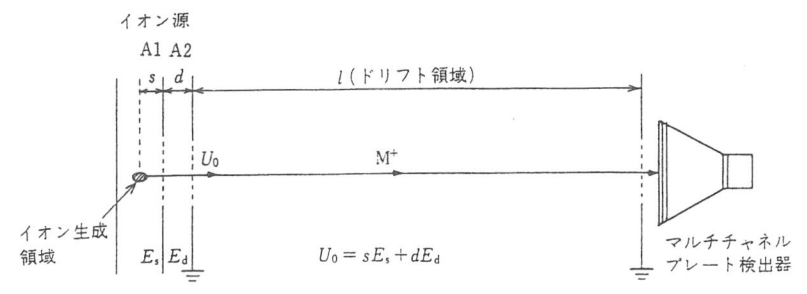

図11.7 線形飛行時間型質量分析計の構成（篠原久典：質量分析，**38**, 47, 1990）

するイオンのエネルギーの広がりである．図11.7に示すようなイオン生成領域の空間幅による時間差を補正するために，イオン生成領域に電場 E_s を印加する方法がある．検出器から遠い位置で生成したイオンほど，A1領域の電場で加速される距離が長くなるので，検出器に近い位置で生じたイオンに追いつかせることができる．追いつく位置を検出器とすることで分解能の向上が図れる．しかし，この方法ではイオン生成時のエネルギー広がりに基づく時間差を補正することはできない．このイオンの初期エネルギー分布に起因する飛行時間差は，図11.8に示したイオンリフレクターを内蔵する飛行時間型質量分析計で補償することができる．大きな運動エネルギーをもつイオンは小さい成分に比べてより速くイオンリフレクターに到達するが，運動エネルギーが大きいためにより長い時間リフレクター内に滞在する．小さな運動エネルギーのイオン成分は逆に短時間で反射されるために運動エネルギーの収束が起こり，検出器の位置での質量分解能が向上する．このような装置の改良と超単パルス制御のエレクトロニクスの発達が相まって，分解能1万を超える質量分解能が得られるに至っている．

パルスレーザーを使用するマトリックス支援レーザー脱離イオン化法（後述）は，TOFMSの特長を遺憾なく発揮させたものであり，有機質量分析法の最も有用な方法の一つとして普及している．

11.2 種々のイオン化法とその原理

11.2.1 光および電子によるイオン化（しきい値則）

イオン化とは，中性原子や分子から電子を取り去り正イオン（正の電荷をもつイオン）を生成することをいう．電子イオン化（electron ionization：EI）と光イオン化（photo-ionization：PI）では，原子や分子をイオン化する場合のイオン化断面積（イオンの生成確率を面積の単位で表した測度）のエネルギー依存性に本質的な違いがある．また，多価イオン（複数の電荷をもつイオン）が生成する場合のイオン化断面積も特徴的なエネルギー依存性を示す．イオン化が起こり始めるエネルギー（これをしきい値という）付近のイ

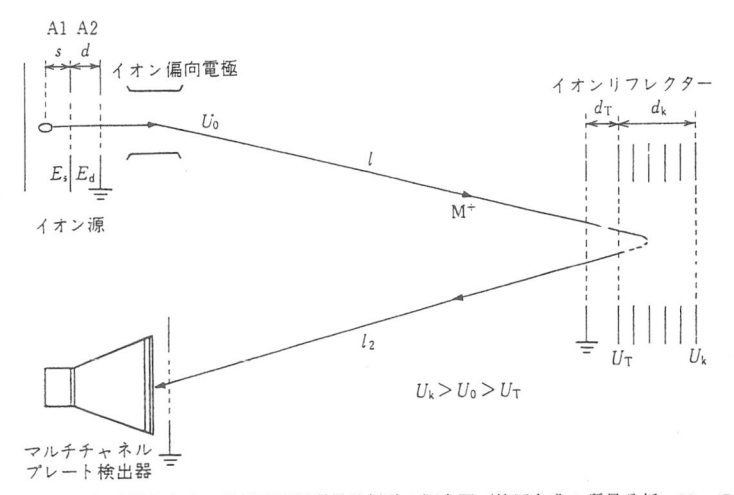

図11.8 イオン反射電場を有する飛行時間型質量分析計の概念図（篠原久典：質量分析，**38**, 47, 1990）

オン化効率曲線のエネルギー依存性は，近似的に「しきい値則」で説明される．分子が解離せずにイオン化する場合，しきい値付近でそのイオン化断面積σ_iと，光あるいは電子のエネルギーEとの間に，次のような比例関係がある．

$$\sigma_i \propto (E-E_c)^{n-1} \quad (11.8)$$

ここで，E_cはイオン化のしきい値エネルギー，nは分子がエネルギーを吸収してイオン化が起こるときに存在する自由電子の個数である．

光イオン化により，一価イオンが生成する過程，$AB+h\nu \to AB^+ + e$では，1個の自由電子が生じるので$n=1$である．したがって，$(E-E_c)^0 = 1$となり，イオン化効率はしきい値以上で入射光のエネルギーに依存せず一定となる．このため，光イオン化でのイオン化効率曲線は$h\nu$がしきい値（イオン化エネルギー）に達したところで急激に立ち上がる階段関数となる．

一方，電子によるイオン化，$AB+e \to AB^+ + 2e$では$n=2$なので，イオン化効率は$(E-E_c)^1$に依存することになり，しきい値付近ではイオン化効率が電子エネルギーの一次関数としてゼロからゆっくりと増加していく．そして，70eV付近で極大値に達し，それ以上のエネルギー領域では逆にゆっくりと減少していく．したがって，しきい値付近のエネルギーでは，電子によるイオン化断面積は，光イオン化に比べてはるかに小さい．市販の電子イオン化を用いる質量分析計では通常70eVの電子加速電圧を使用している．ガスクロマトグラフなどで分離された気体試料をイオン化室に直接導入してマススペクトルが測定される．マススペクトルは，分子イオンピークやフラグメントイオンピークからなり，分子イオンピークから試料の分子量が，またフラグメントイオンから分子の構造情報が得られる（図11.1参照）．なお，分子イオンとは分子が開裂することなくイオン化されたイオンを表し，これに対して，分子の開裂によって生じたイオンをフラグメントイオンという．

電子イオン化で多価イオンが生じる場合では，イオン化断面積は$(E-E_c)^{n-1}$（$n-1 \geq 2$）で増加するので，電子エネルギーの増加とともにイオンの生成量が急増する．

11.2.2 負イオンの生成

負イオン（塩化物イオンCl^-など負の電荷をもつイオン）は大別して以下の三つの機構により生成する．

(1) 電子捕獲：
$$AB + e \Leftrightarrow AB^{-*} \quad (11.9)$$
$$AB^{-*} \to A + B^- \quad (11.10)$$
$$AB^{-*} + M \to AB^- + M \quad (M：第3体) \quad (11.11)$$

（第3体とは，励起した化学種との衝突によりエネルギーを奪うことで相手を安定化させる化学種を意味し，反応には直接関与しない）

(2) イオン対生成：
$$AB + e \to AB^* + e \to A^+ + B^- + e \quad (11.12)$$

(3) 電荷交換：
$$AB + X \to AB^+ + X^- \quad (11.13)$$

電子捕獲反応のいくつかの例を示す．
$$O_2 + e \to O_2^- \quad (11.14)$$
$$\to O^- + O \quad (11.15)$$
$$SF_6 + e \to SF_6^- \quad (11.16)$$
$$\to SF_5^- + F \quad (11.17)$$
$$CCl_4 + e \to Cl^- + CCl_3 \quad (11.18)$$

反応(11.14)，(11.16)，(11.18)などはいずれも熱エネルギー程度の電子（周囲のガス分子と熱平衡にある電子）によって起こる．

原子や分子が正の電子親和力をもてば，それらは負イオンとして安定に存在することができる（反応(11.11)）．これまでに多くの原子，分子，ラジカル種の電子親和力が測定されている．電子親和力とは，基底状態の原子や分子に電子を1個付加し，基底状態の負イオンを生成するときに放出されるエネルギーを表す．

11.2.3 化学イオン化

ガス圧が10^{-4}Torr以下の気体試料を電子衝撃した場合，生成するイオンのほとんどは正イオンで，負イオンは正イオンの3桁以下の強度しか与えない．また，観測される正イオンは，分子イオンが解離したフラグメントイオンが主で，分子イオンが観測されない場合もある．イオン源のガス圧を上げていくと，イオンや気体分子の平均自由行程（衝突間に進む自由行程距離の平均値）が短くなり，イオンと分子が頻繁に衝突するようになり，この結果いろいろなイオン–分子反応が起こるようになる．また，気体に打ち込まれた電子がガス分子と多数回の衝突を起こして，最終的に熱平衡化する（電子の温度が周囲の気体分子と同温度となる）．このとき，気体中に正の電子親和力を有する分子が存在すれば，熱平衡化した電子がこれに付着して

負イオンが効率よく生成することになる．大気中のフロンガスの検出はこの現象を利用したものである．

電子線で試薬ガス（試料分子をイオン化するために用いられるガス）をイオン化してあらかじめ反応イオン（試薬イオン）を生成しておき，これと微量成分分子を反応させてイオン化し検出する方法を化学イオン化（chemical ionization：CI）という．原理的にはイオン源のガス圧が高くなるほど，試薬イオンと中性分子との衝突回数が増すので，微量成分の検出感度が高くなる．化学イオン化を大気圧下で行うのが，大気圧化学イオン化（atmospheric pressure chemical ionization：APCI）法である．試料は，ガスクロマトグラフあるいは液体クロマトグラフからイオン源へ直接導入される．以下に化学イオン化で利用される種々のイオン-分子反応について述べる[5])．

a. 電荷(電子)移動反応

より大きなイオン化エネルギー（イオン化エネルギー：基底状態にある気体原子や分子から1個の電子を無限遠に引き離すのに要するエネルギー）をもつ原子や分子のイオンが，これらより小さなイオン化エネルギーをもつ中性の原子や分子と衝突して相手から電子を奪ってイオン化する反応が電荷（電子）移動反応である．たとえば，微量のベンゼンを含む窒素ガスを電子衝撃でイオン化すると以下のような逐次的イオン-分子反応が起こり最終的にベンゼンが電荷移動反応(11.21)でイオン化される．

$$N_2 + e \rightarrow N_2^+ + 2e \quad (11.19)$$
$$N_2^+ + N_2 + M \rightarrow N_4^+ + M \quad (M：第3体) \quad (11.20)$$
$$N_4^+ + C_6H_6 \rightarrow C_6H_6^+ + 2N_2 \quad (11.21)$$

電荷移動反応では，反応のエネルギー（イオン化エネルギーの差）の大部分が生成するイオンに内部エネルギーとして与えられる（反応(11.21)においては$C_6H_6^+$イオン）．内部エネルギーとは，原子や分子の全エネルギーから運動エネルギーを差し引いたエネルギー，すなわち，電子，振動，回転エネルギーの総和を表す．この内部エネルギーが大きいと生成したイオンは単分子分解し，数種のフラグメントイオンが生じる．通常，イオン化エネルギーの異なる種々のガスを試薬ガスとして使い分けて，生成するイオンに与えられる内部エネルギーを調節する．反応のエネルギーを小さく抑えれば主に分子イオンが生成し，分子量の情報が得られる．また，逆に反応のエネルギーを大きくしてフラグメントイオンを生成させれば分子の構造情報を得ることができる．

b. プロトン移動反応

プロトン移動反応(11.22)は，化学イオン化の中でも最も重要な反応の一つである．

$$AH^+ + B \rightarrow BH^+ + A \quad (11.22)$$

ここで，試薬イオンAH^+の生成例を上げる．

試薬ガスが水素の場合：
$$H_2^+ + H_2 \rightarrow H_3^+ + H$$

試薬ガスがメタンの場合：
$$CH_4^+ + CH_4 \rightarrow CH_5^+ + CH_3 \quad および$$
$$CH_3^+ + CH_4 \rightarrow C_2H_5^+ + H_2$$

試薬ガスが水蒸気の場合：
$$H_2O^+ + H_2O \rightarrow H_3O^+ + OH$$

ここで，H_2^+，CH_4^+，CH_3^+，H_2O^+などは，電子衝撃などで生成する初期生成イオンである．一般に，発熱性のプロトン移動反応(11.22)では，「イオンと分子が衝突すれば必ず反応が起こる」．これを衝突速度という．反応速度定数は，$10^{-9} cm^3 \cdot molecule^{-1} \cdot s^{-1}$以上の値となる．たとえば，反応$CH_5^+ + H_2O \rightarrow H_3O^+ + CH_4$の速度定数は$3.7 \times 10^{-9} cm^3 \cdot molecule^{-1} \cdot s^{-1}$という大きな値をもつ．このように反応効率が高いので，pptレベルに至る極微量成分の分析に威力を発揮する．また，宇宙空間においても物質の化学進化に重要な働きをしている．

反応(11.22)のエンタルピー変化（$\Delta H°$，反応熱は$-\Delta H°$）は，分子AとBのプロトン親和力（分子にプロトンを付加させたときの反応熱の負値）の差で与えられる．微量成分Bの分析には，Bよりもプロトン親和力の小さいAを試薬ガスとして用いてAH^+を生成し，これをBと反応させてBH^+を生成させる．反応(11.22)のようなプロトン移動反応では，新しい結合が形成される化学種，すなわちBH^+に反応のエネルギー（すなわち$-\Delta H°$）の大部分が与えられるので，AとBのプロトン親和力の差が大きくなるとBH^+が解離してフラグメントイオンを与えるようになる．したがって，分析対象となる試料分子Bのプロトン親和力の大きさに応じて，試薬ガスAを適当に選択すれば，分子量および分子構造の情報をあわせて得ることができる．

11.2.4 表面電離（熱イオン化）

表面電離（surface ionization：SI）とは，表面が関与するイオン化を総称する．ここでは，サハ-ラング

ミュア（Saha-Langmuir）の式で表される固体表面における熱イオン化について述べる[2]．

温度Tの固体表面に入射した中性粒子が表面と衝突し，N_0個の中性粒子とN^+個の正イオンが表面から脱離する場合，$\alpha = N^+/N_0$をイオン化度という．イオン化度αは，固体の仕事関数ϕ（金属や半導体の表面から電子を一つ取り出すのに必要な最小のエネルギー）および表面温度Tの関数としてサハ－ラングミュアの式で表される．

$$\alpha = \frac{g^+}{g_0} \exp \frac{\phi - IE}{kT} \quad (11.23)$$

ここで，g^+/g_0はイオンと中性粒子の統計的重率（エネルギー準位の縮退度）の比，IEは中性粒子のイオン化エネルギー，kはボルツマン定数である．式（11.23）から，粒子のイオン化エネルギーが小さいほど，また固体の仕事関数が大きいほど熱イオン化がエネルギー的に有利になり（イオン化過程の活性化エネルギー，$IE - \phi$の値が小さくなるため）イオン化度αが大きくなる．真空下でレニウムやタングステンを加熱し，常時10^{-5}Torr程度の酸素ガスを導入すると，大きな仕事関数をもつ酸化皮膜を金属表面に生成することができ，熱イオン化が促進される．

固体表面に入射する粒子が，正の電子親和力（electron affinity：EA）をもつ場合，表面電離により負イオンが生成する．負イオンのイオン化度α（$= N^-/N_0$）は式（11.24）で与えられる．

$$\alpha = \frac{g^-}{g_0} \exp \frac{EA - \phi}{kT} \quad (11.24)$$

式から，負イオンは入射粒子の電子親和力EAが大きいほど，また固体の仕事関数ϕが小さいほど生成しやすいことがわかる．式（11.23），（11.24）ともに，指数項は負の値をもつので，温度が高いほどイオン化度が大きくなると予想されるが，実際には最大のイオン化度を与える最適温度がある．最適温度を超えるとイオン化度が減少するのは，高温になるにつれて表面で複雑な副次反応が起こり始めるからである．

11.2.5 エネルギーサドン法

難揮発性化合物は液体あるいは固体のような凝集相の形をとるので，これを質量分析するためには，試料を気化させ，さらにはイオン化させる必要がある．しかし，試料を単に加熱するだけでは，試料が気化する前に熱分解が起こり有用なマススペクトルは得られない．したがって，高分子量の難揮発性試料を質量分析するには，試料を熱分解させることなく瞬時に気化させ，気相に抽出する必要がある．これを可能にするのが，エネルギーサドン法である．これまでにソフトなイオン化法として多くのエネルギーサドン法，たとえばFAB/LSIMS，マトリックス支援レーザー脱離イオン化法，などが開発されてきた．これらの方法においては，試料は通常マトリックス（これまでに各試料に対応した種々のマトリックス分子が開発されてきている）に混合され，イオン化室に間接導入される．エネルギーサドン法はソフトなイオン化法で，試料分子は分子量関連イオン（M^+, M^-, $[M+H]^+$, $[M-H]^+$, $[M-H]^-$, $[M+Na]^+$, $[M+Cl]^-$, $[M+NH_4]^+$など）として観測できる．また，これらのイオンの構造情報を得るために，生成したイオンを中性ガス分子と衝突させて解離させる衝突誘起解離法が開発されている．これらの方法に共通しているのが「運動エネルギーをもつ粒子やイオンと物質の相互作用」である．そこで，運動エネルギーをもった粒子同士が衝突したとき，どのようなメカニズムで運動エネルギーが内部エネルギーに変換されるかを考える[6]．

原子や分子が関与する衝突においては，電子，振動，回転などの分子の内部自由度が励起される非弾性衝突過程が重要である．このような衝突現象においては，相対運動エネルギーよりもむしろ相対「速度」が重要な意味をもつ．これは，マッセイの衝突パラメーターR_Mで理解される．

$$R_M = \frac{t_c}{\tau} \quad (11.25)$$

ここで，t_cは衝突粒子同士が相互作用する時間，τは分子の電子，振動，回転の周期，またターゲットが液・固体の場合には格子振動（フォノン：分子間相互作用による振動）の周期などに対応する．

・$R_M \gg 1$： 衝突する粒子の速度が相手の運動の周期に比べて十分小さい場合であり，ゆっくりと近づく衝突粒子に対してターゲットの運動モードは断熱的（adiabatic：熱の流れが遮断された状態，すなわち，二つの状態間に相互作用がないとする近似的な考え）に対応するので，衝突による相互作用は弱く，衝突後はもとの状態に戻ってしまう．したがって，衝突する粒子の運動エネルギーがターゲットの内部エネルギーに変換される効率は小さい．

・$R_M = 1$： 衝突時間がターゲットの運動の周期

と一致するので，エネルギー移動が共鳴的に起こり，運動エネルギーが内部エネルギーへ変換される効率は最大となる．

・$R_M < 1$：　この場合，衝突粒子の通過時間が相手の運動周期に比べて短く，ターゲットの運動のモードは入射粒子に対してほとんど静止していると見なすことができ，エネルギーや運動量をやりとりする時間が短いので，運動エネルギーの内部エネルギーへの変換効率は下がる．しかし，衝突は非断熱的に起こり，衝突の起こる局部において瞬間的な運動量移行や電子励起・イオン化が可能となるので，運動エネルギーの内部エネルギーへの移行は無視できない．

式 (11.25) における運動の周期 τ （おおよその目安）は，電子（$\tau \lesssim \sim 10^{-15}$s），振動（$\tau \approx \sim 10^{-13}$s），回転（$\tau \approx \sim 10^{-12}$s），および固体の場合でのフォノン（格子振動）（$\tau \gtrsim \sim 10^{-13}$s）など，時間的に広く分布しているので，入射粒子の速度を適当に調節して，特定の運動モードを優先的に励起させることができる．以下に，各種のエネルギーサドン法を式 (11.25) と関連させながら紹介する．

a. 高速原子衝撃/液体二次イオン質量分析法

グリセリンなど真空下でも気化しにくい流動性のマトリックスに難揮発性試料を溶解あるいは混合して，これを高速の希ガス原子（fast atom）あるいはイオンで衝撃すると，生体高分子などの分子量関連イオンが観測できる．グリセリンなどの流動性マトリックスは，一次粒子の衝撃で生じる損傷を緩和して安定に試料イオンを観測するうえできわめて有効に働く．マトリックスが 10keV 程度の希ガス原子やイオンで衝撃されると，マトリックス表面近傍で多重衝突が起こる．これによって種々の励起とそれに続くフォノン（流動性のマトリックスの場合，分子間の振動）の励起が起こって，粒子の弾道に沿って衝撃波（爆発に伴う圧縮波のような圧力，密度，温度が急激に増加する不連続面）が発生する．この結果，衝撃を受けたマトリックスの局所領域近傍が瞬時に加熱されて集団的に気化する．これにより，あらかじめイオンとして存在していた試料は，マトリックスとともに真空側に運ばれて質量分析が可能となる．衝撃波の発生でフォノンが有効に励起されるが，投入されたエネルギーが試料分子自身の振動励起にはつながりにくいので（衝撃波に対して振動運動は断熱的に作用するため），試料分子の分解は起こりにくい．また，入射する衝突粒子のサイズが大きくなるほど（たとえば，He→Xe），マトリックスのフォノン励起がより優先的に起こるので，集団気化するマトリックスの領域が広がり，より大きな分子量をもつイオンがそのまま分解されることなく測定されるようになる．高速原子衝撃/液体二次イオン質量分析法（FAB/liquid SIMS：LSIMS）では，あらかじめ試料をマトリックス調製時にイオン化しておくことが望ましいが，一次イオンによる衝撃で発生するプラズマ内で二次的に試料分子がイオン化される場合もある．

粒子衝撃に伴って流動性マトリックスは優先的に表面から気化して，試料がマトリックス表面に濃縮されこれが強く観測されることになる．このため，表面（界面）活性の大きい試料（分子内に親水性と疎水性の部分をあわせもち，界面の自由エネルギーを著しく低下させる化合物）ほど表面に濃縮されやすく，このようなイオンの強度が増強されるという傾向がみられる．たとえば，極性の強いマトリックス中では，疎水基をもつ試料分子の表面活性が大きくなり，マトリックス表面に濃縮されやすくなる．このように，FAB/LSIMS ではマトリックスの調製がイオンの検出感度を大きく左右することになる．マトリックスとしては，グリセリンのほか，チオグリセリン，ジチオトレイトール/ジチオエリトリトール（5：1）（magic bullet），m-ニトロベンジルアルコール（m-NBA），低分子量グリコール，トリエタノールアミン，ジエタノールアミン，などがある．

b. マトリックス支援レーザー脱離イオン化法

FAB/LSIMS と並ぶ難揮発性化合物の穏やかなイオン化法として，適当なマトリックスに試料を溶解させ，これにパルスレーザー光を照射することによりイオンを発生させるマトリックス支援レーザー脱離イオン化法（matrix-assisted laser desorption ionization method：MALDI）がある．難揮発性物質を直接基板に塗布してこれをレーザー照射すると，分子量関連イオンはほとんど現れず，分子が分解したフラグメントイオンしか観測されない．ところが，レーザー光の波長に吸収をもつマトリックスを用い，これに 5000 分の 1 程度に希釈溶解した試料を調製し，これを基板に塗布してレーザー光を照射すると，大きなシグナル強度で，しかも再現性よく分子量関連イオンを観測することができる．

レーザー照射された試料に起こる現象の概念図を図

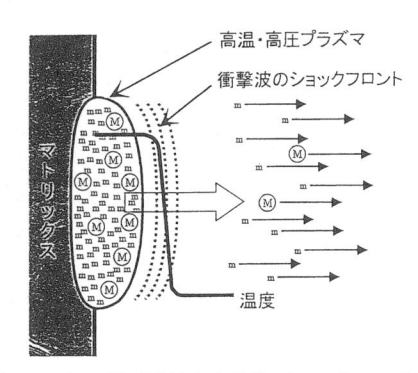

図11.9 レーザー照射された試料において起こる現象の概念図
m：マトリックス分子，M：試料分子．

11.9に示す．レーザー光の波長に吸収帯をもつマトリックスにレーザー光が照射されると，表面近傍の薄い層のマトリックス分子が光を吸収して一斉に電子励起される．この電子励起エネルギーは，きわめて短時間内に緩和して，分子間振動，すなわちフォノンが集団的に励起された状態になる．これにより，照射されたマトリックスの局所領域に高温・高密度プラズマが発生する．こうして瞬間的に慣性閉じこめ状態になった高温・高圧プラズマは真空側に向かって膨張し始める．このときの分子の速度はマトリックス中での音速を超えるので，進行方向に衝撃波が発生する．衝撃波の前面では分子同士の激しい衝突によって急激な温度上昇が起こる．このように，瞬間的に加熱されたマトリックス分子は，協同的に真空側に揃って飛び出し，マトリックス中に分散して散在する試料分子を同じ方向に揃えた状態で輸送する．試料分子がマトリックス中でイオンとして存在すれば，そのままの状態で検出される．また，プラズマ内に生じたイオン（アルカリイオンなど）が試料分子に付加したり，あるいはイオン分子反応が起こって中性試料分子が化学イオン化される現象も併せ起こる．発生するイオンの速度は，イオンの質量によらずおおむね揃っていることがわかっている．これは，マトリックス中に希釈された試料が，一斉に膨張するマトリックス分子に運ばれるためにマトリックス分子の速度に揃うからである．また，速度の方向は図11.9に示すように試料面に垂直方向のベクトル成分が平行成分に比べてはるかに大きくなる．このように，供給されたレーザーエネルギーの多くがフォノン励起に瞬間的に変換されるので，振動励起による試料分子の分解が起こりにくい．このように，エネルギーサドン法に共通しているのは，瞬間加熱（フォノン励起）により衝撃波を発生させて，試料を真空側に一斉にスパッターさせ，試料分子を分解することなく気相に抽出して分析することである．

試料調製のうえで重要なのは，試料をマトリックスに溶解させて単独の分子を均一にマトリックス中に分散させることである．試料がマトリックスに溶解せず互いに凝集すると良好なマススペクトルは得られない．したがって，レーザー波長に吸収をもつマトリックスを使用することはもちろんのこと，対象となる試料を溶解するマトリックスを選択する必要がある．使用されるレーザーとして代表的な337 nmの窒素レーザー光を吸収するマトリックスとしては，ケイ皮酸（汎用），3-アミノ-4-ヒドロキシケイ皮酸（ペプチド，脂質，ヌクレオチド，ポリマーの分析用），2,5-ジヒドロキシ安息香酸（糖，ペプチド，ヌクレオチドポリマーの分析用）などがある．

質量分析計としては，レーザーパルスの特性が利用でき，また測定可能な質量に上限がない飛行時間型質量分析計が用いられる．発生するイオンの速度がイオンの質量に大きく依存せず比較的揃っているということは，質量の大きなイオンほど大きな運動エネルギーをもつということを意味し，実験条件により数10eVにも及ぶ．MALDIでは同じ［質量/電荷］比をもつイオンが，ある程度運動エネルギーの広がりをもつことは避けられない．飛行時間型質量分析計の項で述べたように，リフレクターを有するTOFを用いれば，イオンの運動エネルギーの広がりを補償できるので分解能の高いマススペクトルを得ることができる．

MALDIの優れた特長点として，操作が容易，試料に含まれる緩衝液の影響を受けにくい，合成ポリマーの分析が比較的容易に行える，などが上げられる．現在，利用可能なイオン化法のうち，高質量分析に関しては，MALDIと次に述べるエレクトロスプレー[7]の二つが最も有力な手段となっている．

11.2.6 エレクトロスプレーイオン化法

電気伝導性の液体に電場を印加すると液体が帯電した微細な液滴として噴霧される，という現象は古くから知られていた．電解質溶液を金属細管からゆっくり流出させ，対向する電極に対して金属細管に電圧を印加していくと，金属細管先端の液体のメニスカスがテーラー（Taylor）コーンと呼ばれる円錐形に変形してその先端から高度に帯電した直径数μmの微小液滴が

発生する．これは，尖った金属先端にきわめて強い電場が発生するためである．印加電圧をV，金属細管の半径をr，金属細管と対向する平板電極間との距離をdとすると，細管先端の電場強度Eは式（11.26）で与えられる．

$$E = \frac{2V}{r} \ln \frac{4d}{r} \quad (11.26)$$

通常のエレクトロスプレー（electrospray：ES）で用いる金属細管先端でのEの値は数万$V \cdot cm^{-1}$という大きな値となる．電場にさらされた液体内部ではイオン電流が発生する．たとえば，金属細管に正の電圧を印加した場合，先端から流出した溶液中の正イオンは電場の影響でテーラーコーンの液体表面に，また負イオンはその逆方向に泳動する．液体表面に移動した過剰正イオンは，表面近傍の薄い層に集中して存在する．正電荷が濃縮された薄い表面層は電場の力を受けて対極に引っ張られて，テーラーコーン先端から高度に帯電した液滴が噴霧されることになる．テーラーコーンの表面に凝集したイオンの表面密度は一様ではなく，電場強度が最も大きくなるテーラーコーン先端のイオン密度が最も大きくなる（ガウスの法則から理解される）．高度に帯電した液滴がテーラーコーン先端から発生するのはこのためである．帯電液滴を乾燥することにより，気相イオンが生成する．

イオン濃度が$10^{-5}M$以下の低濃度では，電解質溶液中の正イオンと負イオンをほぼ完全にテーラーコーン内で分離することができる．この点から，エレクトロスプレー法は，帯電液滴形成法としては極限の技術といえる．しかし，溶液のイオン濃度が$10^{-5}M$を超えると正イオンと負イオンの分離が十分に行われにくくなり，発生する帯電液滴中に反対符号のイオンが残存するようになる．印加電圧を増加させれば溶液中の正・負イオン間の分離を促進できるが，電場強度が約3万$V \cdot cm^{-1}$を超えると1気圧の気体が放電破壊を起こす．放電が発生すると金属細管先端の電場強度は急減し，溶液中のイオンはほとんど観測されなくなる．放電破壊を起こさずに金属細管に印加できる電圧はせいぜい3から4kV程度までである．この印加電圧において，正イオンと負イオンを分離できる電解質溶液の上限濃度が$10^{-5}M$程度なのである．LCの緩衝剤などの存在がエレクトロスプレーにとって障害になるのは，緩衝剤の濃度が$10^{-5}M$を越える場合が多いからである．電子捕捉剤であるクロロホルムを溶液中に加えたり，帯電液滴乾燥用に用いる対向流ガスにSF_6を混ぜると放電破壊が起こりにくくなる．エレクトロスプレーが可能な電解質溶液の電気伝導度は10^{-13}から$10^{-5} S \cdot cm^{-1}$（$S = \Omega^{-1}$）の範囲にあり，無極性溶媒や濃度の高い電解質溶液はエレクトロスプレーすることが難しい．

他法にはないエレクトロスプレーの最大の特長は，

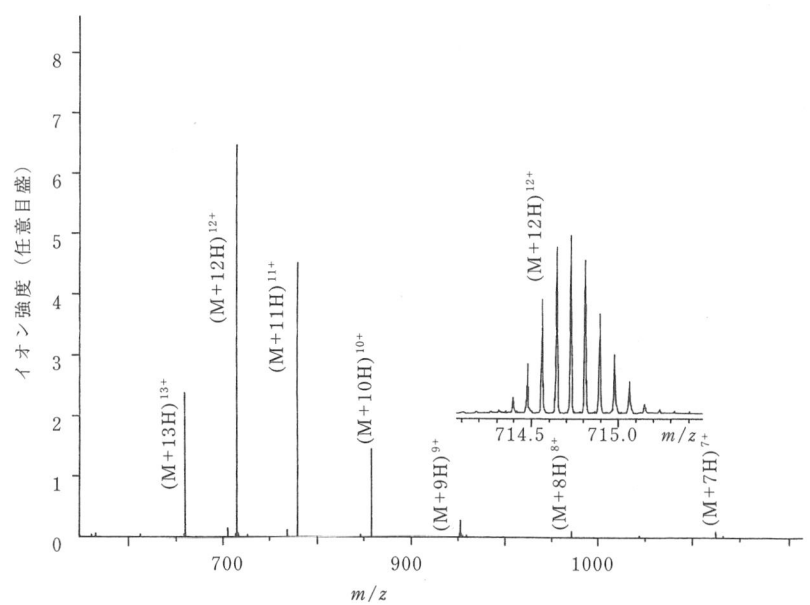

図11.10 ユビキチン（ubiquitin）をエレクトロスプレー法でFTICRにより測定したマススペクトル（日本ブルカー・ダルトニクス社提供）

多価イオンを生成することができる点にある．生体関連試料などで，正の多価イオンを生成したい場合，酢酸やトリフルオロ酢酸などの酸を試料溶液に加えることで，より多くのプロトンが付加した多価イオン$[M+nH]^{n+}$を生成することができる．また，負イオンモードでは，アンモニアなどの塩基を添加することで，ペプチドなどの試料がOH^-イオンによって脱プロトン化され，多価の負イオン$[M-nH]^{n-}$が観測される．酸や塩基を加えなくとも多価イオンは観測されるが，その価数は加えた場合に比べて低くなる．糖などは，試料溶液にNa^+などの塩を加えることで，金属イオンと糖分子が会合したイオン$[M+Na]^+$として観測することができる．ポリエチレングリコールでは，Na^+イオンが複数個付加した$(M+nNa)^{n+}$が観測される．

図11.10にユビキチンをエレクトロスプレー法でFTICRによって高分解能測定したマススペクトルを示す．挿入図は，12価のイオン$(M+12H)^{12+}$の質量範囲を拡大したものである．1uに12本の炭素の同位体（^{13}C）ピークがあることから，このイオンが12価であることがわかる．

参 考 文 献

1) 松田　久編：マススペクトロメトリー，朝倉書店，1983．
2) 平岡賢三，日本化学会編：分離精製技術ハンドブック，p.435，丸善，1993．
3) J. R. Chapman著，土屋正彦，田島　進，平岡賢三，小林憲正訳：有機質量分析法，丸善，1997．
4) A. E. Ashcroft著，土屋正彦，横山幸男訳：有機質量分析イオン化法，丸善，1999．
5) 平岡賢三：質量分析，**28**, 185, 1980．
6) 平岡賢三：*J. Mass Spectrom. Soc. Jpn.*, **44**, 577, 1996．
7) 平岡賢三：*J. Mass Spectrom. Soc. Jpn.*, **47**, 140, 1999．

12 核磁気共鳴分光法

核磁気共鳴（nuclear magnetic resonance：NMR）分光法は，静止磁場中に置かれた原子核の核磁気モーメントの挙動を検出する装置であり，分子を構成する一つ一つの原子の置かれている環境を解析できる．この方法は単純な有機分子の構造を決めるだけでなく，測定機器やデータ処理用のコンピュータの進歩に伴い，タンパク質や高分子の構造解析，さらに医学の分野でも応用されている．しかし，最も一般的な使用目的は有機化合物の構造解析である．有機分子の構造を決定するためには，各種分析方法により得られた結果を総合的に判断して，正確な構造を導き出さなければならないが，その中でもNMR分光法は，化合物中の原子の電子状態や環境に関して直接の情報を与えてくれる．

12.1 NMRの原理

図12.1には，酢酸エチルのプロトン（^{1}H）のNMRスペクトルを示してある．このスペクトルから，次の三つの重要な情報を得ることができる．① 化学シフト：酢酸エチル分子中の3種類の水素原子が別々のピークとして現れる．② 積分強度：水素原子の数がピークの相対強度として解析できる．③ スピン-スピン結合：ピークの分裂様式から分子を構成する原子のつながりの情報が得られる．

このように，NMRは分子中の原子の置かれている環境をかなり詳細に調べることができる分析手法であり，多くの核種について測定できる．しかし，すべての核について調べられるわけではなく，磁性を示す核種のみが測定対象となる．原子番号または質量数が奇数であれば磁性核となる（表12.1）．最も一般的な核種はプロトン（^{1}H）核であり，ほとんどの有機化合物の分子中に含まれる元素で測定感度も優れている．炭素原子の場合は，^{12}Cが磁気的に不活性であるが^{13}Cについては測定できる．

原子核は陽子と中性子から構成され，自転しているので，それ自体を小さな磁石と見なすことができる

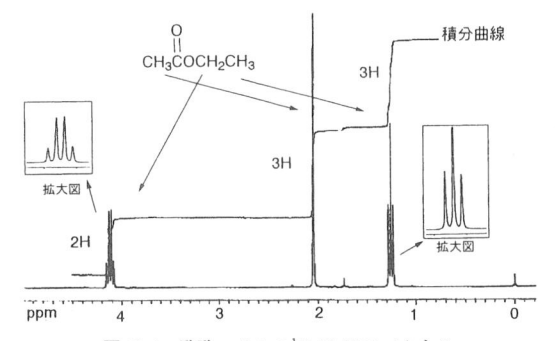

図12.1 酢酸エチルの^{1}H NMRスペクトル
(1) 化学シフト，(2) 積分強度，(3) カップリングに関する情報が得られる．

表12.1 原子核の磁気的性質

核種	スピン量子数 I	活性	天然存在比 (%)	磁気回転比 γ (10^{10} rad·T^{-1}·s^{-1})*	^{1}Hを1.00としたときの相対強度
^{1}H	1/2	有	99.984	26.75	1.00
^{2}H(D)	1	有	1.56×10^{-2}	4.107	9.64×10^{-3}
^{3}H(T)	1/2	有	0	2.853	1.21
^{12}C	0	無	98.9	0	0
^{13}C	1/2	有	1.108	6.728	1.59×10^{-2}
^{14}N	1	有	99.635	1.93	1.01×10^{-3}
^{15}N	1/2	有	0.365	-2.712	1.04×10^{-3}
^{16}O	0	無	99.76	0	0
^{17}O	5/2	有	3.7×10^{-2}	-3.628	2.91×10^{-2}
^{19}F	1/2	有	100	25.18	8.34×10^{-1}
^{29}Si	1/2	有	4.70	-5.319	7.85×10^{-3}
^{31}P	1/2	有	100	10.84	6.64×10^{-2}
^{35}Cl	3/2	有	75.4	2.624	4.71×10^{-3}
^{37}Cl	3/2	有	24.6	2.184	2.71×10^{-3}

* T＝テスラ

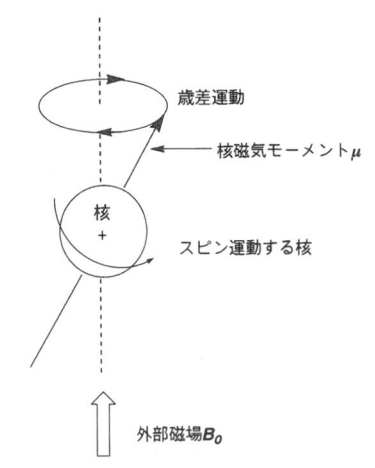

図12.2 磁場中での核磁気モーメント（核スピン）
電荷の回転により磁場が発生し磁石と見なせる.

（図12.2）．すなわち，磁気モーメント（スピン）をもっているのである．この小さな磁石の磁気モーメントは外部磁場のないときは無秩序な配列をしている（図12.3(a)）が，強い磁場中に置かれると，大きな磁場の影響を受けて磁場に沿って配向する（図12.3(b)）．この配向の仕方は核のスピン量子数 I により決定し，$(2I+1)$ とおりある．最も簡単なプロトン（^{1}H）や炭素原子（^{13}C）は，表12.1に示すようにスピン量子数が1/2なので，配向の仕方は2とおりあり，スピンの方向が外部磁場方向に沿ったもの（αスピン状態：低エネルギー状態）と，それに逆方向（βスピン状態：高エネルギー状態）の二つに分裂する（ゼーマン分裂）．それらのスピンの数は同じではなく，ボルツマン分布により，低エネルギー状態をもつ核スピンの数がわずかに多くなる．この状態で二つのスピン状態間のエネルギー差（ΔE）に相当するエネルギーを与える（ラジオ波領域の電磁波を照射する）とスピンは共鳴状態になり，αスピンの核がβスピンに反転するようなエネルギーの吸収が起こる（図12.3(c)）．βスピンに遷移した核は，徐々にエネルギーを放出して（緩和）も

とのα状態に戻る．共鳴状態では遷移と緩和が連続的に起きており，NMR分光法は，このエネルギーの吸収と放出（緩和）を観測している．

この二つのスピン状態間のエネルギー差 ΔE はゼーマンエネルギーと呼ばれ，プランク定数 h，共鳴周波数 ν，磁気モーメント μ，外部磁場の強度 B_0 を用いて表すと

$$\Delta E = h\nu = 2\mu B_0 \quad (12.1)$$

さらに，μ は，核磁気回転比 γ（表12.1参照）を用いて表すと，

$$\mu = \frac{\gamma h}{2\pi} I \quad (12.2)$$

式（12.1），（12.2）より

$$\nu = \frac{\gamma}{\pi} I B_0 \quad (12.3)$$

^{1}H や ^{13}C のスピン量子数 I は1/2であるから，共鳴周波数は

$$\nu = \frac{\gamma}{2\pi} B_0 \quad (12.4)$$

と表される．

式（12.4）から共鳴周波数 ν は外部磁場の強度 B_0 に比例することがわかる（図12.4）．電磁波の周波数を一定にして磁場を変化させていけば共鳴する位置で電磁波の吸収が観測される．逆に，周波数を一定にして磁場を掃引することによっても共鳴点が観測され，スペクトルを得ることができる．

NMRの感度，すなわちシグナルの強度は，αスピン準位にある核スピンがラジオ波エネルギーを吸収してβスピン準位に遷移した数によって決まる．すなわち，ラジオ波を吸収する前の両準位間の核スピン数の差に依存する．両準位にある核スピンの比はボルツマン分布の式によって表され，

$$\frac{N_\alpha}{N_\beta} = \exp\frac{\Delta E}{kT} \fallingdotseq 1 + \frac{1}{kT}\frac{\gamma h B_0}{2\pi}$$

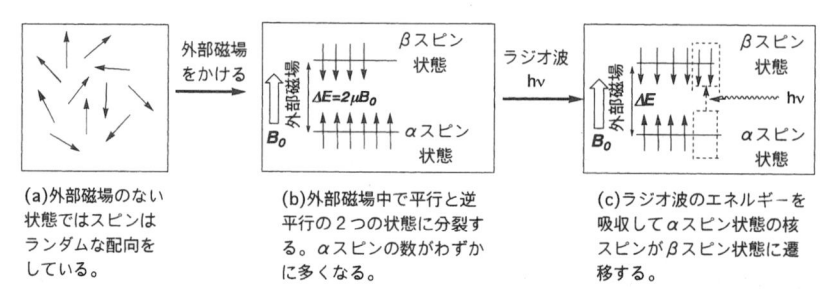

(a)外部磁場のない状態ではスピンはランダムな配向をしている．

(b)外部磁場中で平行と逆平行の2つの状態に分裂する．αスピンの数がわずかに多くなる．

(c)ラジオ波のエネルギーを吸収してαスピン状態の核スピンがβスピン状態に遷移する．

図12.3 外部磁場をかけたときの核スピン（$I = 1/2$の場合）の挙動

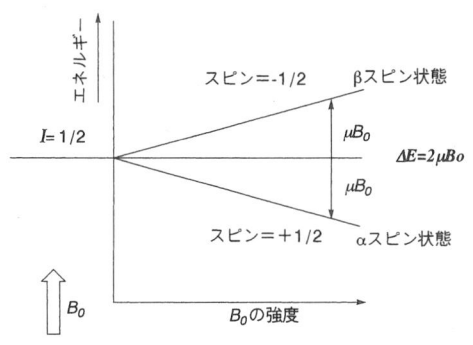

図12.4 スピン量子数が1/2の場合の核スピンのエネルギー準位と外部磁場の関係
エネルギーは磁場強度に比例して大きくなる．

となる．ここでN_αおよびN_βは，それぞれα状態とβ状態にある核スピンの数，kはボルツマン定数である．ボルツマン分布の式からわかるように，NMRは外部磁場が大きいほど感度はよくなる．高分解能を得るために300～500 MHzの機種が多く用いられているが，高分子量物質の測定には800 MHz以上の装置も製造されている．外部磁場が1.4 T（テスラ），2.35 T，4.7 T，9.4 Tのとき，共鳴周波数はそれぞれ60 MHz，100 MHz，200 MHz，400 MHzに対応する．

12.2 装置および試料調製

NMRの測定装置は磁石，分光計，コンピュータの三つの部分から構成されている．磁石は，旧型の装置では永久磁石が使われているが，最近ではほとんど超伝導磁石を用いている．試料は均一にするためにプローブの中で高速で回転させる．NMR測定用サンプルは，通常均一な溶液に調製し，ガラス製の精密な試料管（一般には直径5または10 mmのガラス管）に入れる．低分子量の化合物で数mg，高分子量ならば十数mg必要である．有機化合物の測定溶媒としては，重水素化されたクロロホルム（$CDCl_3$）が一般的だが，測定条件や試料の溶解度によりCD_3OD，$(CD_3)_2SO$，D_2O，$(CD_3)_2CO$などもよく用いられる．

12.3 連続波法とパルス・フーリエ変換法

これまでは均一な磁場中に置かれた核に対してラジオ波を照射し，その相互作用について説明してきた．しかし，NMR装置で共鳴条件を得るためには，磁場を一定にしてプロトンの周波数範囲にわたって発振器の周波数を掃引する方法と，または発振器の周波数を一定に保ち外部磁場を掃引する方法がある．これらの場合には，異なる電子的環境にあるスピンが一つずつラジオ波を吸収してシグナルが観測される．これは連続波法（CW法，continuous wave method）と呼ばれ初期の装置に用いられていた．最近では，パルス－フーリエ変換法（FT法，pulse-Fourier transform method）がほとんどの機種で採用されている．FT法では，強力なパルス状のラジオ波を照射することにより，測定対象となるすべての核を同時に共鳴状態にする．スピンがもとの状態に戻る過程（緩和過程）で試料から放出される弱い電磁波を検出する．この電磁波は時間とともに段々弱くなり，通常は数秒で消失し，自由誘導減衰（FID）信号と呼ばれている．これにはすべての核の情報が含まれており，それぞれの核の情報を一度に得ることができる．時間軸をもったFIDシグナルのままでは情報を読みとりにくいため，周波数の関数にフーリエ変換すると周波数軸をもつ通常のスペクトルを得ることができる．この測定を繰り返すことでFIDシグナルをコンピュータに記憶して重ね合わせること（積算）が可能であり，感度の低い核種や低濃度のサンプルを測定するときに威力を発揮する．

12.4 ^{1}H NMRスペクトル解析

12.4.1 遮蔽と化学シフト

NMR吸収の位置は化学シフトと呼ばれ，NMRスペクトルは横軸がエネルギーに対応しており，外部磁場の大きさの100万分の1（ppm）を単位としている．一般に用いられるδ値は，基準物質としてテトラメチルシラン$(CH_3)_4Si$（TMS）を用い，この化学シフトを0 ppmとし，これからのずれを示している．大部分の有機化合物の^{1}H NMRのシフト値は0～10 ppmに観測される．磁場強度と共鳴振動数は比例するので，磁場強度を変化させると観測されるピークのTMSからの距離も変化してしまう．しかし，TMSからの距離を分光計の周波数で割ることにより，どのような磁場強度のNMR装置を用いても化学シフト値は同じ値になる．

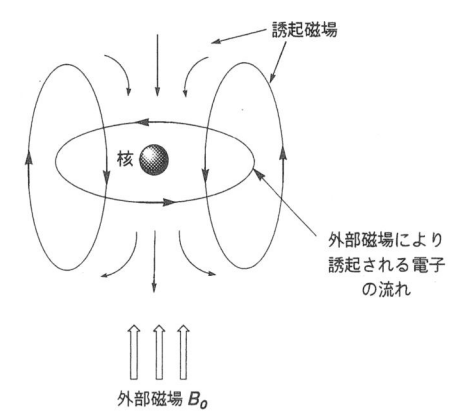

図12.5 円運動をする電子による遮蔽効果（レンツの法則）遮蔽の程度は電子の密度に依存する.

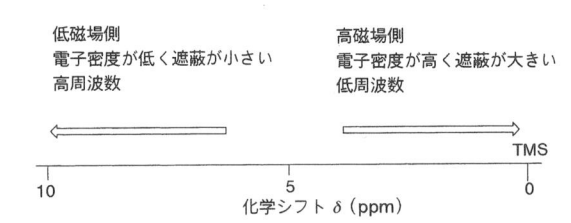

図12.6 電子密度と遮蔽効果と化学シフトの関係

$$\text{化学シフト } \delta \text{ (ppm)} = \frac{\text{ピークのTMSからの距離 (Hz単位)}}{\text{分光計の周波数}}$$

12.4.2 電子密度と磁気遮蔽

図12.1のように，酢酸エチルの ^{1}H NMRスペクトルは3種類の水素がそれぞれ別々のピークとして観測される．このような効果は，核外電子に囲まれている水素核の電子的環境の違いにより生じる．水素の電子密度が結合の混成や結合している原子団の電気的性質により変化する．そのために原子核に実際にかかる磁場の強さは，核のまわりを回る電子が発生する磁場の影響により変化する.

図12.5のように電子に囲まれた核が強度 B_0 の磁場の中に置かれると，これらの電子は B_0 と逆方向の小さな局部磁場を発生するように働く（レンツの法則）ので中心にある核の全電磁密度は減少する．核は電子雲により遮蔽されたことになり，図12.6のように化学シフトは高磁場シフトする（δ 値が小さくなる）．このように，遮蔽の程度は核のまわりの電子密度に依存し，電子密度が増加すると遮蔽は増加する．逆に電子吸引性の原子または原子団が結合している場合には，反遮蔽されて化学シフトは低磁場シフトする（δ 値が大きくなる）.

12.4.3 官能基による磁気異方性効果

水素核の化学シフトは，隣接する原子または原子団の電子的な性質により，ある程度は決定される．とこ ろが，カルボニル基，アルケン，アセチレン，芳香環など π 電子の大きな電子雲をもつ官能基は，外部磁場に対する方向や角度により二次的な磁場を誘起する．近傍の核に外部磁場を弱める方向に働く遮蔽領域と，逆に外部磁場を強める方向に働く反遮蔽領域が形成される．その結果，化学シフトが予想された位置とは異なる位置に現れる．これを磁気異方性効果という.

図12.7(a)のようにアルケンの π 電子は骨格平面の上下に位置しており，外部磁場の効果はC=C結合を横切る軸に沿って最大となる．π 電子は外部磁場に直角に円運動し，外部磁場に反対向きに誘起磁場を生じる．アルケンの水素は円運動する電子により誘起された磁場の効果により，アルカンの水素よりだいぶ低磁場に観測されることになる.

アルデヒドプロトンも π 電子による誘起磁場の反遮蔽部に位置している図12.7(b)．アルケン水素と同様に，このプロトンが異常に反遮蔽されて高磁場シフトする事実も説明できる．ただし，アルデヒドの場合は，カルボニル基の電子吸引性の効果が反遮蔽に相乗的に作用しているために大きく高磁場（9～10 ppm）シフトする.

ベンゼンのような芳香環では，環電流と呼ばれる π 電流の流れがあるため，図12.7(c)のような遮蔽空間ができる．ベンゼン環のプロトンは反遮蔽空間に位置しており，大きな反遮蔽効果が働き低磁場シフトする．逆にベンゼン環の平面上の遮蔽空間に別のプロトンが位置しているような場合には大きな高磁場シフトが観測される.

アセチレン分子は直線型で π 電子は軸のまわりに対象である．この軸が外部磁場と同方向ならば，π 電子は図12.7(d)のように外部磁場に直角に円運動し，外部磁場に反対向きの誘起磁場を生じる．プロトンは軸上に存在するので円運動する電子により誘起された磁力線はプロトンを遮蔽するようにはたらき，化学シフトは電子的な効果から予想される値よりも高磁場シフト（小さい δ 値）する.

その他，一般的な官能基の化学シフトを図12.8に示してある.

12.4 ¹H NMRスペクトル解析

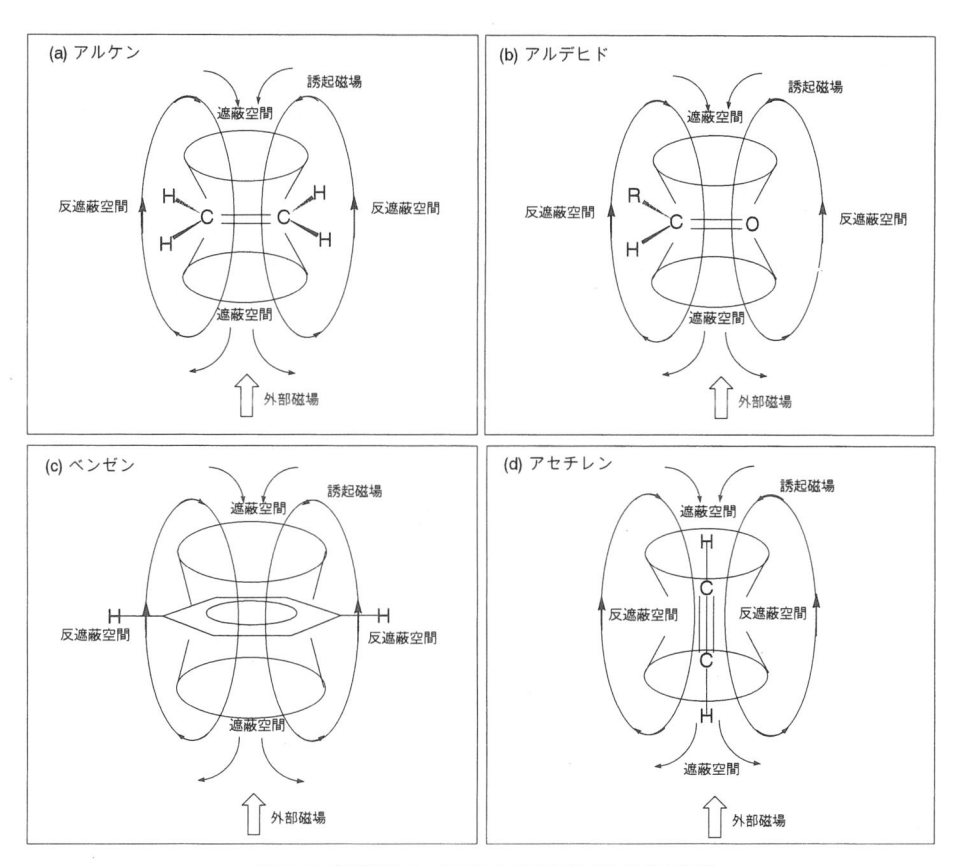

図12.7 多重結合のπ電子による磁気異方性効果と遮蔽

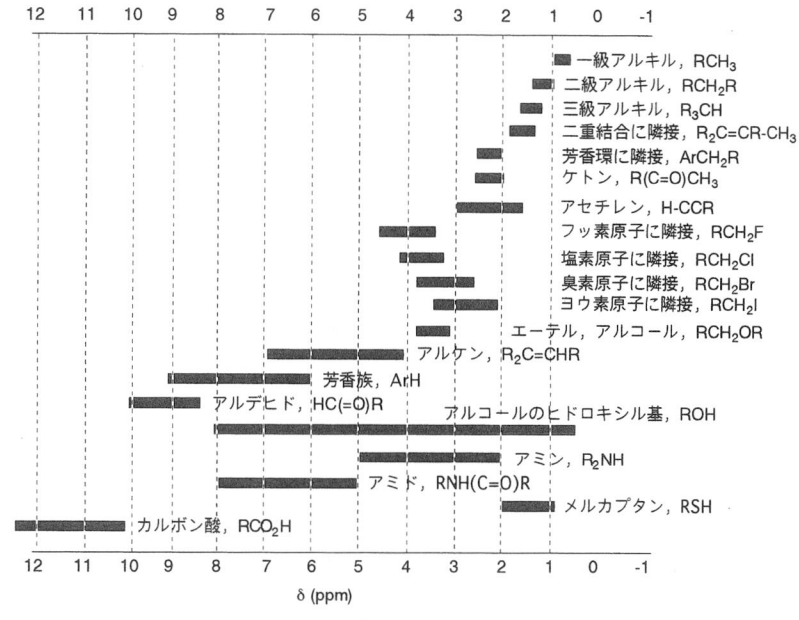

図12.8 ¹Hの化学シフト

12.4.4 積分強度

NMRの二つ目の特徴は，シグナルの相対的強度を測定できることである．測定したシグナルの面積はそのシグナルが関与しているプロトンの相対的な数に比例している．たとえばt-ブチルメチルエーテルのスペクトル（図12.9）をみてみると，t-ブチル基のプロトンの面積はメチル基の面積の3倍に当たる．この比は，t-ブチル基のプロトン数とメチル基のプロトン数の比に相当する．この場合，単純にピークの高さを比較することはできないので注意が必要である．

図12.1の酢酸エチルのスペクトルではアセチルメチルとエチル基の積分強度比が3：2：3であり，それぞれのプロトンの数に対応している．

12.4.5 NMRシグナルの数と化学的等価

NMRスペクトルのピークの数はその分子に含まれるプロトンの種類で決定する．すなわち，化学的に等価なプロトンは同じ化学シフトを示し，別々に観測されることはない．鏡面による対称性のための対称的等価と，物理的または化学的な速い過程によって，他のプロトンの位置に置き換わることができる場合がある．図12.10のt-ブチルメチルエーテルのメチル基は，NMRが測定できるタイムスケールよりも速く回転しているために，それぞれの三つのプロトンを区別することはできず，すべて同じ環境になり鋭い1本のピークになる．t-ブチル基のすべてのメチル基の9個のプロトンも自由回転により等価になるため，1本のピークとして観測される．

また，上記のような対象操作や回転によるものではなく，偶然にスペクトル上で同じ化学シフトを示す場合もあり，化学シフト等価と呼ばれる．化学的等価を確かめるためには，分子の対称性や置換基の性質を考慮しなければならない．図12.10に化学シフトが等価なプロトンをもつ化合物を数例示してある．いずれも回転や鏡面対象操作により等価な水素をもつ化合物である．

図12.11はN,N-ジメチルホルムアミドのNMRスペクトルである．ホルミル基の水素は磁気異方性効果のためにかなり低磁場に観測される．アミドの二つのメチル基は共鳴効果のために回転が抑えられ別々のピークとして現れる．

12.4.6 スピン-スピン結合（カップリング）

図12.12のエチルベンゼンのスペクトルをみてみると，エチル基のCH_2は，4本のピーク（四重線, quartet）に，そしてメチル基は3本（三重線, triplet）に分裂している．それぞれの分裂したシグナルの高さは異なるが対照的な形をしている．分裂した1本1本は，相互作用した核スピンによりつくられる新しいエネルギー準位への遷移により観測され，スピン-スピン結合（カップリング）と呼ばれる．

スピン-スピン結合により分裂したシグナルの数は最も簡単な場合，その核とカップリングしている核の数とスピン量子数で決まる．同じ炭素に直接結合しているプロトン同士や隣り合う炭素に結合したプロトンで一般に観測され，より離れたプロトン同士でも構造によってはみられる．また，プロトン間だけに限らず核スピンをもつ異なる核種同士でも観測される．磁気量子数が1/2のプロトンの場合は，N個の等価な核とスピン結合しているとすると，シグナルは$(N+1)$に分裂する．一般的には，「スピン量子数」をIとすると，等価なN個のスピン量子数Iの核によって$(2NI+1)$本の多重線に分裂する．

もう一つ代表的な分裂パターンを図12.13に示した．ジイソプロピルエーテルの二つのイソプロピル基

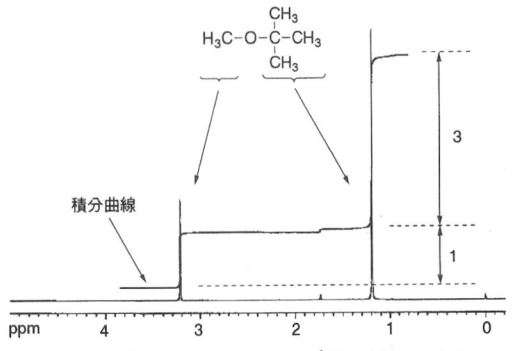

図12.9 t-ブチルメチルエーテルの^{1}H-NMRスペクトル メチル基とt-ブチル基に基づくピークは1：3の面積比になる．

図12.10 化学シフトが等価な水素をもつ化合物の例 対称操作によりそれぞれの水素核は等価になり同一の化学シフトになる．

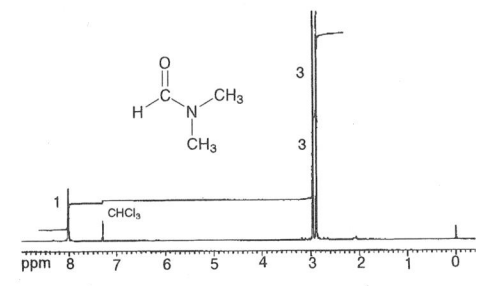

図12.11 N,N-ジメチルホルムアミドの ^{1}H-NMR スペクトル

$C(=O)-N$ 結合は共鳴効果により自由回転が妨げられているため二つのメチル基は非等価である.

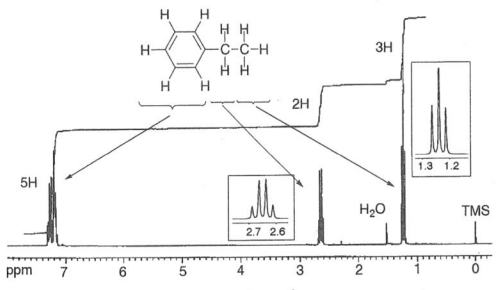

図12.12 エチルベンゼンの ^{1}H NMR スペクトル

エチル基のメチレンとメチル基はそれぞれ四重線と三重線に分裂している.

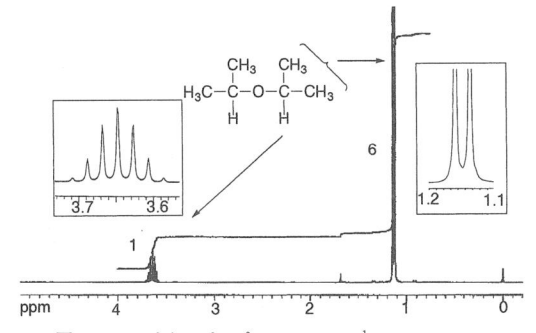

図12.13 ジイソプロピルエーテルの ^{1}H NMR スペクトル

メチンプロトンは七重線にメチルプロトンは二重線に分裂している.

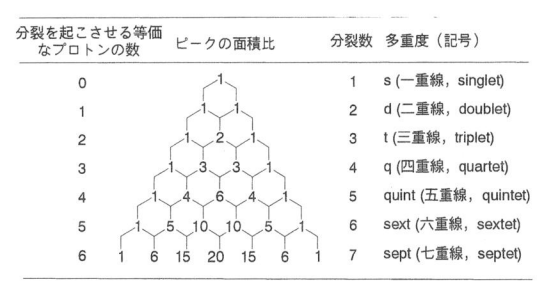

分裂を起こさせる等価なプロトンの数	ピークの面積比	分裂数	多重度 (記号)
0	1	1	s (一重線, singlet)
1	1 1	2	d (二重線, doublet)
2	1 2 1	3	t (三重線, triplet)
3	1 3 3 1	4	q (四重線, quartet)
4	1 4 6 4 1	5	quint (五重線, quintet)
5	1 5 10 10 5 1	6	sext (六重線, sextet)
6	1 6 15 20 15 6 1	7	sept (七重線, septet)

図12.14 パスカルの三角形

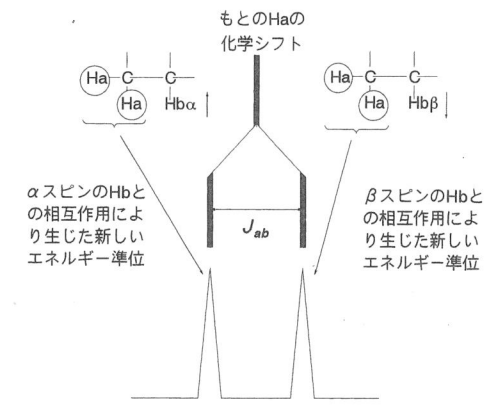

図12.15 Hb 由来の二つの核スピンが, Ha に新たな二つのエネルギー準位を作り出す

J 値はカップリング定数を表す.

は等価であり,また,おのおののメチル基も等価であるため,メチンプロトンは七重線($N+1 = 6+1 = 7$)(septet)になる.メチル基は二重線($N+1 = 1+1 = 2$)(doublet)として観測される.

この対称的な形のピークの多重度と相対強度は図12.14のようなパスカルの三角形から容易に求められる.この三角形の中の各数字は,上の列の最も近い二つの数字の和である.基本的には,二重線 (doublet) は1:1,三重線 (triplet) は1:2:1,四重線 (quartet) は1:3:3:1,五重線 (quintet) は1:4:6:4:1のピークの強度になる.

ピークはどのようにして分裂するのだろうか.例として隣り合う炭素に結合した $-CH_2-CH-$ の場合のカップリングのパターンを考えてみる.外部磁場によりプロトンの核スピンは α スピンと β スピンの二つの状態に分裂することを12.1節で説明した.図12.15のように,CHbのこの二つのスピンは隣接したメチレンプロトン (CHa_2) に新たな二つのエネルギー準位を生じさせる.α スピンは共鳴エネルギーを小さくし,β スピンとの相互作用ではより大きな共鳴エネルギーを必要とするエネルギー準位が生じる.このようにして,1本の吸収が二重線に分裂する.

次にメチンプロトン (CHb) の分裂パターンを考えてみる.隣接するメチレンプロトン (CHa_2) にはそれぞれのプロトンに α スピンと β スピンが存在する.それぞれの準位によりつくられる新しい準位は図12.16のように ($\alpha\alpha$),($\alpha\beta, \beta\alpha$),($\beta\beta$) の三つであり,その比は1:2:1である.ここで α は α スピン,β は β スピンの配向を示している.すなわち,隣接したメチンプロトン (CHb) は1:2:1の割合でメチレンプロトンの三つのエネルギー準位により影響を受け,

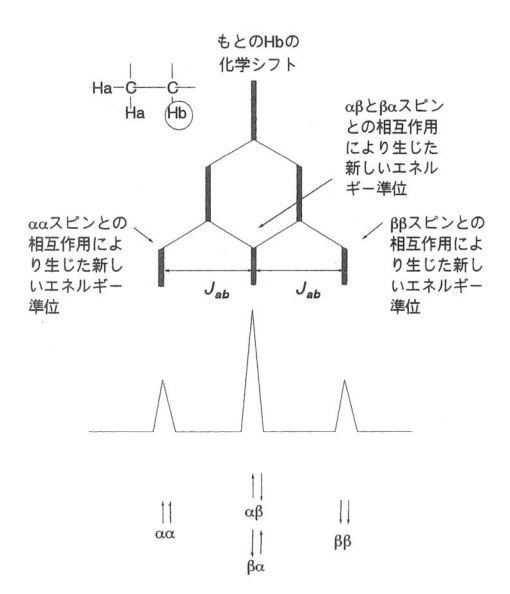

図12.16 三重線を生じるメチレン基の三つのエネルギー準位とカップリングパターン（1：2：1に分裂する）

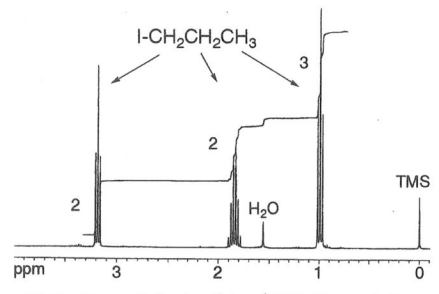

図12.17 ヨウ化プロピルの ^{1}H NMRスペクトル
それぞれのピークは三重線，六重線，三重線に分裂する．

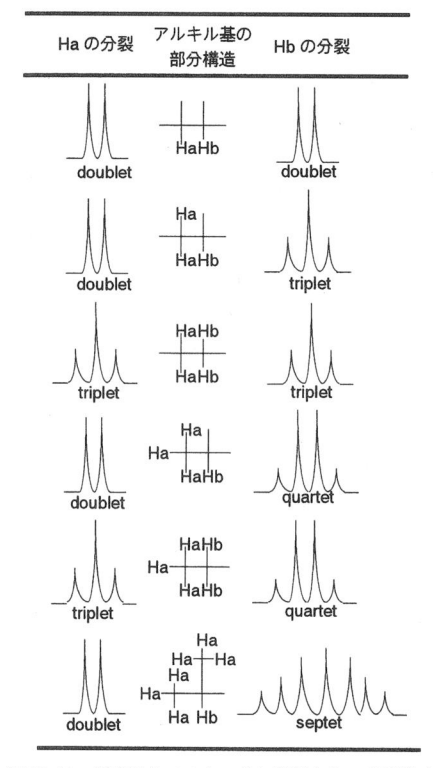

図12.18 代表的なアルキル基に観測される分裂様式

それによって1：2：1の三重線に分裂することになる．
この準位間のエネルギー差がスピン-スピン結合定数（J_{ab}値：カップリング定数）である．この値は外部磁場に左右されず，その結合に特有の値であるため測定装置によらず一定の値になる．スピン-スピン結合している核同士のJ値は必ず等しくなるため，J値からスピン結合している相手核をみつけることもできる．

12.4.7 スピン-スピン分裂パターン

図12.17はヨウ化プロピルのNMRスペクトルである．それぞれのプロトンは隣り合うプロトンとカップリングして三重線（t），六重線（sex），三重線（t）に分裂している．その他，代表的なアルキル基の分裂パターンの例を図12.18に示したが，これはあくまで理想的な形であり，実際の化合物では複雑な分裂パターンが観測される場合が多い．

12.4.8 J値の予測とJ値に影響する因子

プロトン間でのスピン-スピン結合には，隣り合った水素間のカップリング（ビシナルカップリング），同じ原子上のプロトン間のカップリング（ジェミナルカップリング），三つ以上の結合を介したカップリング（遠隔カップリング）がある．ビシナルカップリングの結合定数は結合の種類や構造によって変化するが約7 Hz程度である．結合定数はKarplusによる計算式から予測することができる．アルカンのビシナル水素核同士のJ値は二面角がθのとき，図12.19および下の式で表される．θが0または180度のときにJ値は最大となり，90度のときに最小となる．この二面角とJ値の関係をうまく利用すると，配座の固定された環状化合物の置換基の立体配置を決定することもできる．

$J = (8.5 \cos^2\theta) - 0.28$ （$\theta = 0 \sim 90°$のとき）
$J = (9.5 \cos^2\theta) - 0.28$ （$\theta = 90 \sim 180°$のとき）

一般的な結合定数の値を図12.20に示した．ジェミナルプロトンのカップリングは同一炭素に結合しているため，配座の固定や回転の阻害の影響で非等価にな

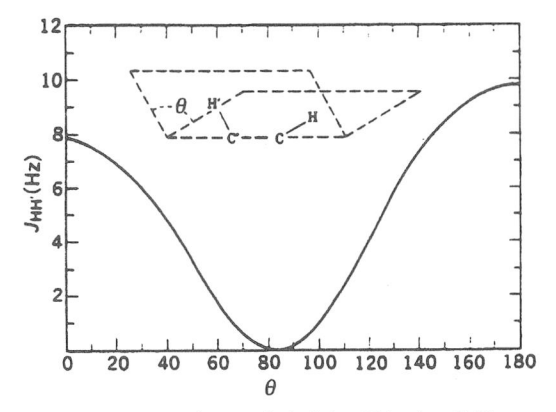

図12.19 カルプラスの式（J値と二面角θとの関係）

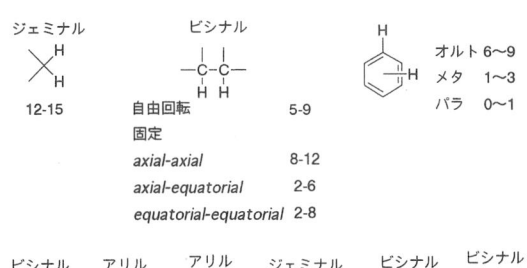

ジェミナル	ビシナル	オルト 6〜9
12-15	自由回転 5〜9 固定 axial-axial 8-12 axial-equatorial 2-6 equatorial-equatorial 2-8	メタ 1〜3 パラ 0〜1

ビシナル cis	アリル cis	アリル trans	ジェミナル	ビシナル cis	ビシナル trans
4〜10	〜0	0.5〜2.5	0.5〜3	7〜12	13〜18

図12.20 スピン-スピン結合定数（単位はHz）

る場合にだけ観測される．その場合，プロトン同士が近接しているために互いに大きく影響しあい，ビシナル位に比べると大きなカップリング定数になることもある．

普通の飽和炭化水素では，通常四つ以上の結合を介したスピン結合（遠隔スピン結合）は観測されない．しかし，4または5結合離れた場合でも，配座が固定された場合に大きなJ値が観測されることがある．

アルケンのビシナルカップリングは幾何異性体により大きく異なる．一般にトランス体が大きく13 Hz以上あり，シス体は12 Hz以下である．このJ値をもとに立体構造が決定できる場合もある．その他，アリル位や芳香環などのπ系を経由する場合には，0〜3 Hz程度のカップリングがみられる．

12.4.9 NOE（核オーバーハウザー効果）

NOE（nuclear Overhauser effect）は分子の立体構造を決定するのに便利な手法である．ある核が吸収するラジオ波を照射し続けながら測定すると，その核と

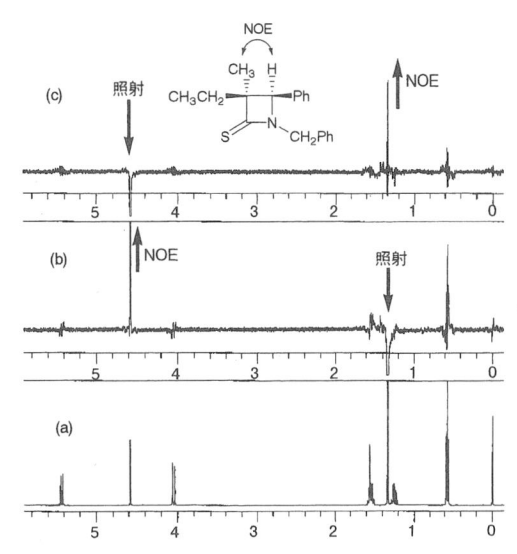

図12.21 一方のプロトンを照射しながら測定すると，空間的に近傍にあるプロトンが影響を受け強度が増す

(a) ラクタムの通常のNMRスペクトル．(b) メチル基を照射しながらNMRを測定し，もとのスペクトルを差し引いた差スペクトルである．4位のメチンプロトンにNOEが観測される．(c) メチンプロトンを照射した場合にはメチル基にNOEが観測される．

空間的に近い位置にある核のシグナルの強度が増大または減少する現象である．NOEの大きさは分子の運動速度に依存し，また，核間の距離が3.5Å以上離れている場合にはほとんど観測されない．そこで，空間距離を推測したり化合物の立体構造を決定することができる場合もある．NOE測定後にもとのスペクトルを差し引いた差スペクトルにすると変化した部分をみつけやすくスペクトルを解析しやすい．図12.21にその例を示す．3位のメチル基のプロトンを照射しながら測定すると，4位のメチンプロトンにNOEが観測されるが，エチル基のメチレンプロトンとの間ではNOEは観測されない．このことからメチル基と4位のメチンプロトンが同じ側にある立体配置が予想される．

12.4.10 デカップリング（二重共鳴法）

スピン-スピン結合法からは分子構造に関して多くの情報が得られるが，分子構造が複雑になるとスペクトルの解析は難しい．スペクトルをより単純化する手法にデカップリング（二重共鳴法）がある．カップリングしている一方の核だけにラジオ波を照射しながら測定すると，この核は共鳴状態になるためカップリングしている相手核はスピン状態を認識できなくなりカッ

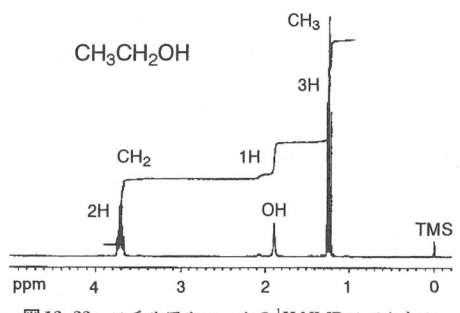

図12.22 エチルアルコールの ^{1}H NMR スペクトル
OH プロトンは幅広いピークになる．

プリングが消滅する．スペクトル上で変化したシグナルを探すことでカップリングしている相手核をみつけることができる．この手法は一つずつ照射するため手間がかかり，また，ピークが接近している場合には適応できないため，最近では二次元NMR法を用いてカップリングしている相手核をみつける手法が用いられる．

12.4.11 酸素・窒素に結合したプロトン

図12.22はエチルアルコールのNMRスペクトルである．幅広いピークがヒドロキシル基（OH）のプロトンに基づくシグナルであるが，隣接メチレン基との間にはスピン-スピン結合が観測されない．通常のエタノールの中には極少量の水や酸，または塩基が混入しているために，分子間でのプロトン交換がNMRを測定できるタイムスケールよりも速く起こっているためである．高純度のエタノールや低温での測定ではヒドロキシル基のプロトンと隣接メチレン基との間に約5 Hzのカップリングが観測される．交換が速い場合には鋭い1本の吸収になり，遅い場合はスピン-スピン結合がみられ，適度に遅い場合は幅広いピークとなる．このようなプロトン交換はほとんどすべてのアルコール類で観測される．

アミドやアミン類の窒素原子に結合したNHプロトンも一般に幅広いピークを与えるが，これはプロトン交換が適度に遅いことと，また窒素原子の磁気的性質によるものである．

通常，アルコールやカルボン酸のOHやNHプロトンは水素結合をしている．水素結合は一般に電子の非局在化を起こすため，プロトンの化学シフトは予想される値よりも低磁場側に観測される．この値はサンプルの濃度や溶媒に大きく依存するため簡単に見分ける

ことができる．

12.4.12 重水素置換

OH，NH，SHなどのヘテロ原子に結合した水素，またはエノール化に関与する酸性なCHが存在する場合には，試料に重水（D_2O）を1滴加え，よく振り混ぜることにより水素-重水素置換反応が起こり，もとのプロトンのシグナルが消失する．さらにそれに基づくカップリングも消失するので識別できる．

12.4.13 シフト試薬

金属錯体に配位可能なOH，-O-，C=O，NH，CNなどの官能基を分子内に含む化合物の場合，作成した試料に数mgの常磁性錯体を添加すると新たな錯体が形成される．この場合，中心金属に近いプロトンは磁気的環境が変化し，観測されるピークの位置が移動する．このような働きをする試薬がシフト試薬である．市販されているシフト試薬はランタニド金属に β-ジケトンが配位した形のものであり，Eu(dpm)$_3$，Eu(fod)$_3$などがある．通常測定ではピークが重なり合って，解析できないような場合に，このシフト試薬を添加すると，配位金属からの距離に応じてそれぞれのシグナルが低磁場シフトするので，重なっていたピークが分裂するようになる．

そのほかに，Eu(tfc)$_3$，Eu(hfc)$_3$など光学活性なシフト試薬を用いることで，光学異性体の分離が可能となる．試料が光学活性体の場合に光学活性なシフト試薬を加えると，新たに生じた錯体はジアステレオマーの関係になり化学シフトに差が出てくる．それぞれのピーク面積から光学純度を求めることもできる．

12.5 ^{13}C NMR スペクトル解析

表12.1で示したように，^{12}Cはスピン量子数が0で磁気的に不活性であるが，^{13}Cには ^{1}Hと同様に1/2のスピン量子数がありNMRに活性である．ところが，^{13}Cの存在比は ^{12}Cの1.1%にすぎず，感度も低いため，全体としては ^{1}Hの 1.59×10^{-2} の感度しかない．したがって，^{13}Cのスペクトル測定にはFT法が威力を発揮し，実際の測定には，^{1}H測定に比べて試料の濃度を高くし，さらに数百回の積算が必要になる．

化学シフトは ^{1}H NMRと同様に定義され，通常は

12.5 ¹³C NMRスペクトル解析

図 12.23 ¹³Cの化学シフト

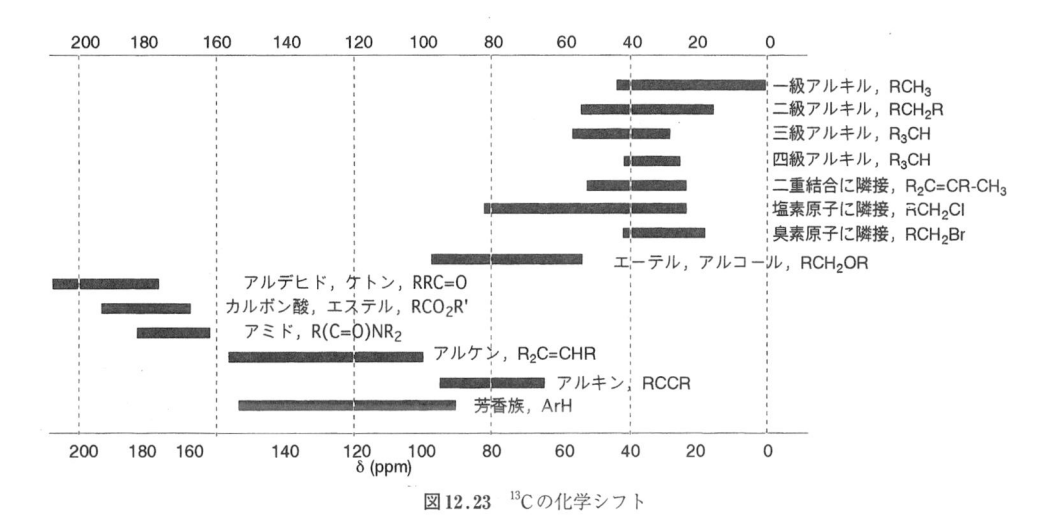

TMSの炭素の吸収位置を標準として相対的に決定する．炭素の化学シフトの範囲はプロトンに比べて広く，約200 ppmの範囲まで広がっている（図12.23）．

¹³Cは別の¹³Cとの間でスピン-スピン分裂を起こす可能性があるが，¹³Cの存在比が低いため，この¹³C-¹³C間の分裂は無視できる．¹³C-¹H間の分裂は，一般に複雑で解析が難しい．そこで，スペクトルを単純化するために完全プロトン照射法や不完全プロトン照射法が用いられている．

12.5.1 完全プロトン照射法（プロトンノイズデカップリング）

この手法は，¹³C-¹H間のスピン-スピン結合を完全に消去してしまう．すべてのプロトンを共鳴状態にするような強力で広範囲のラジオ波を照射すると，プロトンの核スピンはαとβの間で速い平衡になる．この状態で¹³Cスペクトルを測定すると，炭素原子はプロトンを別々のスピンとは認識できなくなり，各炭素のシグナルはすべて一重線として観測される．この手法により，すべての¹³C-¹H間のスピン-スピン分裂を消去することができ，すべてのピークは一重線になる．図12.24～図12.26にヨードプロパン，エチルベンゼン，3-ブロモプロピオン酸エチルのスペクトルを示す．

12.5.2 不完全プロトン照射法（オフレゾナンスデカップリング）

完全プロトン照射法はC-Hのカップリングをすべて消去することで，スペクトルをみやすくしているが，

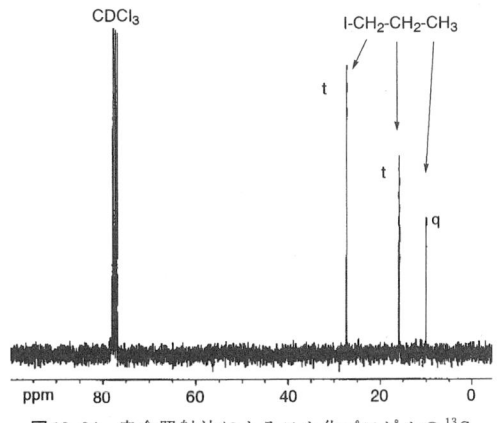

図 12.24 完全照射法によるヨウ化プロピルの¹³C NMRスペクトル
不完全照射法ではそれぞれのピークは高磁場側から四重線（q），三重線（t），三重線（t）になる．直接結合している水素原子の数+1に分裂する．

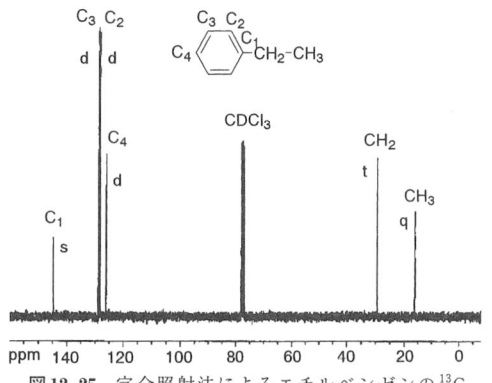

図 12.25 完全照射法によるエチルベンゼンの¹³C NMRスペクトル
それぞれのピークには不完全照射法により測定した場合の多重度が記してある．直接結合した水素原子の数+1に分裂する．

図12.26 3-ブロモプロピオン酸エチルの ^{13}C NMR スペクトル

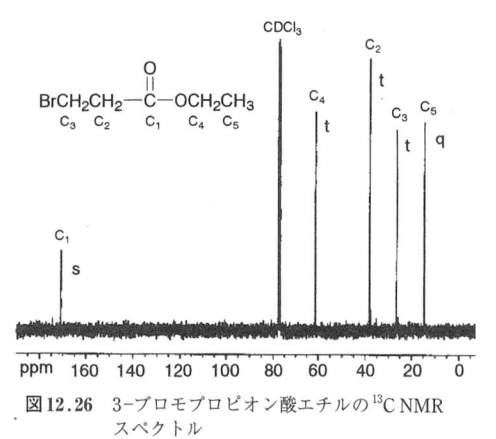

それぞれのピークには不完全照射法により測定した場合の多重度が記してある.

その代償としてスピン-スピン結合に対する情報をすべて失っている.そこで,炭素原子に直接結合している水素原子とのスピン-スピン結合だけを残す方法としてオフレゾナンスデカップリング法がある.この手法により炭素原子に直接結合している水素原子の数を判別することができる.多重線の分裂数は直接結合している水素原子の数を N とすると,($N+1$) 則にあてはまる.すなわち,四級炭素は一重線(s),三級炭素は二重線(d),二級炭素は三重線(t),一級のメチル基は四重線(q)として観測される.

12.5.3 DEPT 法

不完全プロトン照射法は,ピークが接近していると判別が難しい.そこで,炭素の結合している水素原子の数により,緩和の速度が変化することを利用した測定法がDEPT(distortionless enhansment by polarization transfer)法である.プロトンへの照射時間を変えることにより,一級から四級炭素までを,容易に識別できる.すなわち,45度パルスを用いた場合は四級炭素(C)が消失し,90度パルスでは三級炭素(CH)のみが観測され,135度パルスでは,Cが消失し,CH,CH_3 が正,CH_2 が負のピークとして観測される.図12.27にDEPTの例を示す.

以上のように,NMR分光法は有機化合物の構造決定には不可欠の存在である.新しい測定法やデータ処理速度の進歩に伴い,より複雑な分子の正確な構造を導き出すことが可能になってきた.本節では基礎的な事項と最も一般的な測定法についてだけ説明したが,現在では二次元NMRをはじめとする新しい手法を一般的に利用できるようになった.さらに,実際の測定法と相まって,計算機化学の進歩に伴ってコンピュータを用いた化学シフト値の予測もかなり正確に行えるようになってきた.

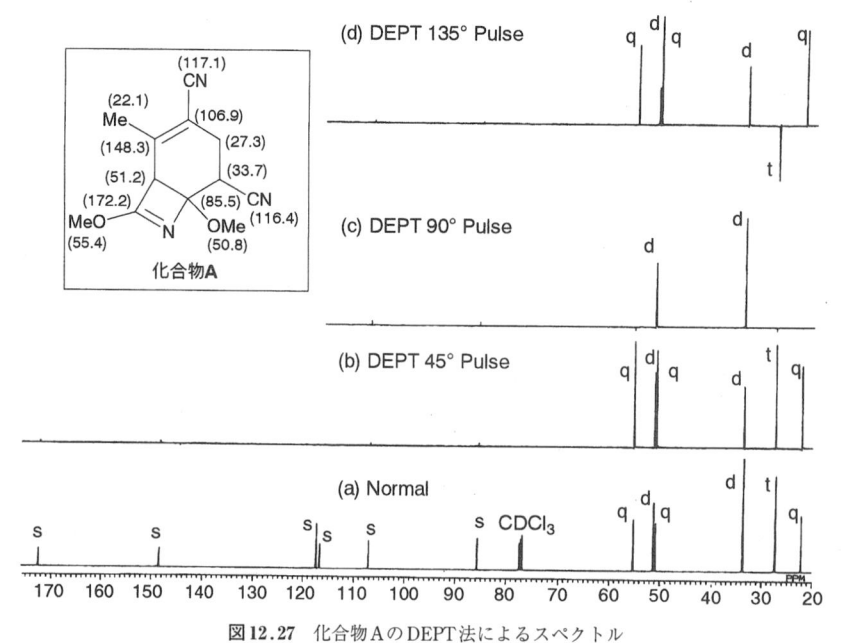

図12.27 化合物AのDEPT法によるスペクトル
(a) 通常の完全プロトン照射法.(b) 45度パルスを用いた場合は一重線が消失する.(c) 90度パルスでは二重線のみが観測される.(d) 135度パルスでは一重線が消失し二重線と四重線が正,三重線が負のピークとして観測される.

索　引

ア 行

アイソクラティック　70
アセチレン-一酸化二窒素炎　15
アセチレン-空気炎　15
アマルガム　15
アルカリ誤差　39
アルゴンイオンレーザー　36
アンチストークス線　35
アンペロメトリー　45, 68

イオン化エネルギー　106, 107
イオン化干渉　18
イオン化効率　106
イオン化断面積　105
イオン化度　108
イオン化法　101
イオンクロマトグラフィー　63
イオン交換基　62
イオン交換クロマトグラフィー　62
イオン交換体　40
イオンサイクロトロン共鳴質量分析法　104
イオン生成領域　104
イオン線　92
イオン選択性電極　39
イオン対　62
イオントラップ　103
イオントラップ型質量分析計　103
移動相　48, 61
移動率　71
インジェクター　64
インターフェース　68, 97
インターフェログラム　32

泳動　42
液-液クロマトグラフィー　48
液間電位　38
液-固クロマトグラフィー　48
液相法　33
液体クロマトグラフ　61
液体クロマトグラフィー　61
液膜　39
液絡　38
エネルギーサドン法　108, 110
エネルギー収束　102
エネルギー分散型蛍光X線分析装置　85
エバネッセント波　34
エレクトロスプレー　111
エレクトロスプレーイオン化法　69, 110
遠隔カップリング　120
炎光光度検出器　58

オクタデシル基　62
オージェ電子　84
オージェ電子分光法　83
オートサンプラー　64
オフレゾナンスデカップリング　123
オンキャピラリー検出　78

カ 行

加圧法　78
回収試験　17
回折X線　84
回折吸収法　90
回折格子　7, 95
回転対陰極型X線発生装置　83
化学イオン化　106, 107
化学干渉　18
化学シフト　113, 115, 116
化学修飾電極　43
化学発光分析　20, 24, 25
化学発光分析装置　23
化学発光量子収率　22
化学分析　1
化学励起　22
核オーバーハウザー効果　121
拡散　42
拡散係数　42
拡散電位　38

核磁気回転比　114
核磁気共鳴分光法　113
可視光線　3
ガスクロマトグラフ　54
ガスクロマトグラフィー　54
ガスフロー型比例計数管　85
カップリング　118
カップリング定数　120
過電圧　43
ガラス電極　39
ガラス膜　39
カラム　48, 55, 65
カラムオーブン　64
ガルバニセル　38
カールフィッシャー滴定法　46
カロメル電極　38
還元気化法　15
換算質量　29
間接吸光検出法　63
完全プロトン照射法　123
感度　51
緩和　114, 115

気-液クロマトグラフィー　48
希ガス原子　109
機器分析　1
気-固クロマトグラフィー　48
基準振動　30
基準水素電極　38
逆相　61
逆対称伸縮振動　30
キャピラリーカラム　56
キャピラリーゲル電気泳動　75
キャピラリーゾーン電気泳動　74
キャピラリー電気泳動　73
キャピラリー電気クロマトグラフィー　73, 77
キャピラリー等速電気泳動　76
キャピラリー等点電気泳動　77
キャリヤー　40
吸光係数　4, 11
吸光光度法　3

索　引

吸光度　4, 11
吸収スペクトル　5
吸収セル　7
吸収端波長　9
吸着クロマトグラフィー　61
吸着剤　55
共沈　99
共鳴周波数　114
共鳴線　12
共鳴ラマン散乱　37
曲線勾配溶離法　70
キラルセレクター　64
キラル分離　64
銀−塩化銀電極　38
近接線　18

屈折率　67
クラーク型電極　45
グラジエント　64, 70
グラッシーカーボン　68
グルコースオキシダーゼ　45
グルコースセンサー　45
グループ振動　30
クロマトグラフ　49
クロマトグラフィー　48
クロマトグラム　49
クーロメトリー　68

蛍光　20
蛍光X線　83, 84
蛍光X線強度　88
蛍光X線スペクトル　86
蛍光X線分析法　82, 85, 87
蛍光検出器　66
蛍光スペクトル　21
蛍光分析　23, 25
蛍光量子収率　22
蛍光・りん光の励起, 発光過程　20
蛍光・りん光分析　20, 24
結合音　30
結合定数　120
結晶構造解析　82
減圧法　78
限界電流　43
原子化効率　14
原子吸光　11
原子吸光分析装置　12
原子固有のスペクトル線　11
原子蒸気層　11
検量線　9, 87
検量線法　9, 87

光学フィルター　7

交換平衡定数 K　63
光源　12
光子計数法　36
高性能薄相クロマトグラフィー　72
高速原子衝撃/液体二次イオン質量
　　分析法　109
酵素電極　45
光電子増倍管　95
光電子分光法　84
勾配溶離　70
固体膜　39
固定相　48, 61
固定相液体　55
個別選択律　29
ゴーレー式　75
コンプトン散乱　84

サ　行

サイクリックボルタンメトリー　44
サイズ排除クロマトグラフィー　63
差動排気　97
サハ−ラングミュアの式　107
サプレッサー　63
サーモスプレーイオン化法　68
作用電極　43
酸化還元電位　39
酸化還元電極　39
三極式　43
酸誤差　39
三次元クロマトグラム　66
参照電極　38
酸素電極　45
サンプリングコーン　97
散乱X線　82

ジェミナルカップリング　120
紫外可視吸光検出器　66
紫外線　3
しきい値則　106
磁気異方性効果　116
磁気回転比　113
磁気遮蔽　116
磁気モーメント　114
自己集合単分子膜　43
示差屈折率検出器　67
示差パルス法　44
死時間　49
支持電解質　42
指示電極　38
四重極型質量分析計　102
システムコントローラー　65
実効炭素数　57

質量スペクトル　101, 103
質量/電荷比　102, 104
質量分析計　68, 101
質量分析法　101
磁場型質量分析計　101
シフト試薬　122
指紋領域　30
試薬ブランク　8
遮蔽　115
臭化カリウム錠剤法　33
重水素置換　122
重水素放電ランプ　18
充填カラム　55
充填剤　65
充電電流　42
自由誘導減衰　115
順相　61
昇圧法　60
昇温法　60
状態分析法　82
焦電型検出器　33
衝突速度　107
衝突誘起解離　103
衝突誘起解離法　108
死容量　49
助燃ガス　13
シラノール基　71
シリカゲル　66
試料導入口　54
試料導入法　54, 78
試料濃縮法　78
伸縮振動　29
シンチレーション検出器　85
浸透係数　63

水銀　15
水銀−カドミウム−テルル合金型検出
　　器　33
水銀還元気化装置　15
水素炎イオン化検出器　57
水素化物発生法　15
水冷トーチ　93
スキマーコーン　97
ストークス線　35
ストリッピングボルタンメトリー
　　45
スパッタリング　13
スピン−スピン結合　113, 118
スピン−スピン結合定数　120
スピン量子数　113
スプレーチャンバー　94
スペクトル幅　11
スロットバーナー　13

赤外吸収分析法　28
積分強度　113, 118
絶対検量線法　52
ゼーマンエネルギー　114
ゼーマン分裂　114
ゼロ合せ　8
線形飛行時間型質量分析計　104
全浸透限界　63
選択係数　40, 63
全多孔性型　65

双極子モーメント　28
速度論　50
ソルベントフロント　71

タ 行

対イオン　62
対陰極金属　85
対陰極元素　83
対陰極物質　87
大気圧イオン化法　69
大気圧化学イオン化法　68, 107
対極　43
対称伸縮振動　30
ダイノード　95
対流　42
多価イオン　112
多成分同時定量　9
ダブルモノクロメーター　36
単一溶媒溶離　70
段階溶離法　70
段理論　50

チャネルトロン　98
中空陰極ランプ　11, 12
中性原子線　92
中性原子濃度　11
超音波ネブライザー　94
超軟X線　82
超臨界流体クロマトグラフィー　48
調和振動子　28
直接電位差法　40
直線勾配溶離法　70
沈殿法　86

つり下げ水銀滴電極　45

定性分析　1
定電位クーロメトリー　45
定電流クーロメトリー　46
定量分析　1
デカップリング　121

滴下水銀電極　43
テーラーコーン　111
電位差計　40
電位差滴定法　40
電位差法　38
電位飛躍　42
電位窓　43
電解重量分析　45
電解セル　42
電荷移動吸収バンド　6
電荷（電子）移動反応　107
電気泳動法の分類　73
電気化学検出器　67
電気加熱炉法　16
電気浸透流　73
　　――の発生原理　74
電気的導入法　78
電気伝導度　63
電気伝導度法　46
電気二重層　42
電気分析法　38
電極反応　42
電子イオン化　105
電子イオン化法　101
電子移動　42
電子雲　84
電子親和力　108
電磁波　3
電子捕獲検出器　57
伝導度滴定　46
電流滴定　45
電流–電位曲線　42
電量滴定法　46

透過X線　82
透過度　4
動電クロマトグラフィー　76
特性X線　82, 84, 87
特性吸収波数　30
トムソン散乱　84

ナ 行

内標準物質　71
内標準法　53, 88, 90, 99
軟X線　82

ニコルスキー–アイゼンマン式　40
二次的放電　97
二重共鳴法　121
二重収束質量分析計　102
入射X線　82
入力インピーダンス　40

ニュートラルキャリヤー　41
ニューマティックネブライザー　94

ヌジョール法　33

熱イオン化検出器　58
熱電対　33
熱伝導度検出器　56
熱分解–ガスクロマトグラフィー　60

ネブライザー　94
ネルンスト式　39, 43

ノーマルパルス法　44

ハ 行

配位子吸収バンド　6
倍音　29
排除限界　63
薄層クロマトグラフィー　71
波数　29
波長幅　11
波長分散型蛍光X線分析装置　85
発光スペクトル　91
発色反応　6
発生試薬　46
バリノマイシン　41
パルス–フーリエ変換法　115
半電池　38
半導体検出器　85, 96
半波電位　43
半反応　38

光イオン化　105
光励起　22
ピーク面積　52
飛行時間型質量分析計　104
ビシナルカップリング　120
100合せ　8
標準水素電極　38
標準電位　39
標準添加法　9, 18, 53, 88, 90
表面多孔性型　65
表面電離　107

ファラデー電流　42
ファンダメンタルパラメーター法　88
負イオン　106
フィックの第一法則　42
フィルム法　33
フェルミ準位　42

フォトダイオードアレイ検出器　66
不完全プロトン照射法　123
ブーゲの法則　4
物質移動　42
物理干渉　19
フラクションコレクター　65
フラグメントイオン　106
ブラッグ条件　84, 89
フラックス　42
プランク定数　114
プランジャー　65
フーリエ変換赤外分光光度計　30
プリズム　7
プレカラム法　69
フレネル型　67
フレネルの法則　67
フレーム式原子化　13
フレームレス式原子化　15
フローセル　66
プロトン移動反応　107
プロトンノイズデカップリング　123
フローパターン　74
分解　69
分極　35
分光干渉　18
分光蛍光光度計　23
分散型赤外分光光度計　30
分子吸光係数　4
分子吸収　18
分取　61
分析線　11, 12
分配　62
分配クロマトグラフィー　62
分配係数　49
粉末X線回折データベース　90
粉末X線回折法　89
粉末試料ホルダー　89
噴霧器　13
分離度　51

平衡電位　43
平面クロマトグラフィー　61, 71
ペーパークロマトグラフィー　71
ベールの法則　4
変角振動　30

ホイートストンブリッジ　47
飽和カロメル電極　39
保持時間　49, 61, 63
保持指標　59
保持比　50
保持容量　49, 63

補助電極　43
ポストカラム法　69
ポテンシオスタット　43
ポテンシオメトリー　38
ポーラログラフィー　43
ポリクロメーター　95
ポリマーゲル　66
ボルタモグラム　42
ボルタンメトリー　42, 67
ボルツマン分布　115
ポールトラップ　103

マ 行

マイケルソン型干渉装置　30
前処理　17
膜電位　39
膜電極　39
マクレイノルズ定数　56
マスキング剤　71
マッチング回路　94
マトリックス支援レーザー脱離イオン化法　108, 109
マトリックスフラッシング法　90

ミセル動電クロマトグラフィー　76

モノクロメーター　7, 95
モル吸光係数　4

ヤ 行

誘導結合プラズマ　91
誘導コイル　94
誘導体化　69

溶媒　71
溶融シリカ管　73
溶離液　63
容量性電流　42

ラ 行

落差法　78
ラマン散乱　35
ラマン散乱光　24
ラマン分光法　28
ラングミュアーブロジット累積膜　43
ランベルトの法則　4
ランベルトーベールの法則　4, 11, 83

リートベルト法　90

理論段数　50
りん光　20
りん光分析　23, 25
リン酸　18

励起光　66
励起スペクトル　21
レイリー散乱　35
レーザーアブレーション　94
連続X線　83
連続波法　115

濾紙点滴法　86

欧 文

α スピン状態　114
β スピン　114
μ TAS　80

ATR法　34

CID　103
CW法　115

d-d吸収バンド　5
DEPT法　124

ECD　57

FAB/LSIMS　108, 109
FID　57
FPD　58
FTICR質量分析計　104
FT法　115

GC-AES　58
GC-IR　58
GC-MS　58
Granプロット　42

HOMO　42

ICP　91
ICP-AES　91
ICP-MS　91
ICP質量スペクトル　92
ICP-質量分析　91
ICPトーチ　91
ICP-発光分光分析　91
ICR　104
ICR質量分析法　104
Ilkovic　43

Karplusによる計算式　120

LUMO　42

MALDI　109, 110
Mikhail Tswett　48
mV/pHメーター　40

NMR　113
NMR分光法　113
NOE　121
N-Q遷移　5

N-V遷移　5

PDF　90

QMS　102

SB比　98

TID　58
TOFMS　104

van Deemter　51

X線　82
　——の吸収　83
　——の散乱　84
X線回折図形　89
X線回折法　82, 89
X線管　83, 87
X線吸収法　82
X線単結晶回折法　89
X線発光法　82
X線分析法　82

編著者略歴

保母 敏行
1940年　東京都に生まれる
1968年　東京都立大学大学院工学研究科
　　　　博士課程修了
現　在　東京都立大学大学院工学研究科
　　　　応用化学専攻教授
　　　　工学博士

小熊 幸一
1943年　埼玉県に生まれる
1967年　東京教育大学大学院理学研究科
　　　　修士課程修了
現　在　千葉大学工学部物質工学科教授
　　　　理学博士

理工系 機器分析の基礎　　　定価はカバーに表示

2001年3月25日　初版第1刷
2016年8月10日　第12刷

編著者　保　母　敏　行
　　　　小　熊　幸　一
発行者　朝　倉　誠　造
発行所　株式会社　朝　倉　書　店
　　　　東京都新宿区新小川町6-29
　　　　郵便番号　162-8707
　　　　電　話　03(3260)0141
　　　　FAX　03(3260)0180
　　　　http://www.asakura.co.jp

〈検印省略〉

© 2001 〈無断複写・転載を禁ず〉

教文堂・渡辺製本
Printed in Japan

ISBN 4-254-14056-8　C 3043

JCOPY　〈(社)出版者著作権管理機構 委託出版物〉

本書の無断複写は著作権法上での例外を除き禁じられています．複写される場合は，そのつど事前に，(社)出版者著作権管理機構（電話 03-3513-6969，FAX 03-3513-6979，e-mail: info@jcopy.or.jp）の許諾を受けてください．

◈ 基本化学シリーズ ◈
大学1～2年生を対象とする基礎専門課程のテキスト

山本　忠・吉岡道和・石井啓太郎・西尾建彦著 基本化学シリーズ1 **有　機　化　学** 14571-7　C3343　　A5判　168頁　本体2900円	有機化学の基礎を1年で習得できるよう解説した教科書。〔内容〕化学結合と分子／アルカン／アルケン・アルキン／ハロゲン化アルキル／立体化学／アルコール・アルデヒド／芳香族化合物／アミン／複素環／天然物／他
幸本重男・加藤明良・唐津　孝・小中原猛雄・ 杉山邦夫・長谷川正著 基本化学シリーズ2 **構　造　解　析　学** 14572-4　C3343　　A5判　208頁　本体3400円	有機化合物の構造解析を1年で習得できるようわかりやすく解説した教科書。〔内容〕紫外-可視分光法／赤外分光法／プロトン核磁気共鳴分光法／炭素-13核磁気共鳴分光法／二次元核磁気共鳴分光法／質量分析法／X線結晶解析
成智聖司・中平隆幸・杉田和之・斎藤恭一・ 阿久津文彦・甘利武司著 基本化学シリーズ3 **基 礎 高 分 子 化 学** 14573-1　C3343　　A5判　200頁　本体3600円	繊維や樹脂などの高分子も最近では新しい機能性材料として注目を集めている。材料分野で中心的役割を果たす高分子化学について理論から応用までを平易に記述。〔内容〕高分子とは／合成／反応／構造と物性／応用（光機能材料・医用材料等）
上野信雄・日野照純・石井菊次郎著 基本化学シリーズ5 **固　体　物　性　入　門** 14575-5　C3343　　A5判　148頁　本体2800円	固体のもつ性質を身近かな物質や現象を例に大学1,2年生に理解できるよう平易に解説した教科書。〔内容〕試料の精製・作製／同定と純度決定／固体の構造／結晶構造の解析／光学的性質／電気伝導／不純物半導体／超伝導／薄膜／相転移
北村彰英・久下謙一・島津省吾・進藤洋一・ 大西　勲著 基本化学シリーズ6 **物　理　化　学** 14576-2　C3343　　A5判　148頁　本体2900円	物質を巨視的見地から考えることを主眼として構成した物理化学の入門書。〔内容〕物理化学とは／理想気体の性質／実存気体／熱力学第一法則／エントロピー，熱力学第二，三法則／自由エネルギー／相平衡／化学平衡／電気化学／反応速度
小熊幸一・石田宏二・酒井忠雄・渋川雅美・ 二宮修治・山根　兵著 基本化学シリーズ7 **基　礎　分　析　化　学** 14577-9　C3343　　A5判　208頁　本体3800円	化学の基本である分析化学について大学初年級を対象にわかりやすく解説した教科書。〔内容〕分析化学の基礎／容量分析／重量分析／液-液抽出／イオン交換／クロマトグラフィー／光分光法／電気化学的分析法／付表
菊池　修著 基本化学シリーズ8 **基　礎　量　子　化　学** 14578-6　C3343　　A5判　152頁　本体3000円	量子化学を大学2年生レベルで理解できるよう分かりやすく解説した教科書。〔内容〕原子軌道／水素分子イオン／多電子系の波動関数／変分法と摂動法／分子軌道法／ヒュッケル分子軌道法／軌道の対称性と相関図／他
服部豪夫・佐々木義典・小松　優・岩舘泰彦・ 掛川一幸著 基本化学シリーズ9 **基　礎　無　機　化　学** 14579-3　C3343　　A5判　216頁　本体3600円	従来のような元素・化合物の羅列したテキストとは異なり、化学結合や量子的な考えをとり入れ、無機化合物を応用面を含め解説。〔内容〕元素発見の歴史／原子の姿／元素の分類／元素各論／原子核，同位体，原子力発電／化学結合／固体
山本　忠・加藤明良・深田直昭・小中原猛雄・ 赤堀禎利・鹿島長次著 基本化学シリーズ10 **有　機　合　成　化　学** 14580-9　C3343　　A5判　192頁　本体3500円	有機合成を目指す2-3年生用テキスト。〔内容〕炭素鎖の形成／芳香族化合物の合成／官能基導入反応の化学／官能基の変換／有機金属化合物を利用する合成／炭素カチオンを経由する合成／非イオン性反応による合成／選択合成／レトロ合成／他
片岡　寛・見目洋子・中村友保・山本恭裕著 基本化学シリーズ11 **産 業 社 会 の 進 展 と 化 学** 14601-1　C3343　　A5判　168頁　本体2800円	化学技術の変化・発展を産業の進展の中で解説したテキスト。〔内容〕序：化学の進歩と産業／産業の変化と化学／化学産業と化学技術／社会生活を支える化学技術／環境の調和と新エネルギー／新しい産業社会を拓く化学
佐々木義典・山村　博・掛川一幸・ 山口健太郎・五十嵐香著 基本化学シリーズ12 **結　晶　化　学　入　門** 14602-8　C3343　　A5判　192頁　本体3500円	広範囲な学問領域にわたる結晶化学を図を多用し平易に解説。〔内容〕いろいろな結晶をながめる／結晶構造と対称性／X線を使って結晶を調べる／粉末X線回折の応用／結晶成長／格子欠陥／結晶に関する各種データとその利用法／付表

山本　宏・角替敏昭・滝沢靖臣・長谷川正・
我謝孟俊・伊藤　孝・芥川允元著
基本化学シリーズ13
物 質 科 学 入 門
14603-5 C3343　　　　A5判 148頁 本体3200円

物質のミクロ・マクロな面を科学的に解説。〔内容〕小さな原子・分子から成り立つ物質（物質の構成；変化；水溶液とイオン；身の回りの物質）／有限な世界「地球」の物質（化学進化；地球を構成する物質；地球をめぐる物質；物質と地球環境）／他

務台　潔著
基本化学シリーズ14
新 有 機 化 学 概 論
14604-2 C3343　　　　A5判 224頁 本体3400円

平易な有機化学の入門書。〔内容〕学習するにあたって／脂肪族飽和炭化水素／立体化学／不飽和炭化水素／芳香族炭化水素／ハロゲン置換炭化水素／アルコールとフェノール／エーテル／カルボニル化合物／アミン／カルボン酸／ニトロ化合物

◆ 化学者のための基礎講座 ◆
日本化学会を編集母体とした学部3～4年生向テキスト

元室蘭工大傅　遠津著
化学者のための基礎講座1
科学英文のスタイルガイド
14583-0 C3343　　　　A5判 192頁 本体3600円

広くサイエンスに学ぶ人が必要とする英文手紙・論文の書き方エッセンスを例文と共に解説した入門書。〔内容〕英文手紙の形式／書き方の基本（礼状・お見舞い・注文等）／各種手紙の実際／論文・レポートの書き方／上手な発表の仕方等

東大 渡辺　正編著
化学者のための基礎講座6
化 学 ラ ボ ガ イ ド
14588-5 C3343　　　　A5判 200頁 本体3200円

化学実験や研究に際し必要な事項をまとめた。〔内容〕試薬の純度／有機溶媒／融点／冷却・加熱／乾燥／酸・塩基／同位体／化学結合／反応速度論／光化学／電気化学／クロマトグラフィー／計算化学／研究用データソフト／データ処理

千葉大 小倉克之著
化学者のための基礎講座9
有 機 人 名 反 応
14591-5 C3343　　　　A5判 216頁 本体3800円

発見者・発明者の名前がすでについているものに限ることなく，有機合成を考える上で基礎となる反応および実際に有機合成を行う場合に役立つ反応約250種について，その反応機構，実際例などを解説

東大 渡辺　正・埼玉大 中林誠一郎著
化学者のための基礎講座11
電 子 移 動 の 化 学
―電気化学入門―
14593-9 C3343　　　　A5判 200頁 本体3500円

電子のやりとりを通して進む多くの化学現象を平易に解説。〔内容〕エネルギーと化学平衡／標準電極電位／ネルンストの式／光と電気化学／光合成／化学反応／電極反応／活性化エネルギー／分子・イオンの流れ／表面反応

慶大 大場　茂・前奈良女大 矢野重信編著
化学者のための基礎講座12
X 線 構 造 解 析
14594-6 C3343　　　　A5判 184頁 本体3200円

低分子～高分子化合物の構造決定の手段としてのX線構造解析について基礎から実際を解説。〔内容〕X線構造解析の基礎知識／有機化合物や金属錯体の構造解析／タンパク質のX線構造解析／トラブルシューティング／CIFファイル／付録

日本分析化学会編

機 器 分 析 の 事 典

14069-9 C3543　　　　A5判 360頁 本体12000円

今日の科学の発展に伴い測定機器や計測技術は高度化し，測定の対象も拡大，微細化している。こうした状況の中で，実験の目的や環境，試料に適した機器を選び利用するために測定機器に関する知識をもつことの重要性は非常に大きい。本書は理工学・医学・薬学・農学等の分野において実際の測定に用いる機器の構成，作動原理，得られる定性・定量情報，用途，応用例などを解説する。〔内容〕ICP-MS／イオンセンサー／走査電子顕微鏡／等速電気泳動装置／超臨界流体抽出装置／他

前東大 梅澤喜夫編

化 学 測 定 の 事 典
―確度・精度・感度―

14070-5 C3043　　　　A5判 352頁 本体9500円

化学測定の3要素といわれる"確度""精度""感度"の重要性を説明し，具体的な研究実験例にてその詳細を提示する。〔内容〕細胞機能（石井由晴・柳田敏雄）／プローブ分子（小澤岳昌）／DNAシーケンサー（神原秀記・釜堀政男）／蛍光プローブ（松本和子）／タンパク質（若林健之）／イオン化と質量分析（山下雅道）／隕石（海老原充）／星間分子（山本智）／火山ガス化学組成（野津憲治）／オゾンホール（廣田道夫）／ヒ素試料（中井泉）／ラマン分光（浜口宏夫）／STM（梅澤喜夫・西野智昭）

日本分析化学会ガスクロ研究懇談会編	ガスクロマトグラフィーの最新機器である「キャピラリーガスクロマトグラフィー」を用いた分離分析の手法と簡単な理論についてわかりやすく解説。〔内容〕序論／分離の理論／構成と操作／定性分析／定量分析／応用技術／各種の応用例
キャピラリーガスクロマトグラフィー	
14052-1 C3043　　A5判 176頁 本体3500円	
日本分析化学会編	研究上や学生実習上，重要かつ基本的な実験操作について，〔概説〕〔機器・器具〕〔操作〕〔解説〕等の項目毎に平易・実用的に解説。〔主内容〕てんびん／測容器の取り扱い／濾過／沈殿／抽出／滴定法／容器の洗浄／試料採取・溶解／機器分析／他
分析化学実験の単位操作法	
14063-7 C3043　　B5判 292頁 本体4800円	
舟橋重信編　内田哲男・金　継業・竹内豊英・中村　基・山田眞吉・山田碩道・湯地昭夫他著	分析化学の基礎的原理や理論を実験も入れながら平易に解説した。〔内容〕溶液内反応の基礎／酸塩基平衡と中和滴定／錯形成平衡とキレート滴定／沈殿生成平衡と重量分析・沈殿滴定／酸化還元反応と酸化還元滴定／溶媒抽出／分光分析／他
定 量 分 析　―基礎と応用―	
14064-4 C3043　　A5判 184頁 本体2900円	
日本分析化学会編	理学・工学系，農学系，薬学系の学部学生を対象に，必要十分な内容を盛り込んだ標準的な教科書。〔内容〕分析化学の基礎／化学分析，分離と濃縮・電気泳動／機器分析，元素分析法・電気化学分析法・熱分析法・表面分析法／生物学的分析法／他
基 本 分 析 化 学	
14066-8 C3043　　B5判 216頁 本体3600円	
名工大 津田孝雄・広島大 廣川　健編著	大学理工系の学部，高専で初めて機器分析を学ぶ学生のための教科書。〔内容〕分離／電磁波を用いた分離法／温度を用いた分析法／化学反応を利用した分析法／電子移動・イオン移動を伴う分析法／NMR／電子スピン共鳴法／表面計測／他
機 器 分 析 化 学	
14067-5 C3043　　B5判 216頁 本体3800円	
前東大 竹内敬人・加藤敏代・角屋和水著	NMRを親しみやすく，ていねいに解説。〔内容〕知っておきたいNMRの基本／プロトン化学シフト／^{13}C化学シフトは有機化学に不可欠／スピン結合は原子のつながりを教える／緩和も重要な情報源／2次元NMRを理解するために／他
初歩から学ぶ NMRの基礎と応用	
14068-2 C3043　　B5判 168頁 本体3500円	
理科大 中井　泉編	試料調製，標準物質，蛍光X線装置スペクトル，定量分析などの基礎項目から，土壌・プラスチック・食品中の有害元素分析，毒物混入飲料の分析，文化財などへの非破壊分析等の応用事例，さらに放射光利用分析，などについて平易に解説
蛍 光 X 線 分 析 の 実 際	
14072-9 C3043　　B5判 248頁 本体5700円	
理科大 中井　泉・物質・材料研機構 泉富士夫編著	〔内容〕原理の理解／データの測定／データの読み方／データ解析の基礎知識／特殊な測定法と試料／結晶学の基礎／リートベルト法／RIETAN-FPの使い方／回折データの測定／MEMによる解析／粉末結晶構造解析／解析の実際／他
粉末X線解析の実際（第2版）	
14082-8 C3043　　B5判 296頁 本体5800円	
前日赤看護大 山崎　昶編	研究・教育，あるいは実験をする上で必要なデータを収録。元素，原子，単体に関わるデータについては，周期表順，数値の大→小の順に配列。〔内容〕元素の存在，原子半径，共有結合半径，電気陰性度，密度，融点，沸点，熱，解離定数，他
化学データブックⅠ 無機・分析編	
14626-4 C3343　　A5判 192頁 本体3500円	
日本分析化学会編　入門分析化学シリーズ	化学の基本ともいえる物質の分離について平易に解説。〔内容〕分離とは／化学平衡／反応速度／溶媒の物性と溶質・溶媒相互作用／汎用試薬／溶媒抽出法／イオン交換分離法／クロマトグラフィー／膜分離／起泡分離／吸着体による分離・濃縮
分 離 分 析	
14565-6 C3343　　B5判 136頁 本体3800円	
前日赤看護大 山崎　昶監訳　お茶の水大 森　幸恵・お茶の水大 宮本惠子	定評あるペンギンの辞典シリーズの一冊"Chemistry (Third Edition)"（2003年）の完訳版。サイエンス系のすべての学生だけでなく，日常業務で化学用語に出会う社会人(翻訳家，特許関連者など)に理想的な情報源を供する。近年の生化学や固体化学，物理学の進展も反映。包括的かつコンパクトに8600項目を収録。特色は①全分野（原子吸光分析から両性イオンまで）を網羅，②元素，化合物その他の物質の簡潔な記載，③重要なプロセスも収載，④巻末に農薬一覧など付録を収録。
ペンギン 化 学 辞 典	
14081-1 C3543　　A5判 664頁 本体6700円	

上記価格（税別）は 2016 年 7月現在